光 学

（第三版）

高文琦 叶蓉华 何永蓉
周 进 李曾沛 编著

南京大学出版社

内 容 简 介

本书是根据作者在南京大学物理、天文等系多年讲授光学课时使用的讲义编写而成的.全书内容包括几何光学、光度学、光的干涉、光的衍射、光的偏振、量子光学和近代光学中的一些课题.内容翔实、插图丰富,有不少是作者的特色.

本书可作为综合大学、高等师范院校及其他高校的光学教材,对从事光学科研工作的有关科技人员亦是一本入门的参考书.

图书在版编目(CIP)数据

光学/高文琦等编著.—3 版.—南京:南京大学出版社,2013.6(2022.1 重印)

ISBN 978 - 7 - 305 - 11184 - 6

Ⅰ. ①光… Ⅱ. ①高… Ⅲ. ①光学—教材 Ⅳ. ①O43

中国版本图书馆 CIP 数据核字(2013)第 042445 号

出版发行 南京大学出版社
社　　址 南京市汉口路 22 号　　邮　　编　210093
网　　址 http://www.NjupCo.com
出 版 人 金鑫荣

书　　名 光学(第三版)
编　　著 高文琦　等
责任编辑 吴　华　　　　　编辑热线　025 - 83596997
照　　排 南京开卷文化传媒有限公司
印　　刷 江苏徐州新华印刷厂
开　　本 787×1092　1/16　印张 17.5　字数 437 千
版　　次 2013 年 6 月第 3 版　2022 年 1 月第 3 次印刷
印　　数 5 001~7 000
ISBN　978 - 7 - 305 - 11184 - 6
定　　价 44.00 元

发行热线 025 - 83594756　83686452
电子邮箱 Press@NjupCo.com
　　　　 Sales@NjupCo.com(市场部)

前　言

　　这本光学教材是编者在多年讲授光学课程所用讲义的基础上,参阅了国内外大量有关教材后修订而成的.原讲义曾在南京大学物理系、天文系、电子科学与工程系、大气科学系等广泛地使用过.

　　在这次修订过程中注意了光学课程的系统性,对光学现象的基本规律和基本概念进行阐述时只求清楚而不刻意追求它的完整性.这样,当读者读完本书后,能明确理解光学课程的主要线索.在上述的基础上,我们感到介绍一些近代光学的内容对开拓读者的知识面也是有好处的.鉴于这些考虑,本书主要包括了几何光学、干涉、衍射、偏振、光的量子性和近代光学的一些课题等几部分内容,对光度学方面知识也作了必要的介绍.另一方面,我们也注意到光学教材中插图对帮助读者理解内容建立物理图像起着重要作用.在此我们花了大量时间查阅有关资料,特别是增加了具有特色的插图,还制作了部分的插图,希望这些努力能对使用本书的读者有所帮助.

　　本书讲授需要70学时左右,其中前5章为基本内容,需要50学时左右,最后2章约18学时,这部分内容也可作为自学.

　　本书的分工如下:叶蓉华教授第一章,何永蓉副教授第五章,周进教授第六章、第七章,李曾沛副编审审阅了第三章的部分内容,其余为高文琦教授撰写.高文琦教授另外还负责全书的统稿工作.

　　在本书的编写和出版过程中,方松如副教授提出了不少有益的建议,南京大学物理系领导和南京大学出版社也给予了多方面的支持,对此我们表示衷心的感谢.

　　由于成书时间紧迫和水平所限,书中不妥和疏漏之处在所难免,真诚地希望本书的读者能给予指正并将对本书的各种意见反馈给我们.

编者
于南京大学

编者的话（第三版）

本书 1993 年出版以来，一直作为南京大学光学课程的教科书，1996 年获得国家教委优秀教材二等奖，2000 年进行了修订，2007 年作为丁剑平教授主持的国家级精品课程光学的教学用书.

在科学和技术快速发展的今天，知识趋于极速膨胀，同时高校本科人才培养也向着通识化方向发展，光学作为物理学的一门基础性学科，课时也被压缩. 本教材着重于光学的基本概念、原理的阐述，这样让学生在花费不多的教学时间中，能比较系统地掌握光学的主要内容，对其他相关的内容点到为止，读者可以利用广泛的信息渠道如网络、图书资料等进行了解和补充.

本版主要对前几版中的一些表述不准确和印刷错误进行了修改，丁剑平教授也应邀审阅了全书，在此谨表感谢.

编者

2013 年 1 月

目　录

0

绪　论

从很古老的时代起，人类对于光的现象，就已积累了许多知识，使光学成为最古老的学科之一. 而光学的发展历史几乎和人类的历史一样悠久，人们从远古时代起就知道把光作为能源和传递信息的工具而加以利用.

在我国，几千年前建造的烽火台，就是利用光来传递信息的光辉范例. 成书于公元前三四百年的"墨经"，已能运用光线直进原理，解释针孔成像等的实验结果，是反映我国光学现象研究的最早文字记载，说明我国古代早已开始了光学的研究.

在光学发展历史中，特别值得一提的是人类对光的本性的认识过程.

"光到底是什么？"除了"光是可以用眼睛看见"这个明显而简单的解释外，"光在物理上又该怎样解释呢？"多少年来，人们一直在思考和研究这个问题，认识也是逐步地深入的.

最初，根据几何光学定律和力学定律之间的相似性（例如，光的直线传播和物体按惯性做直线运动很相似，光的反射和小球对于刚体表面的弹性碰撞很相似），人们就认为光是从发光体发出的按惯性运动的最小粒子流，这个观点就是牛顿的微粒说. 根据这个学说可解释光的直线传播现象和反射现象，但对折射现象的解释，则与实验结果不符.

随着光学的进一步发展，发现了一些新的现象——光的衍射（又称绕射）和干涉. 这些现象不能用几何光学的定律加以解释，因此和光的微粒说发生矛盾. 同时，光的衍射和干涉现象和水面波的现象很相似，由此便产生了以惠更斯为代表的光的波动说. 根据这个学说，光是一种波，它从光源出发，并在空间传播，具有波动的属性.

于是，就有了光的两种学说：微粒说和波动说. 这两种学说彼此矛盾，并引起了争论.

波动说在开始阶段曾遭到某些失败（例如，不能很好地解释光的直线传播）. 后来，经过人们在光学现象领域内进行了一系列决定性的实验，才促使波动说占了上风.

然而，这种情况没有维持多久，又发现了一些新的现象——光电效应（在光照射下金属表面逸出电子的现象）和其他现象，而这些新现象都是有利于微粒说的. 但是，对于微粒的含意已不能像牛顿的微粒说那样简单地去理解. 现在所指的微粒，是认为光的吸收和发射都是一份一份的光能，称为光子或光量子.

现代科学到底如何回答"光是什么"这一问题？ 是微粒还是波动？

原来，光既具有微粒性，又具有波动性（所谓二象性）. 在一些现象中（光与物质相互作用时），光的微粒性表现得很明显（如光电效应），而在另一些现象中（传播过程），波动性又表现得很明显（如衍射、干涉）.

怎样才能把这两种互不调和的微粒概念和波动概念加到同一"光"上？ 下面举一个非常简单的例子来说明，对于同一物体的性质怎么会有极不相同的看法. 例如，两个人同时看一物体——圆锥体. 第一个人从圆锥体上面去看，则只能看到圆锥体底部的投影；而第二个人从侧面去看，则只能看到圆锥体侧面的投影. 那么，第一个人便说，他所看到的物体是圆形的，同时第二个人也会肯定地说，该物体是三角形的. 这些断言初看起来，似乎是不相调和的.

实际上,两个人所看到物体的形状比圆形和三角形更为复杂,而圆形和三角形只不过是该物体的不同投影而已.

光的微粒性与波动性与上述的例子有些相似.但如果有人一定要问"光到底是什么?"那么,这是不能简单地回答的.因为在我们周围还找不到一种宏观模型可以用来作比拟.但是对事物的理解并不一定都要借助于比拟的方法.现在对于全部光学现象的理论解释是由麦克斯韦电磁场理论和量子理论联合得出的.麦克斯韦理论处理光的传播问题,而量子理论则描述光与物质的相互作用,也就是描述光的吸收与发射过程.这种联合的理论称为量子电动力学.由于电磁理论和量子理论除了能解释与电磁辐射有关的现象以外,还能解释许多其他物理现象,完全有理由认为光的本性问题已经圆满地解决了,至少是在数学结构范围内(这种数学结构与目前实验观察结果正确符合).至于光的"真正"或"最终"本性问题尽管尚未完全解决,但对我们了解和学习光学并没有多大的影响.

光学这门课就其内容来说,一般可以分为几何光学、波动光学(物理光学)和量子光学.本教科书作为基础光学的教材,重点放在几何光学和波动光学.量子光学和现代光学只作一般性介绍.波动光学中把光看成电磁波,所不同于无线电波的是:光的波长非常短(频率很高).在自然界中,已经知道具有各种不同波长的电磁波.所有电磁波的总和,可以列成一波谱表(如图 0.1).在电磁波谱中,可见光只占很小的波段,大约出 $390nm$ 到 $770nm(1nm(1$ 纳米)$=10^{-9}m)$,对应的频率范围是 $7.7\times10^{14}Hz\sim3.9\times10^{14}Hz$.波动光学中的许多概念和研究方法同样适用于波谱的其他波段.

从科学发展来说,光学的发展是领先于电子学和物理学的其他部分的,但是在光学的发展中也曾经经过步履艰难的时期,甚至当时有些物理学家说,在光学中已无什么进展可以期望了,光学似乎不那么值得注意了.最近半个世纪以来,由于激光的出现和发展,光学和电子学密切结合、渗透以及工艺水平的提高,特别是激光导致了光学新的迅速发展,先后出现了许多新的领域.过去,由于光束的电磁场很弱,仅能产生线性效应.而现在有了非常强的大功率激光,从而产生了许多非线性效应,由此而出现了光学的新分支——非线性光学.利用这些新发现,使人们对材料的研究进一步深入.其他如全息、二元光学、衍射光学、纤维光学、光通信、集成光学、光计算等领域,也取得了很大的成就,形成了新的光学分支.但就光学本身能力而言,如光的波长短、信息容量大、光传递信息和变换处理信息的二维特性等还具有很大的潜力,它的发展远远没有达到人们预期的水平.

光学在物理学的发展中也起过很重要的作用,可以毫不夸张地说,光学的发展史就是物理学的发展史.这不仅仅是指光学仪器在物理的实验研究中占重要地位,更重要的是光学的概念和光学中的成果对物理学和物理学家的种种影响,具有非常根本的意义.了解这些,对于初次学习光学并立志将来成为物理学家的学生来说,也是很有益的.

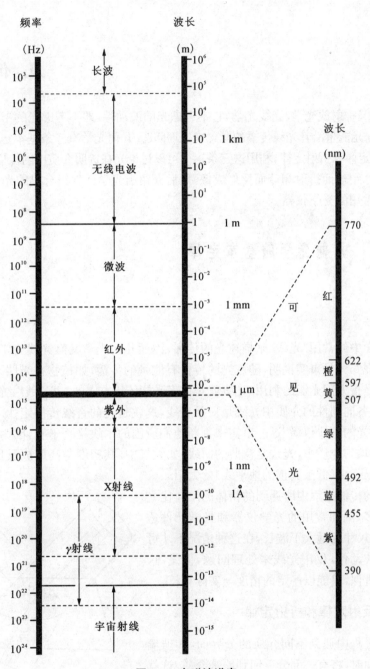

图 0.1　电磁波谱表

1

几 何 光 学

几何光学,又称射线光学、光线光学,它不考虑光的波动性(即不考虑光的干涉、衍射等波动现象),而只根据光能量沿着光线传播的概念来处理问题.几何光学有三条基本定律,即光的直线传播定律、反射定律和折射定律,利用这三条定律可以讨论光在透明介质中的传播和成像问题.

本章首先介绍球面折射和球面反射成像,然后介绍由光学元件组合成的光学系统的成像,最后介绍一些常用的光学仪器.

1.1　几何光学的基本定律

1.1.1　光线

在几何光学中经常用"光线"来描述光的传播,因而几何光学又有光线光学的名称.那么,什么是"光线"呢? 大量事实说明,随着光的传播有能量的传播,如植物在光照下得以生长,太阳能的利用也是指太阳光能的利用.光线就是代表光能传播方向的一根"线",光线是一个抽象的概念.在均匀各向同性的介质中光线是一条直线,这就是光的直线传播定律.有经验的木工师傅就是运用"光的直线传播"这一事实来判断他们所刨的木块是否平直,因为凸出的物点会阻断光线.在非均匀介质中,光线是弯曲的曲线,如大气中(其密度与高度成反比)光线的弯曲使人们能看到已下山(低于真正的地平线)的太阳.

只有在光的传播过程中所遇到的物体的尺寸比光波的波长大得多,例如常用的光学仪器和光学元件透镜、棱镜之类其尺寸远远大于波长,在这种情况下才可以不考虑光的波动性,仅用光线来处理问题,但是,这样做只是一种近似,只能以一定的精度与实际相符.

1.1.2　光的反射定律和折射定律

光在传播过程遇到不同介质的分界面,如玻璃和空气的分界面时,将有一部分返回到原来介质,这就是光的反射.一部分光透过分界面而进入第二介质,进入第二介质的光,其传播方向一般不同于原来传播的方向,这个现象即所谓光的折射(如图 1.1).根据实验,可将入射方向、反射方向和折射方向总结成如下的规律:

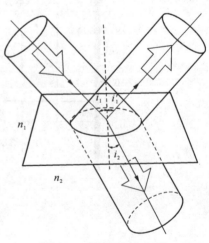

图 1.1　光的反射和折射

1. 反射定律

（i）入射光、反射光、分界面的法线三者在同一平面内，入射光线与分界面的接触点上的法线所定的平面为入射面，因此反射线在入射面内.

（ii）入射光线与法线构成角为入射角，如图 1.1 中的 i_1，反射光线与法线构成角为反射角，如图 1.1 中的 i_1'. 入射角与反射角相等，即

$$i_1 = i_1'. \tag{1.1}$$

这两个内容就是光线的反射定律. 按照上述定律的内容，可知反射光的方向只取决于入射光的方向，而与光的波长及介质性质无关，所以反射现象没有色散问题. 一束白光经过反射后仍是一束白光. 另外，由于公式（1.1）的形式具有对称性，如将 i_1' 代表入射角，i_1 就代表反射角，光线可以反向进行，这就是光线的可逆性. 例如甲乙二人同时看镜子，甲能看到乙，乙也一定能看到甲.

最后应该指出，光线的反射定律是普遍适用的. 不仅对光滑的分界面适用，对粗糙的分界面也适用. 在光滑平面上发生的镜面反射和粗糙表面上发生的漫反射（如图 1.2），两者都服从反射定律.

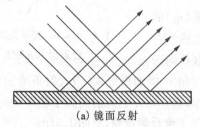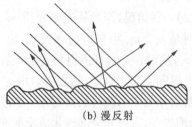

(a) 镜面反射　　　　　　　　　　(b) 漫反射

图 1.2　反射的两种情况

2. 折射定律

（i）入射光线与分界面的接触点上的法线、折射光线三者在同一平面内，即折射光在入射面内.

（ii）不论入射角 i_1 如何变化，其对应的折射角 i_2 也作相应的变化，而且两个角的正弦值之比始终不变，这个比值就是光在两种介质（媒质）中传播速度之比，即

$$\frac{\sin i_1}{\sin i_2} = \frac{v_1}{v_2} = \frac{n_2}{n_1},$$

有时常写成

$$n_1 \sin i_1 = n_2 \sin i_2, \tag{1.2}$$

上式中 n_1 与 n_2 分别表示介质 1 和介质 2 的折射率（又称折射系数），定义为 $n_1 = \dfrac{c}{v_1}$ 和 $n_2 = \dfrac{c}{v_2}$，c 是光在真空中的传播速度，

$$c = 299792458\text{m/s} \approx 3 \times 10^8\,\text{m/s}.$$

由于不同波长的光在介质中的传播速度不同，所以折射率不仅和介质种类有关，而且和光的波长有关. 因此，与光的反射不同，在光折射时，不同波长的光将发生散开的现象，即色散现象（如图 1.3）.

折射定律的表示式(1.2)与反射定律一样也具有对称形式,所以当 i_2 代表入射角时,i_1 就代表折射角,光线方向可以反向进行,这也说明了光线的可逆性.

光线从一介质进入到另一介质时,通常把折射率比较小的那个介质称为光疏介质,而把折射率比较大的那个介质称为光密介质.显然,光在光疏介质中的速度大,而在光密介质中速度小$\left(因为\ n=\dfrac{c}{v}\right)$. 现在分两种情况进行讨论.

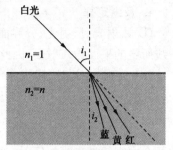

图 1.3　光在折射时出现色散现象

(i) 首先讨论光从光疏介质(折射率为 n_1)射到光密介质(折射率为 n_2)的情形.根据折射率公式,由于 $n_1<n_2$,必然就有 $\sin i_2<\sin i_1$,从而 $i_2<i_1$,即折射角小于入射角.从图 1.4 上看出折射光折向靠近法线的一边,如光由空气入射到水中,当入射角由 $0°\rightarrow90°$,光在水中的折射角只从 $0°$ 增加到 $48°$.顺便提一下,入射角为 $90°$ 的入射光束称为掠入射光束,此时入射称为掠入射.

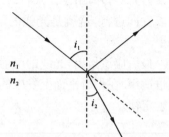

图 1.4　$n_1<n_2$,光从光疏介质射入光密介质

(ii) 另一种情况,即光从光密介质(n_1)到光疏介质(n_2)的情形,这时是 $n_1>n_2$.根据折射率公式,由于 $n_1>n_2$,必然就有 $\sin i_1<\sin i_2$,从而 $i_1<i_2$,即折射角大于入射角,折射光线折离法线的一边.见图 1.5(a),(b),随着入射角 i_1 的增大,折射角 i_2 增加得更大.当入射角增加到某一角度时,折射角为 $90°$,此时的入射角 i_{1c} 称为**临界角**(如图 1.5(c)).当入射角大于临界角时,折射光就完全消失了,入射光全部转化成反射光,这就是发生了**全反射**现象,见图 1.5(d).

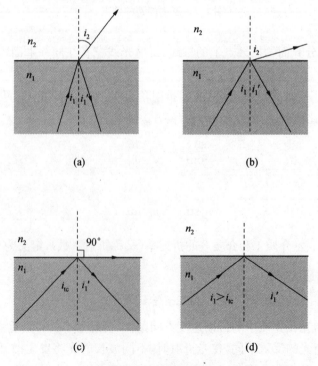

图 1.5　$n_2<n_1$,光从光密介质射入光疏介质时的四种情况

根据折射定律,临界角 i_{1c} 满足下列公式:

$$n_1 \sin i_{1c} = n_2 \sin 90°,$$

$$\sin i_{1c} = \frac{n_2}{n_1}. \tag{1.3}$$

由于全反射时,光强几乎不会因反射而损失,故全反射现象在光学中有着重要的应用.

光学仪器中经常使用反射棱镜,使得进入棱镜的光束经过全反射后或是改变其传播方向,或者是改变像的取向,或者二者兼有. 由于反射没有色散现象,这种反射棱镜是消色差的.

图 1.6(a) 中的直角棱镜使入射光线偏转 90°. 图 1.6(b) 中的波罗(Porro)棱镜使光束经过两次全反射后方向偏转 180°,并且使像的上下方位倒转,但左右方位不变. 在图 1.6(c) 中所画的组合波罗棱镜,为两个棱边互相垂直的等腰直角三棱镜,一个倒转上下方位,一个倒转左右方位,这就是双筒望远镜中常使用的正像系统.

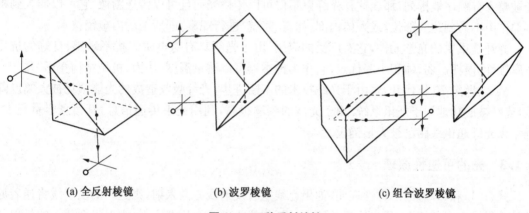

(a) 全反射棱镜　　　　　(b) 波罗棱镜　　　　　(c) 组合波罗棱镜

图 1.6　三种反射棱镜

还有很多种反射棱镜,它们用于各种特殊的目的. 例如,切割一个立方体,使切下来的部分有三个互相垂直的面,这种棱镜叫做四面直角棱镜,这种棱镜有使光线反向的性质,即向它入射的任何光线,经过三个面的每一面反射之后,平行于原入射方向返回. 在阿波罗 11 号宇宙飞船飞往月球时,曾把一百块这样的棱镜排成一个 46cm 的阵列,放置在月球上.

近代发展的光学纤维利用光在光纤维中的全反射现象,使携带信息的光在纤维中高效率地传播.

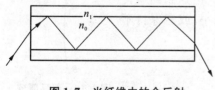

图 1.7　光纤维中的全反射

光纤通常由玻璃或石英等透明介质制成,是直径非常小(例如 $0.5\,\mu m \sim 10\,\mu m$)的圆柱体形状,光纤芯的折射率 n_0 较高,它的外层折射率 n_1 稍低,由于产生全反射现象,使光能够沿着光纤传播,如图 1.7 所示.该图中的光纤其折射率呈阶梯状变化,剖面如图 1.8(a) 所示.还有另一种光纤其折射率由中心到边缘有规律连续地变小,称为渐变折射率光纤,如图 1.8(b) 所示,光线在渐变折射率光纤中沿曲线传播(如图 1.9).

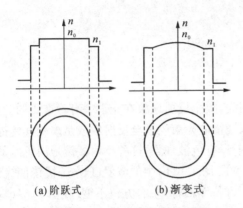
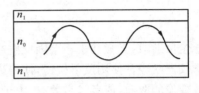

　(a) 阶跃式　　　　　　　(b) 渐变式

图 1.8　光纤折射率的不同分布　　　　图 1.9　渐变折射率光纤

　　大量的光纤被束在一起成为一束光纤,它们可以把光从输入端传到输出端. 如果每一条光纤被整齐有顺序地排列,那么这种光纤束不仅可以传播光而且可以传送图像. 它可以伸入到机器部件中不易到达的部位,或人体内部(如胃、膀胱)进行观察,即所谓的内窥镜技术.

　　光纤是重要的光学元件,它有广泛的应用. 由于光纤具有对电磁干扰不敏感、良好的抗化学腐蚀性、损耗微弱、体积小等优点,它作为传感器可以测量温度、压力、机械结构变形等.

　　从 20 世纪 70 年代开始,由于光纤技术的不断进步,光纤吸收造成的光能损耗被大幅度降低,光纤被成功地用于通讯系统. 由于光波的频率很高,利用光束传递信息,其信息容量很大,近年来光纤通讯线路已被大量铺设.

1.1.3　光的可逆性原理

　　式(1.1)和(1.2)的对称性表明,如果光线逆着反射线方向入射,则这时的反射线将逆着原来的入射线方向传播;如果光线逆着原来的折射线方向由介质 2 入射,则射入介质 1 的折射线也将逆着原来的入射线方向传播. 因为可逆性对每一反射面和折射面都适用,所以它对复杂的光路也适用. 当光线的方向反转时,它将逆着同一路径传播. 这个原理称为**光的可逆性原理**.

1.1.4　费马原理

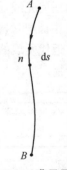

　　1657 年费马(P. de Fermat)把光传播时所服从的定律归结成一更为普遍的原理,这个原理就是费马原理. 这原理常用下面的说法来表述:当光由 A 点传播到 B 点时(如图 1.10)将循着这样的一条路线,光沿这条路线传播所需要的时间同附近的路线比起来,不是最大,便是最小,或者保持不变. 换句话说,光沿着所需时间为极值的路径传播. 即

$$\delta t = \delta \int_A^B \frac{\mathrm{d}s}{v} = 0,$$

图 1.10　费马原理

v 为速度. 根据折射率的定义,$n = \dfrac{c}{v}$,上式又可改写成

$$\delta \int_A^B n \mathrm{d}s = 0. \tag{1.4}$$

折射率和路程的乘积称为**光程**. 根据上面的表示式,费马原理可以采用下述更普遍的说法:即光沿光程为极值的路径传播. 用数学语言来表达,就是在光线的实际路径上光程的变分为零.

根据费马原理,可以很容易地推出光的传播规律. 在这里,我们仅从费马原理推出前两个定律——直线传播和反射定律,而折射定律留给读者自证.

(1) 在均匀介质中光的直线传播定律

在公式(1.4)中,由于介质均匀,n 为常数,积分直接和路程有关. 根据直线是两点间最短的距离这一几何公理,费马原理可以导出直线传播定律.

(2) 平面上的反射定律

图 1.11 中 A 为光源,其坐标为 $(x_1, 0, z_1)$. 设 B 为接收器,其坐标为 $(x_2, 0, z_2)$.

如反射平面放在 $z=0$ 处,P 点为光线与反射平面相接触的点,其坐标为 $(x, y, 0)$. 根据勾股定理,光线 APB 的总长度为

$$R_1 + R_2 = \sqrt{z_1^2 + (x-x_1)^2 + y^2} + \sqrt{z_2^2 + (x-x_2)^2 + y^2}.$$

依照费马原理,P 点应在使光线的光程为极值的位置,微积分学上的方法就是求

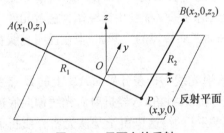

图 1.11　平面上的反射

$$\frac{\partial}{\partial y} n(R_1 + R_2) = 0,$$

$$\frac{\partial}{\partial x} n(R_1 + R_2) = 0,$$

将 $R_1 + R_2$ 代入上面第一式,得

$$\frac{\partial}{\partial y} n(R_1 + R_2) = n\left(\frac{y}{R_1} + \frac{y}{R_2}\right) = 0,$$

欲此式等于零,只有当 $y = 0$,这就意味着反射发生在垂直于反射面的平面内,入射线、法线、反射线在一平面内,这就是反射定律的第一部分.

下面再证明反射定律的第二部分. 由公式

$$\frac{\partial}{\partial x} n(R_1 + R_2) = n\frac{x-x_1}{R_1} + n\frac{x-x_2}{R_2} = 0,$$

$$\frac{x-x_1}{R_1} = \sin i_1 \quad 和 \quad \frac{x_2-x}{R_2} = \sin i_1',$$

可以看出,如 $i_1 = i_1'$,则 $\frac{\partial}{\partial x}(R_1 + R_2) = 0$,这就是入射角等于反射角,为反射定律的第二部分内容,见图 1.12.

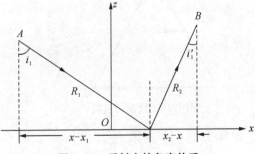

图 1.12　反射中的角度关系

1.1.5　棱镜的色散作用

由于不同波长的光在介质中的传播速度不同,折射率不同,所以折射角随波长而异,这种现象称为**色散**. 图 1.13 中给出几种光学材料的色散曲线. 表 1.1 中给出几种常用光学玻璃的

折射率数据.

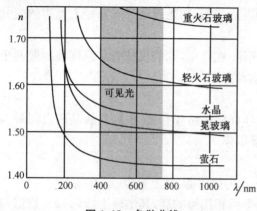

图 1.13 色散曲线

表 1.1 几种常用玻璃的折射系数

λ/nm	冕牌玻璃	轻火石	重火石	特重火石
656.3	1.520 42	1.572 08	1.666 50	1.713 03
589.2	1.523 00	1.576 00	1.670 50	1.720 00
486.1	1.529 33	1.586 06	1.680 59	1.737 80
434.0	1.534 35	1.594 41	1.688 82	1.753 24

在 1.1.2 节中介绍了全反射棱镜可用于改变光速的传播方向及改变像的取向. 现在将介绍棱镜的另一重要功能,就是色散作用. 入射的复色光经棱镜折射后由于玻璃的折射率与波长有关,不同波长的光将被分散开来. 通常棱镜的折射率 n 是随波长的增长而减小,所以可见光中紫光偏折最大,红光偏折最小,如图 1.14 所示. 许多光谱分析仪都利用棱镜作为色散元件.

横截面是三角形的棱镜叫三棱镜,与棱边垂直的平面叫做棱镜的主截面. 现在说明光线在三棱镜主截面内折射的情况.

在图 1.15 中正三角形 ABC 是三棱镜的主截面,入射光线 DE 在分界面 AB 上的 E 点发生折射,由于是从光疏介质折射入光密介质,折射角 i_2 小于入射角 i_1,经折射后光线偏向底边 BC. 进入棱镜的光线 EF 在分界面 AC 上的 F 点再次发生折射,这里由于是从光密介质折射入光疏介质,折射角 i_1' 大于入射角 i_2',出射光线进一步偏向底边 BC. 经过两次折射光线传播方向的变化可用入射线 DE 和出射线 FG 的夹角 δ 来表示,δ 叫做**偏向角**.

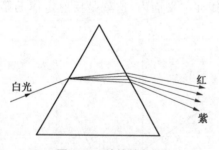

图 1.14 棱镜的色散

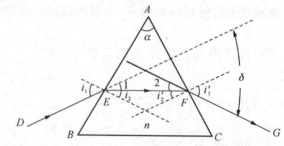

图 1.15 光线在三棱镜主截面内的折射

从图 1.15 可以看出

$$\delta = \angle 1 + \angle 2 = (i_1 - i_2) + (i_1' - i_2') = (i_1 + i_1') - (i_2 + i_2'), \tag{1.5}$$

且

$$i_2 + i_2' + (\pi - \alpha) = \pi, \tag{1.6}$$

所以

$$\alpha = i_2 + i_2',$$

$$\delta = i_1 + i_1' - \alpha. \tag{1.7}$$

由(1.7)式可以看出,对于给定的棱角 α,偏向角随入射角 i_1 而变. 从实验得知,在 δ 随 i_1

的改变中,对某一 i_1 值,δ 有最小值 $\delta_{\min}$,称为**最小偏向角**.最小偏向角可应用于测量透明材料的折射率,下面推导出有关的公式.

对(1.7)式取 i_1 的微商并令它等于零,得

$$\frac{\mathrm{d}\delta}{\mathrm{d}i_1}=1+\frac{\mathrm{d}i_1'}{\mathrm{d}i_1}=0,$$

即

$$\frac{\mathrm{d}i_1'}{\mathrm{d}i_1}=-1. \tag{1.8}$$

在 AB 及 AC 界面上对折射定律取导数得

$$\cos i_1 \mathrm{d}i_1 = n\cos i_2 \mathrm{d}i_2, \tag{1.9}$$
$$\cos i_1' \mathrm{d}i_1' = n\cos i_2' \mathrm{d}i_2'.$$

由于 α 是常数,将(1.6)式对 i_2' 微商,得

$$\frac{\mathrm{d}i_2}{\mathrm{d}i_2'}=-1. \tag{1.10}$$

将(1.9)式中两式相除并代入(1.8)及(1.10)式,得

$$\frac{\cos i_1}{\cos i_1'}=\frac{\cos i_2}{\cos i_2'},$$

或写成

$$\frac{\cos i_1}{\cos i_2}=\frac{\cos i_1'}{\cos i_2'},$$

上式平方并利用折射定律,得

$$\frac{1-\sin^2 i_1}{n^2-\sin^2 i_1}=\frac{1-\sin^2 i_1'}{n^2-\sin^2 i_1'},$$

上式只有当 $i_1=i_1'$ 时才成立,此时 $i_2=i_2'$ 相应成立,说明偏向角最小的光线平行于棱镜的底边,对称地进入和穿出棱镜.

在偏向角 δ 等于最小偏向角 $\delta_{\min}$ 时,由(1.6)式可得

$$i_2=\frac{\alpha}{2}, \tag{1.11}$$

由(1.7)式可得

$$i_1=\frac{1}{2}(\delta_{\min}+\alpha). \tag{1.12}$$

将以上两式代入 AB 界面的折射定律中,得

$$\sin\frac{\delta_{\min}+\alpha}{2}=n\sin\frac{\alpha}{2},$$

因此

$$n=\frac{\sin\frac{\delta_{\min}+\alpha}{2}}{\sin\frac{\alpha}{2}}. \tag{1.13}$$

此式可用于测定透明材料的折射率. 用待测材料制作一块棱镜, 然后测定 α 和不同波长的 $\delta_{\min}$, 利用 (1.13) 式即可算出每一种波长 λ 的折射率 n. 用平行平板玻璃做成空心棱镜, 其内充满液体或气体, 便可测出该种液体或气体的折射率.

1.2 成像的基本概念

成像是几何光学研究的中心问题, 本节介绍一些与成像有关的基本概念.

1.2.1 同心光束与物像关系

利用几何光学的概念, 我们可以把物上的一个点 A 当作一个发散光线束的顶点, 这个发散光束称为**同心光束**, 即这束光线有一个共同的中心. 一个物点就和一个同心光束相联系. 如果经过光学系统的反射和折射之后, 这一光束成为仍然会聚于一点的光束, 则后一光束也是同心光束, 它的中心 A' 就是发光点 A 的像, 如图 1.16 所示, 一像点也和一同心光束相联系. 一物点能否成像, 就取决于与物点相联系的同心光束经过光学系统后是否仍然是一同心光束, 是, 就能成像, 否则就不能成像.

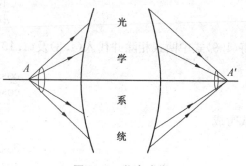

图 1.16 物点成像

能保持成像光束同心性的光学系统是理想的光学系统, 物上的一个点与像上的一个点成一一对应关系. 实际的成像系统由于种种原因只能近似地保持成像光束同心性, 即使薄透镜成像也是如此, 它们只能近似地成像, 点物近似地成一点像. 在 1.8 节中将介绍有关内容.

由于光线的可逆性, 我们也可以把像点 A' 看作物, 而物点 A 看作像. A 和 A' 称为此光学系统的**共轭点**, 相应的光线和光束称为**共轭光线**和**共轭光束**.

1.2.2 物像的分类

现在根据同心光束的发散与会聚性质将物和像加以分类. 入射于光学系统的同心光束是和物相应的, 如入射光束相对于光学系统来讲是发散的, 这发散同心光束的顶点即为**实物**. 因为此顶点是实在光束的交点 (如图 1.17(a)). 如入射光束相对于光学系统是会聚的, 这会聚同心光束的顶点即为**虚物**, 因为这是会聚光束的延长线的交点, 不是光线真正的交点 (如图 1.17(b)). 从光学系统出射的同心光束是和像相应的. 如出射光束相对于光学系统来讲是会聚的, 这会聚光束顶点即为**实像**, 因为它是光线的实际交点 (如图 1.18(a)). 如出射光束是发散的, 则这发散同心光束的顶点为**虚像** (如图 1.18(b)).

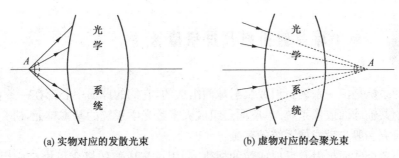

(a) 实物对应的发散光束   (b) 虚物对应的会聚光束

图 1.17 实物、虚物对应的光束

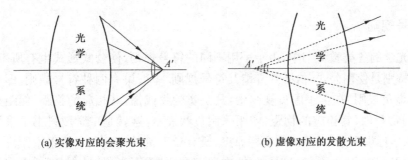

(a) 实像对应的会聚光束   (b) 虚像对应的发散光束

图 1.18 实像、虚像对应的光束

为了掌握物像的虚实概念,下面将举一些例子来加以说明.

平面镜成像是日常生活中经常遇到的光学现象.第一个情况(如图 1.19(a)),物 A 放在平面镜前,平面镜就是光学系统,物所发出的光束对平面镜来说是发散的,此光束的顶点就是实物 A. 此入射光束经过光学系统(平面镜反射)出射光束也是发散的,而此发散光束延长线的交点为 A 的像 A',此像是虚像. 此例子就是人照镜子的情形,物为实物,像在镜子后面是个虚像.

第二种情形当入射光束对平面镜是会聚光束时,此会聚光束未到相交点就被平面镜反射.入射的会聚光束延长线相交于 A,此 A 点是入射光束的顶点,但不是实际光线的交点,而是延长线的交点,所以是虚的物. 经过平面镜反射后,从平面镜(光学系统)出射的光束为一会聚光束,此会聚光束的交点 A' 是一个实际光线的交点,所以像是实像(如图 1.19(b)).

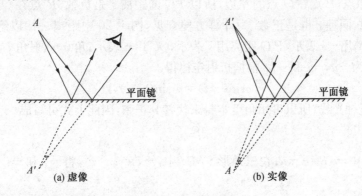

(a) 虚像   (b) 实像

图 1.19 平面镜成像

在上面的例子中,不但说明入射光束或出射光束的发散会聚性质是和物像的实虚密切联系的,并且说明平面镜不一定成虚像,在一定条件下也可以成实像.

1.3　单个球面的折射及反射成像

许多成像系统是由一系列折射或反射球面组成的,它们的球面中心都在一条直线上,这种成像系统称为共轴球面成像系统.单球面是组成大多数光学系统的基本单元,研究它的折射及反射成像是研究一般光学成像系统的基础.

本节介绍单个球面折射及反射成像的规律,利用逐步成像的概念可推广应用于多个球面的成像.

1.3.1　符号规则

在几何光学的各类教科书中,由于采用不同的符号规则,使公式形式也有所不同.所以在几何光学中特别是使用公式时,必须弄清其符号规则.一般讲有两种符号规则,即笛卡尔坐标规则和实正虚负规则.在实正虚负规则中,凡是实的物或像,其相应的物距、像距采用正数表示,凡是虚的物和像,其相应的物距、像距采用负数表示,这就是中学教科书中采用的符号规则.在笛卡尔坐标规则中,只要确定坐标原点,所有量正负的确定和坐标系中距离正负的确定相同,凡在原点右边(或上面)的量是正数,在原点左边(或下面)的量为负数.本书采用笛卡尔坐标规则.关于角度符号的规定是这样的,从主光轴(或球面法线)按小于 $\pi/2$ 的方向旋转,顺时针方向为正,逆时针方向为负.

图 1.20 中各量用绝对值表示,即全正表示.

1.3.2　单球面折射成像公式的推导

设两个均匀的透明介质,其折射系数各为 n 和 n',被曲率半径为 r 的球面分开,连接点光源 P(或点物体)和球面曲率中心 C(如图 1.20)的直线称为主光轴.现在我们来讨论从点光源 P 所发出的光线 PM,它在球面上的入射点 M 距主光轴很近,即 φ 及 i 很小,$\cos\varphi\approx 1$,$\sin i\approx i$,这种光线称为近轴光线.经过折射后,光线 MP' 与光轴相交于一点 P',按笛卡尔坐标规则,如取 O 点为坐标原点,P 点在 O 点的左边,所以 PO 的距离 s 是负数,P' 点在 O 点的右边,$P'O$ 的距离 s' 是正数,同理 r 也是正数.为计算方便起见,图 1.20 中距离一律以绝对值(全正)表示,所以 PO 距离用 $-s$ 表示,$P'O$ 距离用 s' 表示,OC 用 r 表示,角 u、入射角 i 及折射角 i' 都是负的,图中表示为 $-u$,$-i$ 和 $-i'$.根据折射定律得

$$n\sin(-i)=n'\sin(-i'),$$

因为这光线是近轴光线,所以可用角度本身来代替其正弦,因此上式可写成

$$ni=n'i'.$$

在三角形 PMC 中,$-i=\varphi-u$;在三角形 CMP' 中,$-i'=\varphi-u'$,将 $-i$ 和 $-i'$ 的值代入上式,得出

$$n(\varphi-u)=n'(\varphi-u'),$$

再由图 1.20 可知

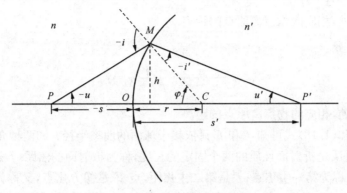

图 1.20　球面折射的全正表示

$$-u \approx \frac{h}{-s},$$

$$u' \approx \frac{h}{s'},$$

$$\varphi \approx \frac{h}{r},$$

代入上式,得出

$$n\left(\frac{1}{r}-\frac{1}{s}\right)=n'\left(\frac{1}{r}-\frac{1}{s'}\right), \tag{1.14a}$$

此式称为**阿贝不变式**,它也可以写成下面的形式

$$\frac{n'}{s'}-\frac{n}{s}=\frac{n'-n}{r}. \tag{1.14b}$$

对于一定的介质和一定曲率的表面,上式右端的量是不变的,称为折射面的**光焦度**,用 D 表示,因而(1.14b)式可写为

$$\frac{n'}{s'}-\frac{n}{s}=D, \tag{1.15}$$

式中

$$D=\frac{n'-n}{r}. \tag{1.16}$$

r 用米做单位时,D 的单位是屈光度.

　　如物点 P 的位置 s 已知,则从(1.14b)式可求出 s'.因为 s' 不随角度的值而改变,所以从物点 P 所发出的光线(只要是近轴光线)折射后都交于同一点 P'.也就是说,入射的同心光束经球面折射后的出射光束仍为同心光束,物可以成像,此出射光束的顶点 P' 即为物点 P 的像.从以上的讨论中,我们可以看出,如果 P 和 P' 两点中一个是物点,则另一个就是它对应的像点,所以它们互为共轭点.但须注意,对于角度 u 很大的光线,它们在球面上折射后并不都交于同一点 P',因此,物点并不产生像点.

　　从式(1.14b)得出,当 $s=-\infty$ 时

$$s'=\frac{n'}{n'-n}r=f', \tag{1.17}$$

即当物在无穷远处,相应的像点离原点的距离.

当 $s'=\infty$ 时

$$s=-\frac{n}{n'-n}r=\frac{n}{n-n'}r=f, \tag{1.18}$$

即像成在无穷远处,相应的物点离原点的距离.

从(1.17)式和(1.18)式可知 f 和 f' 只依赖于球面的曲率半径 r 和两种介质的折射系数 n 和 n'. 这两个量是决定折射面性质的两个固定的长度,称为折射面的**焦距**. f 是第一主焦距,点 F 是物方焦点,又称为第一主焦点;f' 是第二主焦距,点 F' 是像方焦点,又称为第二主焦点(如图 1.21). 显然,焦点也和像一样,可以是实焦点或虚焦点. 如果分界面的凹面朝向折射系数较小的介质,则两个焦点都是虚焦点. 最后值得提出的是,两焦点 F 和 F' 不是共轭点.

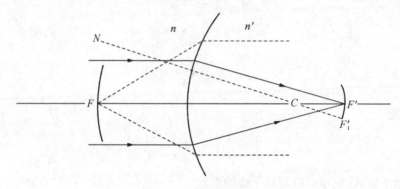

图 1.21 单球面的焦点

从图 1.21 中可以看出,凡沿着 CN 从左向右进行的诸平行光线,将会聚在焦点 F_1' 上,而 F_1' 位于线 CN 上,并且到折射面的距离也是 f'. 点 $F', F_1', \cdots$ 的几何位置构成一个和折射球面(球心在 C 点)同心的且半径为 $f'-r$ 的球面,这个面称为第二主焦面. 类似地也可以作出半径为 $r+(-f)$ 的第一主焦面,这两个面的很小部分(近轴区域)可以看作平面,称为焦平面.

由式(1.17)和式(1.18)可求得这两个焦距的相互关系为

$$\frac{f'}{f}=-\frac{n'}{n}, \tag{1.19}$$

因为 $n\neq n'$,所以单球面的两个主焦距是不相等的(如图 1.21). 等式(1.19)右端的负号表明两个主焦点位于折射面的两侧. 这两个焦距与光焦度之间的关系,则为

$$D=\frac{n'}{f'}=-\frac{n}{f}. \tag{1.20}$$

式(1.14b)还可用另外两种形式来表示. 以 $\frac{n'-n}{r}$ 除这式的两端,得

$$\frac{1}{s}\cdot\frac{n'-n}{n'-n}r-\frac{1}{s}\cdot\frac{n}{n'-n}r=1,$$

再以式(1.17)和式(1.18)的值代入上式,得出

$$\frac{f'}{s'}+\frac{f}{s}=1, \tag{1.21}$$

此式称为**高斯公式**.

如果确定 P 和 P' 的位置的坐标原点不是折射面顶点 O,而是分别以第一和第二主焦点 F 和 F' 为物距、像距的坐标原点(如图 1.22),则 $-s=-f-x$,$s'=f'+x'$. 将 s 和 s' 的值代入式 (1.21) 中得出:

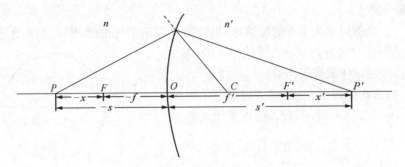

图 1.22　物距、像距的表示

$$\frac{f'}{f'+x'}+\frac{f}{f+x}=1,$$

化简后得

$$xx'=ff'. \tag{1.22}$$

具有这样对称形式的公式称为**牛顿公式**. (1.14b)式、(1.15)式、(1.21)式和(1.22)式有相同的用途,应用其中任一个公式都可由物点的位置求出其像点的位置.

至此,我们可把近轴光线成像公式归纳如下:

(1) 阿贝(Abbe)不变式(式(1.14b))

$$\frac{n}{s}-\frac{n}{r}=\frac{n'}{s'}-\frac{n'}{r},$$

s,s',r 各为物距、像距、球面曲率半径,各量的坐标原点都是球面的顶点;n,n' 各为物方空间和像方空间[①]的折射率.

(2) 牛顿成像公式(式(1.22))

$$xx'=ff',$$

x,x' 各为物距和像距,坐标原点各为 F 和 F';f,f' 为物方焦距和像方焦距,坐标原点为球面顶点.

(3) 高斯成像公式(式(1.21))

$$\frac{f}{s}+\frac{f'}{s'}=1,$$

s,s',f,f' 各为物距、像距、物方焦距、像方焦距,各量坐标原点都是球面的顶点.

这些成像的基本公式很重要,应该牢记. 只要从它们的对称关系来记,记住这些公式并不困难.

---

① 见 1.5.6 节的讨论.

　　对于有几个折射面的复杂成像系统,可对各个折射面逐次应用上述公式,但应注意到每次成像时由于坐标原点被移到另一位置,对应的物距、像距应进行适当换算. 这就是用逐步成像法解决复杂系统成像时应注意的问题. 如任何两个折射面(第 i 面和第 $i+1$ 面)相距 d_i,第 i 面所成的像(像距为 s_i')就是第 $i+1$ 面的物. 由于坐标原点相差 d_i,所以对第 $i+1$ 面的物距 $s_{i+1}=s_i'-d_i$.

　　下面举两个例子.

　　例 1-1　一个折射率为 1.5 的玻璃球,半径为 R 置于空气中(如图 1.23),在近轴成像时,问:(a) 物在无限远时经过球成像于何处? (b) 物在球前 $2R$ 处时,经过球体成像于何处?

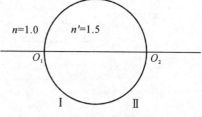

　　解　(a) 物放在曲面Ⅰ左侧∞处,对球面Ⅰ成像,此时 $s=-\infty,n'=1.5,n=1.0$,代入阿贝不变式得

$$\frac{1.5}{s'}-\frac{1.0}{-\infty}=\frac{1.5-1.0}{R},$$

$$s'=3R,$$

图 1.23　玻璃球成像

s' 从点 O_1 算起. 再对球面Ⅱ成像,对折射面Ⅱ来讲物距为 $3R-2R=R,n'=1.0,n=1.5$,代入阿贝不变式得

$$\frac{1.0}{s''}-\frac{1.5}{R}=\frac{1.0-1.5}{-R},$$

$$s''=\frac{R}{2},$$

s'' 从点 O_2 算起,故无限远物将成像于球后离第二折射表面 $0.5R$ 处. 此点即为球的第二主焦点(见 1.5.4 节).

　　(b) 当 $s=-2R$ 时,对Ⅰ面成像,

$$\frac{1.5}{s'}-\frac{1.0}{-2R}=\frac{1.5-1.0}{R},$$

$$s'=\infty.$$

对Ⅱ面成像,

$$\frac{1.0}{s''}-\frac{1.5}{\infty}=\frac{1.0-1.5}{-R},$$

$$s''=2R,$$

s'' 从点 O_2 算起.

　　例 1-2　对薄透镜利用阿贝不变式两次成像推导出透镜制造者公式. 设薄透镜两个曲面的半径分别为 r_1,r_2,玻璃折射率为 n(如图 1.24).

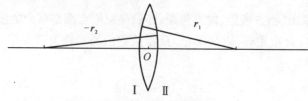

图 1.24　薄透镜

解 薄透镜其厚度与焦距相比可以忽略,此时可将图 1.24 中的 O 点当作两个曲面的顶点.

对曲面 I 用阿贝不变式得

$$\frac{n}{s'} - \frac{1}{s} = \frac{n-1}{r_1}, \tag{1.23}$$

s' 为曲面 I 的像距.由于薄透镜厚度趋近于零,s' 也就是曲面 II 的物距.由上式得

$$\frac{n}{s'} = \frac{n-1}{r_1} + \frac{1}{s}. \tag{1.24}$$

对曲面 II 利用阿贝不变式得

$$\frac{1}{s''} - \frac{n}{s'} = \frac{1-n}{r_2}, \tag{1.25}$$

式(1.24)代入式(1.25)得

$$\frac{1}{s''} - \frac{1}{s} = (n-1)\left(\frac{1}{r_1} - \frac{1}{r_2}\right),$$

当 $s = -\infty$ 时,$s'' = f'$,故得

$$\frac{1}{f'} = (n-1)\left(\frac{1}{r_1} - \frac{1}{r_2}\right). \tag{1.26}$$

这就是透镜制造者公式.

1.3.3 单球面反射成像公式的推导

由球面折射所得出的结果,能够推广到球面反射的情况.设 i 为入射角,i' 为反射角(如图

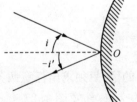

图 1.25 单球面反射

1.25).按照本书的符号规则,i 为正数,i' 为负数,采用此符号规则,用绝对值表示反射定律得

$$i = -i',$$

而折射定律是 $n\sin i = n'\sin i'$,如将反射看成是折射的特殊情况,将 $i = -i'$ 代入折射定律得

$$n\sin(-i') = n'\sin i'.$$

对近轴光线可写成

$$-ni' = n'i',$$

得

$$n = -n',$$

即反射可看成从折射系数 n 到折射系数 $-n$ 的特殊折射.

将此结论代入(1.14b)式即得

$$\frac{1}{s'} + \frac{1}{s} = \frac{2}{r}, \tag{1.27}$$

这是球面反射的成像公式.

顺便提一下,即使是平面镜也可运用公式(如 1.27).从数学观点来看,平面只不过是曲率

半径为无限大的球面,即 $r \to \infty$,因此 $\dfrac{2}{r} \to 0$,代入(1.27)式,即得

$$s' = -s,$$

这就说明,平面镜所成的像与物对称于镜面.

1.4　球面折射的三种放大率

1.4.1　线放大率 β

在上节中我们讨论了物点所成的像,现在再来讨论小面积成像的情况. 如图 1.26 所示,在靠近折射面的曲率中心处放一小光阑 DD',使通过的光束都具有近轴光线的性质. 因此,小物体的弧线 PP_1 上的任何一点都按式(1.14)形成相应的像点. 半径为 $r+(-s)$ 的球面元所成的像是半径为 $s'-r$ 的球面元,并且它们具有共同的球心 C. 由于 PP_1 和 $P'P_1'$ 都很小,我们可以用弦(平面元)来代替弧(球面元). 因此,垂直于光轴的小面积 ΔS 所成的像是垂直于同一轴的小面积 $\Delta S'$(对近轴光线而言). ΔS 和 $\Delta S'$ 称为对于这一光学系统的**共轭平面**.

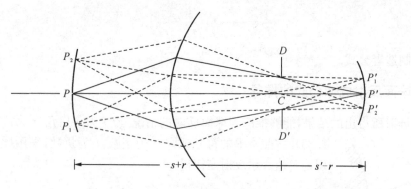

图 1.26　小面积成像

如果物体为垂直于光轴的线段 PP_1(如图 1.27),要想得到点 P_1 的像,只须求出任意两条光线的交点即可,因为像的每一点都是共轭的物点发出的所有光线的交点. 注意图 1.27 上各量的标志都是采用笛卡尔坐标符号规则,并用其绝对值表示的(全正表示).

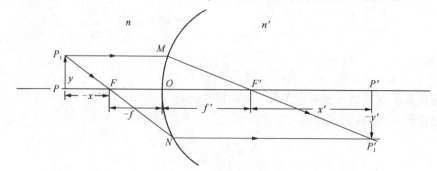

图 1.27　线段物体的像

设物长为 y，像长为 y'，则像长与物长的比值称为**线放大率** β（又称单向放大率）：

$$\beta = \frac{y'}{y}. \qquad (1.28)$$

根据笛卡尔符号规则，垂直于光轴的线段向上的方向为正，向下的方向为负. 从三角形 PP_1F 和 NOF 有

$$\frac{-y'}{y} = \frac{-f}{-x},$$

因此，单向放大率

$$\beta = \frac{y'}{y} = -\frac{f}{x}. \qquad (1.29a)$$

应用牛顿公式(1.22)，上式又可写成

$$\beta = -\frac{x'}{f'}. \qquad (1.29b)$$

我们还希望知道 β 与 s, s', n, n' 的关系，在图 1.28 中从 P_1 作光线 P_1O，则 OP_1' 为折射光线，且 $\angle P_1OP$ 是入射角 i，而 $\angle P'OP_1'$ 是折射角 i'，由折射定律得

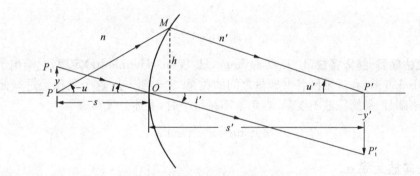

图 1.28 线放大率的推导

$$n\sin i = n'\sin i',$$

对近轴光线近似有

$$\sin i \approx \tan i, \sin i' \approx \tan i',$$

故有

$$n\frac{y}{-s} = n'\frac{-y'}{s'},$$

所以

$$\beta = \frac{y'}{y} = \frac{n}{n'}\frac{s'}{s}. \qquad (1.30)$$

将上面公式归纳如下

$$\beta = \frac{y'}{y} = \frac{n}{n'}\frac{s'}{s} = -\frac{f}{x} = -\frac{x'}{f'}.$$

这个线放大率的公式不仅可以说明物像大小的比例，同时也可以说明物像倒正、虚实的关系，

下面加以说明：

(i) 当 $|\beta|>1$ 时，根据定义，像比物大，此时得到一个放大的像. $|\beta|=1$ 表明像与物一样大. $|\beta|<1$ 表明像比物小，此时得到一个缩小的像.

(ii) 当 $\beta>0$，y' 与 y 同符号，显然，物的方向与像的方向相同，物正立时像也正立. 如从 $\beta=\dfrac{n}{n'}\dfrac{s'}{s}$ 式出发，由于 $\beta>0$，s' 与 s 必然具有相同的符号，物与像（指位置）在同一介质内，即物是实物时，像必定是虚的. 相反，当物是虚物，像则一定是实的. 综上所述，当 $\beta>0$ 时，物和像的方向相同，并且一定是一实一虚. 至于 $\beta<0$ 的情况，根据同样分析，可以推出此时物与像的方向是相反的，物正立时像就倒立，反之亦然. 另外物是实物时，得到的像也是实的；物是虚物时，得到的像也是虚的.

现在再回到式(1.30)

$$\frac{ny}{s}=\frac{n'y'}{s'},$$

上式两边乘 h，h 是折射面上任意近轴点 M 到光轴的距离（如图 1.28），得

$$\frac{nyh}{s}=\frac{n'y'h}{s'},$$

即

$$nyu=n'y'u'. \tag{1.31}$$

此式称为**拉格朗日-赫姆霍兹**(J. L. Lagrange, H. Von. Helmholtz)**定理**，它给出了物空间和像空间（见 1.5.6 节）在近轴区各共轭量之间的关系. 它表明 nyu 这个乘积经过球面折射后不变，称为拉格朗日-赫姆霍兹不变量. 当角 u 不是很小时，上述公式写成

$$ny\tan u=n'y'\tan u'. \tag{1.32}$$

1.4.2 轴向放大率 α

如果物沿光轴位移一距离 dx，则像也将位移一距离 dx'，比值 $\alpha=\dfrac{dx'}{dx}$ 称为**轴向放大率**. 将牛顿公式微分，得

$$x\,dx'+x'\,dx=0,$$

因此

$$\alpha=\frac{dx'}{dx}=-\frac{x'}{x}. \tag{1.33}$$

将(1.29a)和(1.29b)两式相乘得

$$\beta^2=\frac{x'}{x}\cdot\frac{f}{f'},$$

利用公式(1.19)得

$$\beta^2=\frac{x'}{x}\cdot\left(-\frac{n}{n'}\right),$$

或写为

$$-\frac{x'}{x}=\frac{n'}{n}\beta^2,$$

代入式(1.33)得

$$\alpha=\frac{n'}{n}\beta^2. \tag{1.34}$$

由于 n',n,β 都是正数,所以 α 总大于零,说明物的移动和像的移动是同方向的,物向右移动时,相应的像也向右移动. 必须指出的是,$x=0$ 这一点例外.

1.4.3 角放大率 γ

在图 1.28 中 u,u' 为共轭光线与光轴的夹角,两者正切之比称为**角放大率**,即

$$\gamma=\frac{\tan u'}{\tan u}\approx\frac{u'}{u}, \quad (u,u'很小时) \tag{1.35}$$

上式可以写为

$$\gamma=\frac{h/s'}{h/s}=\frac{s}{s'}. \tag{1.36}$$

由(1.30)式知

$$\beta=\frac{n}{n'}\frac{s'}{s},$$

故

$$\frac{s}{s'}=\frac{n}{n'}\frac{1}{\beta}. \tag{1.37}$$

将(1.19)式及(1.29a)式代入(1.37)式

$$\frac{s}{s'}=-\frac{f}{f'}\cdot\frac{1}{-\dfrac{f}{x}}=\frac{x}{f'},$$

上式代入(1.36)式得

$$\gamma=\frac{x}{f'}=\frac{f}{x'}. \tag{1.38}$$

由(1.31)式拉格朗日-赫姆霍兹定理得

$$\beta=\frac{y'}{y}=\frac{nu}{n'u'}=\frac{n}{n'}\cdot\frac{1}{\gamma}, \tag{1.39}$$

因为对于给定的两种介质而言,比值 $\dfrac{n}{n'}$ 不变,所以 β 与 γ 成反比,即角放大率与线放大率成反比关系.

1.4.4 放大率三角形

由式(1.34)和式(1.39)得出 α,β,γ 三者之间的关系为

$$\beta=\alpha\cdot\gamma. \tag{1.40}$$

此关系式也可用一个三角形表示,如图 1.29 所示,α 代表轴

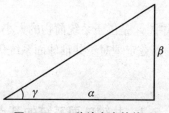

图 1.29 三种放大率的关系

向放大率，β 代表线放大率，γ 代表角放大率.

1.5 共轴球面系统成像

1.5.1 共轴球面系统的定义与性质

大多数实际的光学系统都至少有两个折射面（如透镜）或多于两个的折射面. 如果所有折射面的球面中心都在一直线 OO' 上（如图 1.30），则这组球面称为**共轴球面系统**，而直线 OO' 称为系统的主光轴.

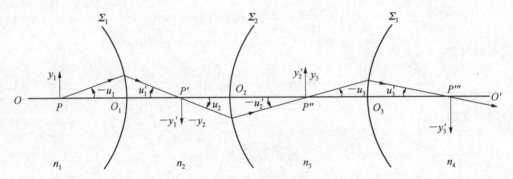

图 1.30　共轴球面系统

对于轴上 P 点而言，近轴光束保持同心性，即会聚于点 P'，再从点 P' 出发，也是近轴地前进，因而将保持同心性，依此类推，所以在共轴球面系统中，同心近轴光束经过多次折射反射仍旧是同心光束，物能够成像，如果物是一点，系统所成的像也是一点（实像或虚像）.

对于 Σ_1、Σ_2 和 Σ_3 各个折射面而言，由式（1.31）得

$$n_1 y_1 u_1 = n_2 y_1' u_1',$$
$$n_2 y_2 u_2 = n_3 y_2' u_2',$$
$$n_3 y_3 u_3 = n_4 y_3' u_3',$$

因 $-y_1' = -y_2$，$u_1' = u_2$，$y_2' = y_3$，$-u_2' = -u_3$，所以

$$n_1 y_1 u_1 = n_2 y_2 u_2 = n_3 y_3 u_3 = n_4 y_3' u_3',$$

若最后一个折射面用 Σ_k 来表示，并略去等式的中间诸项，则得

$$n_1 y_1 u_1 = n_{k+1} y_k' u_k',$$

式中 y_1 是位于系统前物的大小，而 y_k' 是经过整个系统后所产生的像的大小. 因此，拉格朗日-赫姆霍兹定理对于共轴球面系统仍是成立的. 如以无撇量代替物方量，有撇量代替像方量，则有

$$nyu = n'y'u'. \tag{1.41}$$

1.5.2 共轴球面系统的基点

原则上讲用逐步成像法可以解决有许多个折射面的共轴球面系统的成像问题，不过在有

些情况中,用逐步成像的方法得到整个系统的物方量和像方量之间的一般关系式是困难的,因为在成像公式中包含有物距、像距这类量,它们在逐次成像的过程中,计算的起点 $O_1,O_2,\cdots$, O_k 每次都要改变,很难把中间像的位置消去.

如在共轴球面系统中引入基点,即焦点、主点、节点,利用这些基点可以解决系统的成像问题,这时不必逐个球面成像,而是将系统看成一个整体来处理其成像问题.

本节将从共轴系统的性质出发,分别介绍共轴球面系统的焦点、主点和节点.

1. 焦点和焦平面

设光线 PM 平行于光轴 OO' 入射到共轴球面系统上.经过多次折射后,出射光线(或其延长线)与光轴交于某点 F'(如图 1.31).而沿光轴的光线因为它垂直地射到每一个折射面上,通过整个系统不发生折射.因此,两条光线 PM 和 OO_1 经过系统后也相交于 F' 点.由于系统对同心近轴光束仍然保持为同心光束,所有平行于光轴的入射光线,经系统后都相交于同一点 F'.同样,我们还要确定具有下述特性的点 F,即从这点出发的光线经过系统折射后,形成平行于光轴的光束.根据定义,点 F 和 F' 是系统的**主焦点**.因此,共轴球面系统和一个折射面的情况相同,也具有两个主焦点.通过焦点并垂直于光轴的平面,称为**焦平面**.

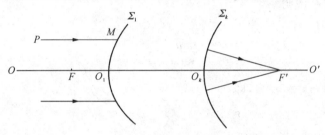

图 1.31　焦点的引入

2. 主点和主平面

如果平行于光轴 OO' 的入射光线 PM 与轴的距离为 h(如图 1.32),经过系统折射后成为通过**像方焦点** F' 的光线 $O'F'$,则我们总可以选出一入射光线 FQ,它通过**物方焦点** F,经过折射后成为平行于光轴的光线 $M'P'$,且与光轴的距离也是 h.光线 PM 和 FQ(或它们的延长线)交于 R 点,而光线 $M'P'$ 和 $Q'F'$ 交于 R' 点.可以看出,R 和 R' 是共轭点.它们到光轴的距离相等,即 $RH=R'H'$.因此,单向放大率 $\beta=\dfrac{R'H'}{RH}=+1$,通过 R 和 R' 且垂直于光轴的两个面,它们上面对应的各点也是共轭的,并且放大率等于 $+1$,所以平面 RH 和 $R'H'$ 是一对直立的、大小相同的共轭面,称为**主平面**,它们与光轴的交点称为**主点**,以 H,H' 表示,H 称为**第一主点**,H' 称为**第二主点**(如图 1.32).

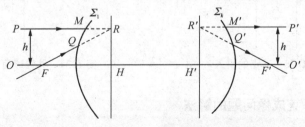

图 1.32　主点的引入

引入主平面的好处在于能够将成像过程中的多次折射和反射简化为在主平面处的一次折射. 系统的焦距就由相应的主点量起,如 H 到 F 的距离为系统的第一焦距,H' 到 F' 的距离为系统的第二焦距.

3. 节点和节平面

在图 1.33 中,如果入射光线 PR 的共轭光线为 $R'P'$,则

$$\tan(-u)=\frac{RH}{PH}=\frac{RH}{-x-f},$$

$$\tan u'=\frac{R'H'}{P'H'}=\frac{R'H'}{x'+f'},$$

角放大率

$$\gamma=\frac{\tan u'}{\tan u}=\frac{x+f}{x'+f'}=\frac{\frac{ff'}{x}+f}{x'+f'}=\frac{f}{x'}.$$

在上面公式的推导中应用了牛顿成像公式,应该指出在共轴球面系统中牛顿成像公式亦成立,在下一节中将有说明.

上式还可以写为

$$\frac{\tan u'}{\tan u}=\frac{x}{f'},$$

当角放大率 $\gamma=1$ 时,$\frac{f}{x}=\frac{x}{f'}=1$,即

$$x_N=f',$$
$$x'_N=f. \tag{1.42}$$

由(1.42)式所决定的共轭点 N 和 N' 称为系统的**节点**. 因为 $\gamma=1$,所以当某一条光线通过节点 N 时,它的共轭光线必平行地通过另一节点 N'(如图 1.34). 通过节点并垂直于光轴的平面称为**节平面**. 一般把六个平面(两个焦平面、两个主平面和两个节平面)以及和它们相对应的主轴上的六个点(两个焦点、两个主点和两个节点)称为系统的基平面和基点. 如果系统的两边是同一介质,则 $f'=-f$(见 1.5.4 节),因此节点和主点重合,在这种情况下系统只有四个基点和四个基平面.

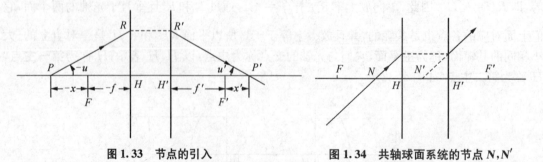

图 1.33　节点的引入　　　　　　　图 1.34　共轴球面系统的节点 N,N'

1.5.3　共轴球面系统成像问题的解法

1. 公式解法

无论系统如何复杂,只要主焦点和主点的位置已知,则我们按照笛卡尔坐标符号规定,从

物的位置可以求出像的位置. 如图 1.35 所示,平行于光轴的光线 PR 经折射后通过第二主焦点 F',按照主平面的特性,此光线(或其延长线)与第二主平面的交点 R' 对光轴的距离也是 h. 通过第一主焦点 F 的光线经折射后成为平行于光轴的光线,并且 D 和 D' 两点对光轴的距离也应相等,光线 $R'P'$ 和 $D'P'$ 的交点 P' 就是物点 P 的像. 从三角形 DPR 和 DFH 得

$$\frac{-f}{-s}=\frac{DH}{DR},$$

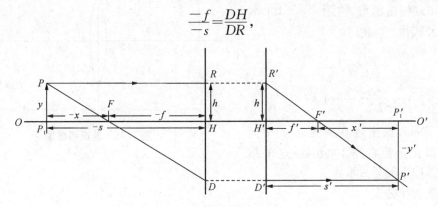

图 1.35 由基点性质作图求物像关系

同样,从三角形 $R'P'D'$ 和 $R'F'H'$ 得

$$\frac{f'}{s'}=\frac{H'R'}{D'R'},$$

将以上两式相加得

$$\frac{f}{s}+\frac{f'}{s'}=\frac{DH}{DR}+\frac{H'R'}{D'R'}=\frac{D'H'+H'R'}{D'R'}=1.$$

此式与(1.21)式相同,不过原来从顶点算起的距离现在都要从主平面算起,坐标原点为相应的主点. 对于单向放大率(线放大率)和牛顿公式也是如此. 设物长为 y,像长为 y'(如图 1.35),从三角形 $P_1'P'F'$ 和 $H'R'F'$ 中得

$$\frac{-y'}{R'H'}=\frac{x'}{f'},$$

按照主平面的特性,$R'H'=y$,所以单向放大率 β 为(1.29b)式

$$\beta=\frac{y'}{y}=-\frac{x'}{f'},$$

同样由三角形 PP_1F 和 HDF 可得出 β 的另一种表示式(1.29a)式

$$\beta=\frac{y'}{y}=-\frac{f}{x},$$

由上面两式即可得出牛顿公式

$$xx'=ff'.$$

从上面的讨论,可以看出共轴球面系统的成像公式与单球面的成像公式形式上是相同的. 主要区别是各量的原点不同,在共轴球面系统中 s 和 f 的坐标原点是第一主点,s' 和 f' 的坐标原点为第二主点,只要记住这个区别,高斯公式和牛顿公式可以按原来形式进行计算,解决成像问题. 下面举个例题来加以说明.

例 1-3　有一个薄的双凸透镜,焦距为 5cm,离透镜 10cm 处放一物体,求像的位置及与原物大小之比.

解　因为是一个薄透镜,两主平面重合,由于是凸透镜,故 $f'=5$cm,$f=-5$cm(如图 1.36). 根据题意,物距 $s=-10$cm,代入高斯公式得

$$\frac{f}{s}+\frac{f'}{s'}=1,$$

$$\frac{-5}{-10}+\frac{5}{s'}=1,$$

解得 $s'=10$cm,像出现在离第二主平面 10cm 处,即在透镜右侧 10cm 处. 这个结果同样可以用牛顿公式推得.

根据放大率公式

$$\beta=-\frac{f}{x}=-\frac{-5}{-5}=-1,$$

说明像与物一样大小,是一个倒立的像.

2. 作图解法

根据焦点、主点、节点的性质,我们可以利用三条特征光线进行作图求解.此三条特征光线为:

(i) 平行于光轴的光线,经过系统后通过第二主焦点,入射光线、出射光线与相应的主平面的交点有相同的高度(如图 1.37).

(ii) 通过第一主焦点的光线,经过光学系统后平行于主光轴,出射光线离主光轴的高度同样由入射光线与主平面的交点决定(如图 1.38).

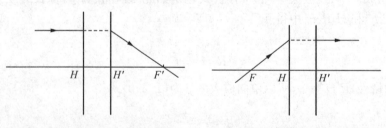

图 1.37　平行于光轴的光线　　　图 1.38　经过第一焦点光线

(iii) 通过系统第一节点 N 的光线,则按原来方向经过第二节点 N' 平行地从系统出射(如图 1.39).

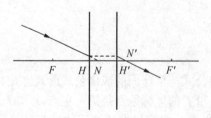

图 1.39　经过节点的光线

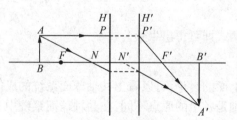

图 1.40　作图法求像的位置

在实际应用中,要确定物体 AB 上任一点的像,只需选用任意两条特征光线,得到经过光学系统后的交点,这就是像点.

下面我们用一个具体的例子来加以说明.

例 1-4 图 1.40 中物体 AB 在透镜焦距以外,用作图法求其像的位置.

解 我们以 A 点为例来进行作图,光线 AP 平行于光轴,所以经过系统后光线 $P'A'$ 通过焦点 F',注意因主平面性质 P 与 P' 同高. 光线 AN 经过第一节点,其相应的出射光线经过 N' 并与 AN 平行,这两条光线相交点 A' 就是物 A 的像点. 同理可处理物体 AB 上任意一点,用作图法求出其相应的像点,最后就可得到物体 AB 的实像 $A'B'$. 实际情况中,利用共轴球面系统的成像公式,像距只与物距有关,而与物高无关,像距一旦确定,像平面也就确定的特性,只要求出物平面中任一点的像,其相应的像平面就被确定,所以不必再求其他点的像.

1.5.4 共轴球面系统基点的求法

到现在为止,关于成像问题的解决不外乎两种方法,一种利用单球面成像公式,将物对光学系统每个面逐个进行成像,例如一光学系统由两个透镜组成,那么共有 4 个分界面,对此系统求物体的像可以采用逐面成像方法,先将物对第一分界面成像,像的位置、大小可由单球面折射公式求得,而此第一分界面的像就是第二分界面的物,将其对第二分界面求像,依次推算到第四分界面的像即物对整个系统所成的像,此种方法称为逐步成像法. 另一种方法就是上面所介绍的利用基点的性质解决成像问题. 由于基点的引入,在某些成像系统中,后一种方法较为简单. 那么,怎样决定一共轴球面系统的基点呢? 或者说怎样根据系统的基本参数来决定基点的位置? 下面先介绍最简单的单球面系统,然后介绍较复杂的共轴球面系统.

1. 单球面基点的求法

图 1.41 是半径为 r 的球面,两边的折射系数各为 n 和 n'. 根据单球面的公式,求得第一主焦距和第二主焦距分别为

$$f = -\frac{n}{n'-n}r,$$

$$f' = \frac{n'}{n'-n}r.$$

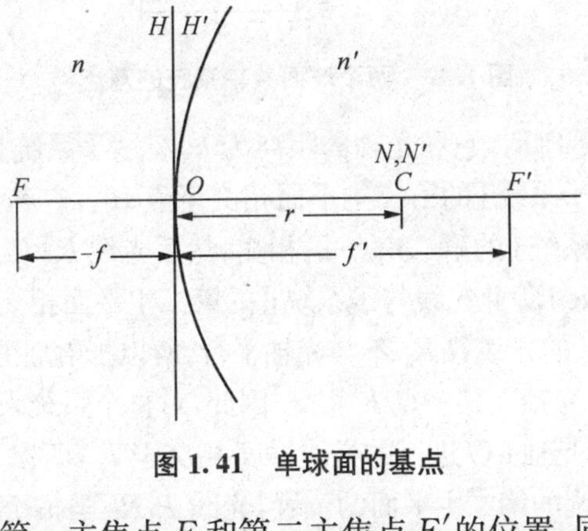

图 1.41 单球面的基点

根据这些数据在图上标出第一主焦点 F 和第二主焦点 F' 的位置. 同样按照主点的定义,满足 $\beta=1$ 的点其位置由公式(1.29)可知,第一主点的位置由 $x_H = -f$ 决定,第二主点的位置由

$x'_H = -f'$ 决定,由于主点位置用 x, x' 表示,也就是以第一主焦点和第二主焦点为坐标原点,第一主点就是以第一焦点为原点量一个 $(-f)$ 的距离,此点恰好在球面的顶点.同样方法,第二主点位置也恰好在球面的顶点.这结果是容易理解的,因为只有物贴近球面时,其像也在球面上,而放大率才为 $+1$.

由节点公式 (1.42) 可知,第一节点 N 是以物方焦点为坐标原点的一个 f' 距离的量 ($x_N = f'$),此点与球面顶点的距离 $L = f' - (-f) = \dfrac{n'}{n'-n}r - \dfrac{n}{n'-n}r = r$,恰好是球面的曲率中心.同样方法可推得第二节点 N' 也恰好是球面的曲率中心.事实上也只有通过曲率中心的入射光线,出射光线方向才不偏折.因为此时入射光线沿球面法线方向进行,入射角为零度,折射角也是零度,折射光线方向不偏折.

上面的分析告诉我们,一个简单球面折射系统有六个基点:两个主焦点,两个主点,两个节点.两个主点和球面的顶点重合,两个节点就是球面的曲率中心.

2. 两个球面共轴系统基点的求法

为了解决厚透镜的基点(一个厚透镜是由两个折射球面所组成)以及其他更复杂系统的基点的求法,我们以两个共轴系统所组成的复杂系统为例作一介绍.

设一光学系统由两个共轴子系统 I 和 II 组成,如图 1.42 所示,已知它们的主平面各为 $H_1 R_1, H'_1 R'_1$ 和 $H_2 R_2, H'_2 R'_2$,它们的主焦距各为 f_1, f'_1 和 f_2, f'_2.子系统 I 的第二主焦点 F'_1 和子系统 II 的第一主焦点 F_2 之间的距离为 Δ,Δ 称为两个子系统的**光学间隔**,当 F_2 点在 F'_1 点之右侧时 Δ 为正,当 F_2 点在 F'_1 点之左侧时 Δ 为负.

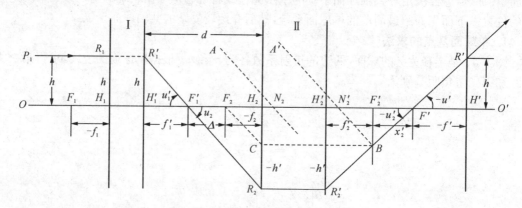

图 1.42　两个球面共轴系统的基点

平行于光轴 OO' 的光线 $P_1 R_1$,它和光轴的距离为 h,经过子系统 I 折射后形成光线 $R'_1 R_2$.按照主平面的特性,此光线与子系统 I 的第二主平面相交于点 R'_1,它和光轴的距离仍为 h,按照焦平面的特性,此光线应与子系统 I 的第二焦点 F'_1 相交,然后光线 $R'_1 R_2 (R_2 H_2 = -h')$ 又经过子系统 II 的折射,最后形成光线 $R'_2 R'$.此光线与子系统 II 的第二主平面相交的点 R'_2 和光轴的距离应仍为 $-h'$.因为射到子系统 II 上的光线 $R'_1 R_2$ 不与光轴平行,所以折射后的光线 $R'_2 R'$ 不与子系统 II 的第二主焦点 F'_2 相交,而是与光轴上某一点 F' 相交.因此,对整个系统来讲,入射光线 $P_1 R_1$ 的共轭光线是 $R'_2 R'$,而此光线与沿光轴 OO' 进行的光线 OH' 相交于 F',所以点 F' 是整个系统的第二主焦点.现在再来决定整个系统的第二主平面的位置,光线 $P_1 R_1$ 与整个系统的第一主平面相交于距光轴 OO' 为 h 的一点,因而它的共轭光线 $R'_2 R'$ 与第二主平面的交点也和光轴 OO' 相距为 h.因此,在光线 $R'_2 R'$ 上可找出与光轴 OO' 的距离为 h 的一点 R',垂直于光轴 OO' 的 $R'H'$ 平面,就是整个系统的第二主平面. 从 H' 点到 F' 点的距离 f' 就是整个系统的第二主焦距.

为了求得 f'，我们引入角 u'_1, u_2, u'_2 和 u'，这些角是由光线 $R'_1 F'_1 R_2$ 和 $R'_2 F' R'$ 与光轴 OO' 相交而成的. 由图 1.42 可看出

$$u'_1 = u_2, \quad u' = u'_2,$$

由此得出四个角的相互关系

$$\frac{u'_1}{u'} = \frac{u_2}{u'_2},$$

再由图中得

$$h = u'_1 f'_1 = u' f',$$

$$-h' = u_2 (\Delta - f_2) = (-u'_2)(x'_2 + f'_2).$$

从以上两式得

$$\frac{u'_1}{u'} = \frac{f'}{f'_1},$$

$$\frac{u_2}{-u'_2} = \frac{x'_2 + f'_2}{\Delta - f_2}.$$

根据角的相互关系，由以上两式得出

$$\frac{f'}{f'_1} = -\frac{x'_2 + f'_2}{\Delta - f_2},$$

即

$$f' = -f'_1 \cdot \frac{x'_2 + f'_2}{\Delta - f_2}. \tag{1.43}$$

对子系统 Ⅱ 而言，点 F'_1 和 F' 是共轭的，它们对子系统 Ⅱ 的两个主焦点算起的距离分别为 $-\Delta$ 和 x'_2，因此按牛顿公式得

$$-\Delta \cdot x'_2 = f_2 \cdot f'_2,$$

即

$$x'_2 = -\frac{f_2 f'_2}{\Delta},$$

将 x'_2 值代入 (1.43) 式中，求得整个系统的第二主焦距 f' 为

$$f' = -\frac{f'_1 f'_2}{\Delta}, \tag{1.44}$$

其坐标原点为 H' 点.

用完全类似的方法，考虑在系统中经折射后变成与光轴平行的光线，可得出系统的第一主焦距 f 为

$$f = \frac{f_1 f_2}{\Delta}, \tag{1.45}$$

其坐标原点为 H 点.

现在我们来确定第二主平面 $R'H'$ 的位置，以 $x'_{H'}$ 表示 $H'_2 H'$（即整个系统的第二主平面对于子系统 Ⅱ 的第二主平面的距离）. 由图 1.42 得

$$x'_{H'} = f'_2 + x'_2 - f',$$

将 x'_2 和 f' 的值代入上式得

$$x'_{H'} = f'_2 \frac{\Delta + f'_1 - f_2}{\Delta} = f'_2 \frac{d}{\Delta}, \tag{1.46}$$

d 为子系统 I 的第二主平面和子系统 II 的第一主平面间的距离.

用同样的方法可求出整个系统的第一主平面和子系统 I 的第一主平面间的距离为

$$x_H = f_1 \frac{d}{\Delta}. \tag{1.47}$$

综上所述,如果球面共轴系统中两个子系统的主平面和主焦距已知,那么顺次应用公式(1.44),(1.45),(1.46),(1.47)就可以求出这个共轴球面系统的基点.依次类推,就可以求出复杂共轴球面系统的基点.

利用作图法也可以找到焦点 F',过节点 N_2,N'_2 画出与 R'_1R_2 平行的光线 AN_2,$A'N'_2$,光线 $A'N'_2$ 与子系统 II 的第二焦平面相交于 B 点,连接 R'_2 点和 B 点的直线 R'_2B 确定了经过子系统 II 后光线的方向,R'_2B 与光轴 OO' 的交点为 F'.也可以借助与 R'_2R_2 平行的辅助光线 F_2C 的折射线 CB 的 B 点来确定 R'_2R' 的方向.

现在举一个例题.

例 1-5 一个双凸透镜,两面的曲率半径为 $r_1 = 15$cm 和 $r_2 = 10$cm(如图 1.43),透镜玻璃的折射系数 $n = 1.5$,透镜的厚度 $d = 3$cm,透镜置于空气中,求透镜的主平面及主焦点的位置.

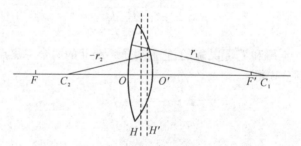

图 1.43 双凸厚透镜的主平面和主焦点

解 此为一厚透镜,利用(1.17),(1.18)式可以求出两个子系统,即两个单球面的焦距,

$$f_1 = -30\text{cm}, \quad f'_1 = 45\text{cm},$$
$$f_2 = -30\text{cm}, \quad f'_2 = 20\text{cm},$$

两个子系统的光学间隔 Δ,就是 F'_1 与 F_2 之间的距离,可以计算出 $\Delta = -72$cm,由于 F_2 点在 F'_1 点的左侧,故 Δ 取负值.

顺次利用(1.44),(1.45),(1.46),(1.47)式可以计算出 f',f,x_H,$x'_{H'}$

$$f' = -\frac{f'_1 f'_2}{\Delta} = -\frac{45 \times 20}{-72} = 12.5\text{cm} \quad (\text{以 } H' \text{ 为坐标原点}),$$

$$f = \frac{f_1 f_2}{\Delta} = \frac{(-30)(-30)}{-72} = -12.5\text{cm} \quad (\text{以 } H \text{ 为坐标原点}),$$

$$x_H = f_1 \frac{d}{\Delta} = -30 \times \frac{3}{-72} = 1.3\text{cm} \quad (\text{以 } H_1 \text{ 为坐标原点}),$$

$$x'_{H'} = f'_2 \frac{d}{\Delta} = 20 \times \frac{3}{-72} = -0.8\text{cm} \quad (\text{以 } H'_2 \text{为坐标原点}),$$

主平面和主焦点的位置标示于图 1.43 中.

这两个主焦距数值上相同,它们从各自对应的主平面算起,需注意透镜的第一及第二焦点到透镜顶点 O 及 O' 的距离是不同的. 第一主焦点 F 与顶点 O 的距离为 $-12.5+1.3=-11.2\text{cm}$,第二主焦点 F' 与顶点 O' 的距离为 $12.5-0.8=11.7\text{cm}$.

用同样方法,可以求出任何形式厚透镜的主平面和主焦点的位置. 图 1.44 中画出(a) 双凹透镜,(b) 平凸透镜,(c) 正弯月形透镜,(d) 负弯月形透镜的主平面位置.

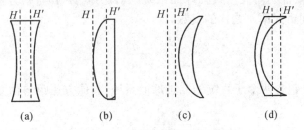

图 1.44　一些厚透镜的主平面

透镜的厚度 d 与焦距相比很小的透镜称为薄透镜,这时可以认为 O 与 O' 重合于透镜中心. 放在空气中的薄透镜,由于物方和像方折射率相同,故 $f'=-f$(见(1.49)式),H,H',N,N' 均位于透镜中心,此点称为**光心**.

上面的例题介绍了已知两个子系统的基点利用相应的公式可以计算出厚透镜的基点,这个问题也可以利用作图法来解决,下面用一个例子来介绍利用作图法找出厚透镜的焦点和主点的方法.

一个厚的玻璃透镜,其折射率为 1.50,厚度为 2.0cm,两表面的曲率半径为 $r_1=3.0\text{cm}$,$r_2=-5.0\text{cm}$,周围空气的折射率 $n=1.00$. 为了求出这个厚透镜的焦点,先用单球面公式(1.17)和(1.18)分别计算出两个球面的第一焦距和第二焦距:

$$f_1 = -6\text{cm}, \quad f'_1 = 9\text{cm},$$
$$f_2 = -15\text{cm}, \quad f'_2 = 10\text{cm}.$$

在图 1.45 中,F_1,F'_1 点是球面 I 的物方及像方焦点,F_2,F'_2 点是球面 II 的物方及像方焦点. 两球面与光轴的交点为 H_1,H_2,此两点分别为球面 I 及球面 II 的主点. 平行于光轴的入射光线 1 与球面 I 的主平面相交于 R_1 点,经此面折射后取指向球面 I 的像方焦点 F'_1 的方向 2,它与球面 II 的主平面相交于 R_2 点,过 F'_2 点作垂线 3,过球心 C_2 作平行于 2 的直线段 4,此线段与 3 相交于 B 点,连接 R_2 与 B 点的直线 5 确定了经过球面 II 主平面的折射光线,光线 5 与光轴的交点就是厚透镜的像方焦点 F',将 R_2B 反方向延长,与光线 1 延长线的交点 R' 确定了厚透镜的第二主平面的位置,此平面与光轴的交点即为系统的第二主点 H'.

翻转透镜使两球面交换位置,重复上述过程就可以确定透镜物方焦点 F 及第一主点 H 的位置. 在上面介绍的作图法中利用了斜光线 C_2B 的帮助确定最后的折射光线 5,故此法称为斜光线作图法.

用作图法同样可以找出两个或多个透镜组成的复杂光学系统的基点,这对复杂光学系统

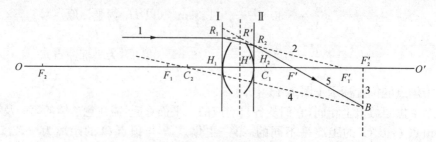

图 1.45 斜光线作图法

整体性质的了解往往比计算法更直观.

在本节的最后,要证明对任何共轴球面系统,其像方焦距 f' 与物方焦距 f 之比等于像空间折射率 n' 与物空间折射率 n 之比的负数,即

$$\frac{f'}{f} = -\frac{n'}{n}.$$

证明如下:图 1.46 是包含两个子系统的共轴球面系统,其像方焦距与物方焦距之比为

$$\frac{f'}{f} = \frac{\dfrac{-f_1'f_2'}{\Delta}}{\dfrac{f_1 f_2}{\Delta}} = -\frac{f_1'}{f_1} \cdot \frac{f_2'}{f_2}, \tag{1.48}$$

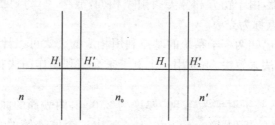

图 1.46 两个子系统的共轴球面系统

现在的问题是对各子系统像方焦距与物方焦距之比是否等于像空间折射率与物空间折射率之比的负数? 如此推下去必然推至对单球面上述结论是否成立? 从(1.19)式知,对单球面上述结论成立. 故可以推知对图 1.46 中的两个子系统有

$$\frac{f_1'}{f_1} = -\frac{n_0}{n},$$

$$\frac{f_2'}{f_2} = -\frac{n'}{n_0},$$

上两式代入(1.48)式得

$$\frac{f'}{f} = -\frac{n_0}{n} \cdot \left(\frac{n'}{n_0}\right) = -\frac{n'}{n}. \tag{1.49}$$

由此我们知道对处于同一介质中的共轴球面系统,因为 $n' = n$,故有 $f' = -f$.

1.5.5 共轴球面系统的物像关系

为了整理我们已经学到的知识,现以会聚系统为例,通过对各种典型情况的计算或作图,从物的位置找到其所对应像的位置.下面以表 1.2 和图 1.47 表示物体位于光轴上不同位置时,其对应像的位置、大小和性质.根据符号规则,会聚系统 f' 是正的,f 是负的.物的位置以 x 表示,像的位置以 x' 表示,μ 为比例因子.

表 1.2　会聚系统的物、像对应关系

物的位置 $x = \mu f$	比例因子 μ	像的位置 $x' = \dfrac{f'}{\mu}$	像的放大率 $\beta = -\dfrac{1}{\mu}$
$-\infty$	∞	0	0
$+f$	1	f'	-1
0	0	∞ $-\infty$	$-\infty$ ∞
$-f$	-1	$-f'$	1
∞	$-\infty$	0	0

当物从 $-\infty$ 处移到 $2F$ 处时,μ 从 ∞ 变到 1,像从像方焦点 F' 移到 $2F'$ 处,像的放大率由 0 变到 -1,这些像都是倒立的缩小的实像.照相机和望远镜物镜成像就在这范围中.

物从 $2F$ 处移到物方焦点 F,μ 从 1 变到 0,像由 $2F'$ 处移向 ∞,像放大率由 -1 变到 $-\infty$,像是倒立的放大的实像.1:1 复制成像和放映机属于此成像范围.

物从物方焦点 F 移向物方主点 H,μ 从 0 变到 -1,像由 $-\infty$ 移向像方主点 H',像放大率由 ∞ 变到 1,像是正的放大的虚像.放大镜成像属于此成像范围.对于会聚系统,F 一般在系统前而 H 在系统内,物在由 F 点移向 H 的过程中,由于实物不可能进入系统内,因而实际情况是物在 F 与 H 间的某一地方开始变成虚物.这虚物往往是前面一个系统的实像.

物从主点 H 向无限远处移动,μ 从 -1 变到 $-\infty$,对应的像由 H' 点移向 F' 点,像放大率由 1 变到 0,这些像是正的缩小的实像,图 1.47 表示出上述关系.

发散系统的物像关系也可以通过计算或作图得到,图 1.48 表示出发散系统的物像关系.

1.5.6 物空间和像空间

上节的讨论指出,共轴球面系统中任一位置的物都有一个在一定位置的像与它相对应.由于物有实有虚,可以出现在光学系统的前后,所以物的位置可以由一个方向的无穷远到另一方向的无穷远,即上节指出的由 $-\infty \to +\infty$.同样由于像与物有共轭关系,所以像的位置也可以由一个方向的无穷远到另一方向的无穷远($-\infty \to +\infty$).故物与像的可能位置完全可以交叉,见图 1.47、图 1.48.为了区别物空间和像空间,现将入射光束所在空间定义为**物空间**,出射光束所在空间定义为**像空间**.这样,入射光束所在空间的折射系数定义为物空间的折射系数,出射光束所在空间的折射系数定义为像空间的折射系数.在这里必须注意不是用物像位置所在空间去定义物像空间的折射系数.

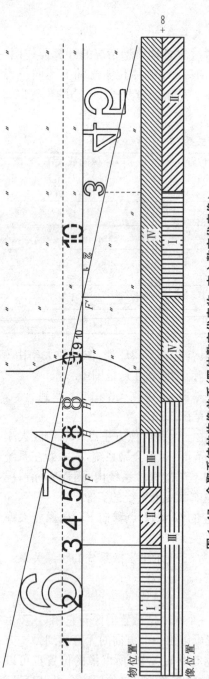

图 1.47 会聚系统的物像关系（黑体数字代表物，空心数字代表像）

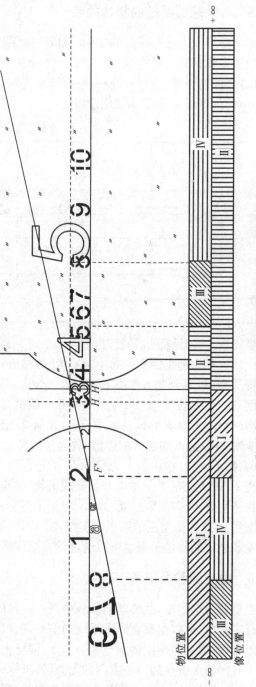

图 1.48 发散系统的物像关系（黑体数字代表物，空心数字代表像）

1.6 光 阑

前面几节介绍了共轴球面系统的近轴成像规律,在实际的光学系统中,必须把光束和物限制在近轴范围内,共轴系统才能近似地成像,为此在实际光学系统中一定要引入光阑,用它来限制光束以及限制视场,从而达到改善成像质量、控制像的亮度、调节景深等目的. 本节将介绍有关光阑的一些基本概念.

1.6.1 孔径光阑和视场光阑

在实际光学系统中,除了折射元件(透镜、棱镜)和反射元件(平面镜、球面镜)之外,往往还放置一些中央开孔的黑色不透明屏,让一定范围的光线通过. 这些有孔的屏,称为**光阑**. 实际上所有光学元件的尺寸都是有限的,只能使一定范围的光线进入光学系统. 所以,从这个角度来看,每一个光学元件的边缘就相当于一个光阑.

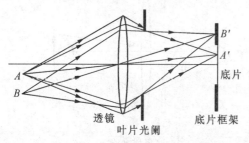

图 1.49 照相机的孔径光阑和视场光阑

但是各个光阑对像的影响是否都相同呢? 现以单透镜的照相机为例作些具体分析.

图 1.49 为一单透镜简单照相机. 透镜边缘、叶片光阑和底片框架都起着光阑的作用. 很明显,三者作用不相同,可变叶片光阑的大小是决定有多少光束参加成像,也就是限制着参加成像光束的孔径,这种光阑称为**孔径光阑**. 底片框架边缘也是一个光阑,它的大小限制照相机底片所能记录实像的物区范围,即限制照相机的视场,这种光阑称为**视场光阑**. 图中 A 点能够成像,而 B 点其光束虽能进入孔径光阑,但由于视场光阑的限制不能成像.

根据上面分析,可以知道任何一个光学系统光阑总是存在的. 按其作用,光阑分为孔径光阑和视场光阑两种. 孔径光阑是限制物上每一点参加成像光束的大小,它可以控制像的亮度. 视场光阑是限制能成像物体的范围,即限制视场.

为了掌握这些概念,我们再以人看镜子为例加以分析.

图 1.50 中的光学系统,由平面镜、瞳孔、水晶体、视网膜等组成. 平面镜边缘及瞳孔都是光阑,显然由物 A 发出的光只有一部分进入瞳孔在视网膜上成像,瞳孔大小限制进入眼睛光束大小,所以瞳孔这个光阑就是孔径光阑. 而平面

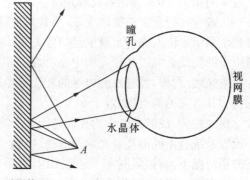

图 1.50 人眼看镜子时的孔径光阑和视场光阑

镜的边缘将限制人眼能看到的物的大小,所以平面镜的边缘在此系统中起着视场光阑的作用.

1.6.2 孔径光阑 入射光瞳和出射光瞳

在实际的成像系统中,都有一定数量的光阑. 从物点发出的光束通过成像系统时,不同的

光阑对此光束的孔径限制的程度不同,其中对光束孔径限制最多的光阑,决定了通过该系统成像光束的大小,这个光阑称为**孔径光阑**,又称有效光阑.

决定入射光束大小的孔径称为系统的**入射光瞳**,简称**入瞳**.决定出射光束大小的孔径称为系统的**出射光瞳**,简称**出瞳**.

由于孔径光阑是决定成像光束大小的光阑,所以入瞳、出瞳和孔径光阑是有关系的.从光轴上物的位置看孔径光阑边缘所张的角,实际上决定了入射光束的大小,如果孔径光阑前面有透镜,看到的是孔径光阑对前面系统所成的像,如图 1.51(a) 所示,这个像就是入瞳,即入瞳就是孔径光阑对其前面系统所成的像.同样讨论,出射光束的大小是由光轴上像的位置看孔径光阑所张的角而决定,如果孔径光阑与像平面间有透镜,在光轴上像的位置看孔径光阑实际上看到的是孔径光阑对后面系统所成的像,这个像就是出瞳,如图 1.51(b) 所示.

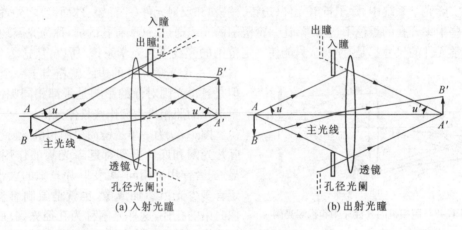

(a) 入射光瞳　　　　　　　　　　　　　(b) 出射光瞳

图 1.51　孔径光阑对系统的成像

位于光轴上的物点 A 对入瞳边缘的张角 u,称为入射孔径角.位于光轴上的像点 A' 对出瞳边缘的张角 u',称为出射孔径角.

入瞳与孔径光阑是物像关系,两者共轭,出瞳与孔径光阑也是物像关系,两者也共轭,所以对整个系统来讲入瞳与出瞳也是物像关系,即共轭关系.根据三者关系,可以知道,凡是经过入瞳中心的光线必经过孔径光阑中心,也经过出瞳中心,即也是出射光束的中心光线,这条光线称为**主光线**.同样,经过入瞳边缘的光线必经过出瞳边缘.利用主光线或边缘光线可由物点作图找到其对应的像点(如图 1.51).

应注意到,成像系统中的孔径光阑及入瞳、出瞳是由物的位置确定的,对不同远近的物,同一成像系统有不同的孔径光阑及入瞳、出瞳.不过对于大多数实际的光学成像系统而言,在正常使用情况下,物被限制在一定范围内,因而孔径光阑及入瞳、出瞳是不会改变的.

在实际的成像系统中,为了得到质量较好的像,在设计系统时已把孔径光阑及其相应的入瞳、出瞳放在适当的位置.例如在目视光学仪器望远镜和显微镜中,出射光瞳都在目镜外侧附近.瞳孔是眼睛的入射光瞳,在使用望远镜和显微镜时,为了使尽可能多的光束进入眼睛,应尽量地把瞳孔放在仪器的出射光瞳的位置.

1.6.3　光学系统中孔径光阑的求法

光学系统中有很多光阑,那么哪一个光阑是孔径光阑呢?按照孔径光阑的定义,它是限制光束最厉害的光阑,所以在确定孔径光阑时,首先将所有光阑一一对前面系统(向物方)成像,求像的位置与大小,然后由物的位置向这些像边缘一一作连线求张角,哪一个张角最小,那个像就是入瞳,与它共轭的物就是孔径光阑.下面举一个例题来熟悉以上概念的应用.

例 1-6　在惠更斯目镜的两透镜 L_1 和 L_2 之间置有圆孔光阑 AB(如图 1.52).试求入射光瞳与出射光瞳,以及对于第二透镜的第二主焦点而言的出射孔径角.

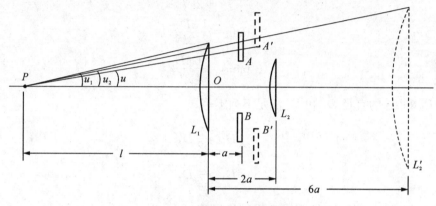

图 1.52　惠更斯目镜的入瞳

解　惠更斯目镜中的两个透镜 L_1,L_2 都是薄透镜,其焦距分别为 $3a$ 和 a,它们之间的距离为 $2a$.

下面求光阑 AB 和透镜 L_2 对透镜 L_1 所成的像.先求光阑 AB 对 L_1 成的像,利用高斯公式

$$\frac{f_1'}{s'}+\frac{f_1}{s}=1,$$

此时 L_1 右侧为物空间,左侧为像空间,坐标原点在 O 点,规定向右为正.由已知条件,第一透镜的焦距 $f_1=3a$,$f_1'=-3a$,光阑 AB 与透镜 L_1 的距离为 a,故 $s=a$.将各值代入上式中得

$$s'=\frac{3}{2}a,$$

单向放大率

$$\beta=\frac{s'}{s}=\frac{3}{2},$$

因此,光阑的像 $A'B'$ 距第一透镜的距离为 $\frac{3}{2}a$(在透镜右边).如光阑的直径用 D 表示,则其像的直径 $D'=\frac{3}{2}D$.

透镜 L_2 位于距第一透镜 $2a$ 处,所以对 L_1 而言,$s=2a$,代入高斯公式得

$$s'=6a,$$

单向放大率

$$\beta=\frac{s'}{s}=3,$$

因此,透镜 L_2 的像 L_2' 距第一透镜的距离为 $6a$. 如透镜 L_2 的直径为 D_2,则其像的直径 $D_2'=3D_2$. 设物点 P 距第一透镜的距离为 l. 现在来比较由 P 点看第一透镜、光阑的像 $A'B'$ 及透镜 L_2 的像 L_2' 所张的角 $2u_1,2u$ 及 $2u_2$. 如果 P 点与透镜的距离远大于透镜间的距离,则由图 1.52 得出

$$\tan u_1 = \frac{1}{2}\frac{D_1}{l},$$

$$\tan u = \frac{1}{2}\frac{3D}{2l},$$

$$\tan u_2 = \frac{1}{2}\frac{3D_2}{l}.$$

假设透镜 L_1 和 L_2 的直径 D_1 和 D_2 满足下列不等式

$$D_1 > \frac{3}{2}D,$$

$$D_2 > \frac{1}{2}D,$$

则 $\tan u$ 最小,由第一透镜 L_1 所形成的光阑像 $A'B'$ 是入射光瞳,故光阑 AB 为孔径光阑.孔径光阑对后面系统即第二透镜 L_2 所成的像为出射光瞳.因为光阑位于第二透镜的第一主焦点处,所以出射光瞳应位于无穷远(如图 1.53).由第二透镜的第二主焦点 F_2' 看出射光瞳边缘所张的角,等于由光阑 AB 发出的平行于光轴的光线 AE 向 L_2 的第二主焦点 F_2' 折射后与光轴的夹角 u',因此,所求的孔径角 $2u'$ 取决于等式

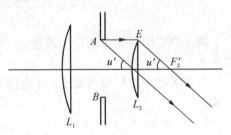

图 1.53　惠更斯目镜的出瞳

$$\tan u' = \frac{\frac{D}{2}}{a} = \frac{D}{2a}.$$

1.6.4　视场光阑　入射窗和出射窗

孔径光阑确定了在光轴上的物点所形成像点的亮度,透过的光线锥的立体角越大,则透过的光通量越大,像就越亮.对于物平面上离开光轴的物点,经过成像系统所形成的像,其亮度还和视场光阑有关,也就是说离轴的物点所形成像的亮度部分地取决于**视场光阑**.

在图 1.54 中,入射光瞳中心 O 与出射光瞳中点 O' 对整个成像系统是一对共轭点,若入射线经过 O,出射线必经过 O'. 轴外共轭点 P,P' 之间的共轭光束中通过 O,O' 的那条共轭光线称为此光束的主光线,当点 P,P' 到光轴的距离增大到图 1.54 中所画的位置时,主光线通过光学系统时会与某个光阑 CD 的边缘相遇,离光轴更远的共轭点的主光线将被此光阑所阻断,这个光阑就是视场光阑.

主光线 PO 和 $O'P'$ 与光轴的夹角 ω,ω' 分别称为入射视场角和出射视场角.物平面上被 ω 所限制的范围叫做**视场**.

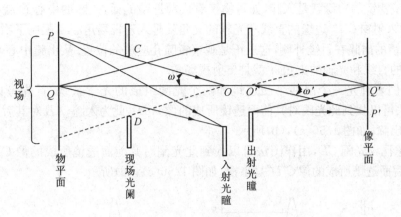

图 1.54 视场和渐晕

并不是只有视场内的物点才能经过光学系统成像. 设想某个物点比图 1.54 中的 P 点离轴更远一点,其主光线虽然被阻断,但仍然有一些光束可以通过系统到达像点,不过随着离轴距离的增大,参加成像的光束越来越窄,因而像点越来越暗,这种现象叫做渐晕. 实际上在视场边缘以内就有渐晕现象了. 粗糙的估计,可以认为 P' 点的亮度是 Q' 点亮度的一半. 如果把视场光阑 CD 放在物平面上,像平面上的渐晕现象会得到抑制. 在有些成像系统中,为了抑制渐晕现象,在系统中适当的位置上放入场透镜,有较好的效果.

在成像系统中视场光阑应放置在适当的位置,它常被放在物平面或者像平面上. 例如在投影仪中视场光阑放在物平面上,它的共轭像在像平面上. 在照相机里视场光阑放在像平面上,它的共轭物在物平面上. 望远镜和显微镜的视场光阑既不放在物平面上,也不放在像平面上,而是放在中间像的平面上. 图 1.55 中的 CD 是望远镜的视场光阑.

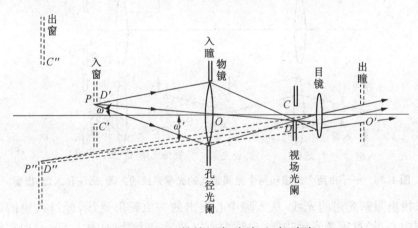

图 1.55 望远镜的入瞳、出瞳、入窗、出窗

视场光阑对其前面系统所成的像叫做**入射窗**,简称**入窗**,对其后面系统所成的像叫做**出射窗**,简称**出窗**,图 1.55 中的 $C'D'$ 和 $C''D''$ 分别是望远镜的入射窗和出射窗.

在光学系统中确定视场光阑的步骤是:第一,把系统中各光阑逐个地对其前面的光学系统成像;第二,这些像中对入瞳中心张角最小者即为入窗;第三,入窗所对应的共轭物即为视场光阑.

利用入瞳、出瞳和入窗、出窗的概念可以确定入射视场角 ω 及出射视场角 ω'. 例如在图

1.55 中望远镜物镜的边缘就是入瞳,如将物镜看成薄透镜的话,入瞳的中心 O 就是物镜的光心. 由 O 引向入射窗 $C'D'$ 边缘的直线和光轴的夹角就是入射视场角 ω, ω 限制了物平面上的视场范围. 望远镜的出瞳在目镜外侧,这里正是观察者瞳孔应放的位置. 从出瞳中心 O' 引向出射窗 $C''D''$ 边缘的直线和光轴的夹角 ω' 就是出射视场角.

　　最后,我们来研究一个由两个凸透镜和两个光阑组成的光学系统. 首先考虑孔径光阑 AB,用作图法可以找到此光阑对其前面透镜所成的像 $A'B'$,此为入瞳, AB 对其后面透镜所成的像 $A''B''$ 是出瞳,如图 1.56(a),(b)所示.

　　再来考虑视场光阑 CD,用作图法可以找到此光阑对其前面透镜所成的像 $C'D'$,此为入窗, CD 对其后面透镜所成的像 $C''D''$ 是出窗,如图 1.56(c),(d)所示.

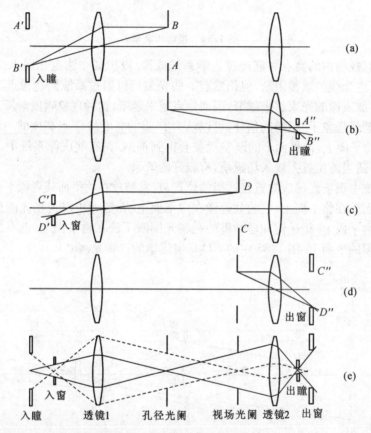

图 1.56　一个由两个透镜和两个光阑组成的光学系统的入瞳、出瞳和入窗、出窗

　　现在来找出限制光束的光线. 从入瞳中心发出的一束锥形光线,经过入窗的边缘,再经过孔径光阑中心,经过视场光阑边缘、出瞳中心以及出窗边缘,如图 1.56(e)中实线所示. 被虚线所限制的另一束光线,从入瞳边缘开始,经过入窗的中心,再经过孔径光阑的边缘、视场光阑中心、出瞳的边缘以及最后经过出窗的中心. 这两束光线虽然交叉在一起,但它们是相互独立的.

　　应注意到,由于孔径光阑必须比视场光阑更加远离最后的透镜,故在出瞳处的光束其直径最小,这是有重要影响的,许多光学仪器例如望远镜和显微镜,物镜是入瞳,物镜经目镜所形成的像是出瞳,出瞳处的光强度最大. 观察者眼睛的瞳孔应放在此处,这样可以比较舒适地进行观察.

光源应足够大以使其充满入瞳,如果一个光源没有充满入瞳,也就不能充满孔径光阑,那么经过此光学系统所得到的像,其强度和分辨率都会比较低.因此在光学系统中,透镜、光阑和其他元件都应有正确的直径.

<table>
<tr><td>1.7</td><td></td></tr>
</table>

1.7　光学仪器

光学仪器种类很多,本节只讨论几种常用的成像仪器,即放大镜、投影仪、照相机、显微镜、望远镜等.

1.7.1　眼睛

人眼的剖视图如图1.57所示.虹膜有小孔作瞳孔,瞳孔的大小可以改变,以便调节进入眼睛的光流量.网膜上的细胞分两种类型,一种是锥形的,一种是杆形的,它们大约有12500万个,不均匀地分布在视网膜上.这两类细胞的作用不同,杆形细胞作用相当于高灵敏度、粗颗粒的黑白底片,它在很暗的光照下还能起作用,但不能区别颜色,得到的像轮廓不够清晰.锥形细胞作用相当于灵敏度比较差、细颗粒的彩色底片,它在较强的光照下才能起作用,能区别颜色,得到的像细节较清晰.

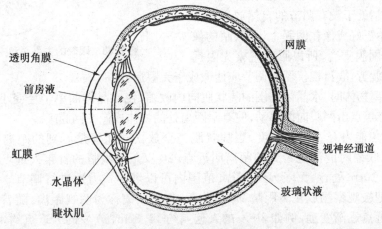

图1.57　人眼的剖视图

进入眼睛的光线通过瞳孔后到达水晶体凸透镜,在四周睫状肌的作用下,透镜可以适当地调节它的形状,使一定远近范围内(约从无穷远到15cm)的物体都能分别成像于视网膜上,两种感光细胞把像的讯号经过视神经通道传送到大脑.网膜上像的大小反映所见物体的大小,所以物体显示的大小由该物体对眼睛的张角大小决定,这个角 θ 称为该物的视角(如图1.60(a)).这也符合我们的经验,如我们走到一架飞机近旁,会觉得它比在高空飞行时大得多.

现在来研究眼睛的光学系统,这个光学系统在视网膜上形成了被观察物体的实像.凸形角膜的表面、水晶体、前房液和玻璃状液是眼睛的折射系统,在眼睛中像是在介质内得到的,介质和被观察物体所在的介质不同,因此,眼睛的第一和第二主焦距是不同的.

水晶体是折射率不均匀的物体,其外层折射系数为1.38,内层折射系数接近1.41,水晶体的焦距可以靠其表面曲率的变化来改变.随着物体离眼睛距离的不同,水晶体焦距作相应的变化,因而在网膜上可以得到物体清晰的像,这个过程称为调焦.

眼睛的入射光瞳,差不多和它的实际瞳孔重合,借助于虹膜,可以使瞳孔的直径改变而调节射入眼睛的光流量.当照度弱时瞳孔扩大,照度强时瞳孔缩小.

在不同人眼睛的光学系统中,有很多小的差异,对于眼睛的一般特性,可以使用简化的平均的模型(所谓简化的眼睛),它具有以下的常数:

光焦度 ·· 58.48 屈光度
第一主平面的位置(距角膜的顶) ····················· +1.348mm
第二主平面的位置(距角膜的顶) ····················· +1.602mm
第一主焦距 ·· −17.1mm
第二主焦距 ·· +22.8mm

眼睛的主平面 H 和 H' 和主焦点 F 和 F' 的位置如图 1.58 所示.

人眼是一个很复杂而最有用的光学仪器,从结构来看,它类似于后面要讲到的变焦距照相机.对于后面要讲到的目视光学仪器,它可以看成是光学系统中的最后一个组成部分.所有目视光学仪器的设计,都要考虑眼睛的特点.

正常的眼睛处于没有调节的自然放松状态时,无穷远物体正好成像在网膜上,即眼睛的像方焦点正好和网膜重合,所以眼睛观察无限远处物体不容易疲劳,故目视仪器的调节应使像成于无限远处.

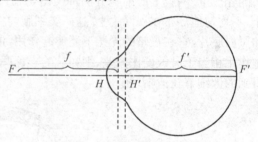

图 1.58 眼睛的主平面和主焦点

观察近距离物体时,水晶体周围的睫状肌向内收缩,使水晶体曲率半径变小,这时眼睛的焦距缩短,像方焦点由网膜向前移动,使有限距离处的物体成像在网膜上.

人眼的调焦能力有一定的限度,当睫状肌完全放松时能清楚看到的距离叫远点,当睫状肌最大限度收缩时能清楚看到的距离叫近点.20 岁正常眼睛的青年人远点在无穷远,近点在角膜前约 10cm 处,从无限远到 25cm 范围内可以毫不费力地进行调节.一般人在阅读或操作时,常把被观察物放在离眼睛 25cm 附近,这个距离称为明视距离.随着年龄增大,调节能力衰退,近点逐渐变远,例如 30 岁的人近点约 14.3cm,50 岁的人近点约 40cm,60 岁的人近点约 2m.

近视眼和远视眼是常见的非正常眼睛.

正常眼睛的远点在无穷远,如图 1.59(a)所示,近点在角膜前约 10cm 处.

近视眼将无穷远处物成像在视网膜之前,如图 1.59(b)所示,近视眼的远点比正常眼近,如图 1.59(c)所示.近视眼可通过本身调焦看清楚其远点和近点之间的物体,但不管本身如何调焦,也看不清楚其远点以外的物体.如果戴上光焦度大小合适的凹透镜(近视眼镜),就能把远点矫正到某指定点,图 1.59(d)是把远点矫正到无穷远的情形.当然戴上近视眼镜后原来的近点也会变化.

远视眼将近处的物体成像于网膜之后,如图 1.59(e)所示.远视眼的近点比正常眼远,如图 1.59(f)所示.远视眼可通过本身调焦看清其近点以外的物,但不管本身如何调焦,也看不清楚其近点以内的物体.如果戴上光焦度大小合适的凸透镜(远视眼镜),就能把近点矫正到某指定点,图 1.59(g)是把近点矫正到明视距离的情形.当然戴上远视眼镜后,原来的远点也会变化.

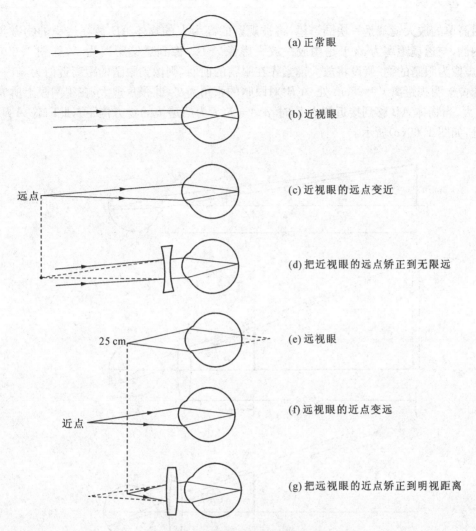

图 1.59 近视眼和远视眼及其矫正

眼睛分辨物体细节的本领与网膜的结构(主要是其上感光单元的分布)有关,不同部分有很大差别.在网膜中央靠近光轴的一个很小区域(称为黄斑)里,分辨本领最高.能够分辨的最近两点对眼睛所张视角,称为最小分辨角.在白昼的照明条件下,黄斑内的最小分辨角接近 $1'$,趋向网膜边缘,分辨本领急剧下降.所以人的眼睛视场虽然很大,水平方向视场角约为 $160°$,垂直方向约为 $130°$,但其中只有中央视角约为 $6°\sim7°$ 的一个小范围内才能较清楚地看到物体的细节,然而这并没有什么妨碍,因为眼球是可以随意转动的.它可随时使视场的中心对准到所要注视的地方.还要指出,眼睛的分辨本领与照明条件有很大的关系,在夜间照明条件比较差的时候,眼睛的分辨本领大大下降,最小分辨角可达 $1°$ 以上.

瞳孔的大小随着环境亮度的改变而自动调节,在白天其直径约为 $2mm$,在黑暗的环境里,最大可达 $8mm$ 左右.

1.7.2　放大镜

最简单的放大镜就是一块凸透镜,将被观察的高为 h 的物体 AB 放在透镜的物方焦点 F 附近内侧,与透镜距离为 a,于是构成一放大虚像 $A'B'$,像到透镜距离为 s',如图 1.60(b)所示,此虚像为眼睛的物.假设将放大镜紧靠在眼睛的前面,则像到眼睛的距离近似为 s',一般使此虚像位于明视距离 $s'=25$cm 处.$A'B'$ 对眼睛的张角为 θ',此张角愈大,在视网膜上所成的像 l' 也愈大,当物体 AB 移到接近焦点 F 时,$a=-f$(f 为凸透镜的物方焦距),此时像 $A'B'$ 在无穷远处,如图 1.60(c)所示.

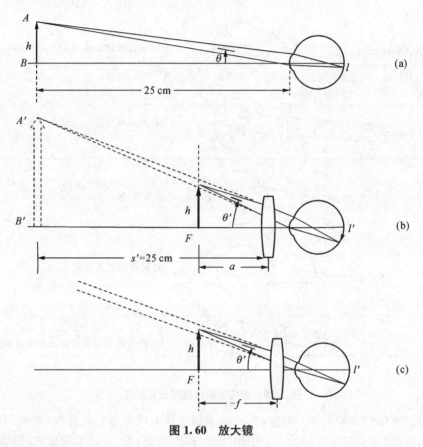

图 1.60　放大镜

放大镜的放大率定义为

$$M=\frac{\tan\theta'}{\tan\theta},\tag{1.50}$$

θ' 为用放大镜后物体对眼睛所张的视角,θ 为不用放大镜时物体放在明视距离处,对眼睛所张的视角.由图 1.60(a)可知 $\tan\theta=h/25$cm,由图 1.60(b)可知 $\tan\theta'=h/a$,代入(1.50)式得 $M=25$cm$/a$,为了使眼睛处于放松状态观察放大镜的虚像,应将物体放在透镜的焦平面处(即 $a=-f$),像的放大率为放大镜的放大率,故

$$M=\frac{25}{f'}.\quad(f' \text{单位为 cm})\tag{1.51}$$

由上式可以看出,减小 f' 可提高放大率 M. 但是对于单透镜来说,由于像差的限制,放大率一般不能太大,如果采用组合透镜减小像差,M 可达 20 左右.

应注意(1.50)式中 θ' 与 θ 不互为共轭关系.

1.7.3 投影仪器

投影仪器是使被照明的平面物成放大的实像投影到屏幕上. 幻灯机、电影放映机、印相放大机等都是投影仪器. 它由照明系统和投影物镜两部分组成,要求照明系统对被投影物提供足够强度的、均匀的照明. 投影物镜是使被照明物成一明亮清晰的实像投影在屏幕上. 一般来讲,像距比焦距大很多,所以物平面在投影物镜物方焦平面外侧附近.

照明系统可分为临界照明和柯勒(Kohlor)照明两大类.

1. 临界照明

临界照明的特点是将光源经照明系统成像于投影物体 AB 上,AB 再经投影物镜成放大实像 $A'B'$ 投影于屏幕上,如图 1.61 所示. 为了保证均匀照明,光源本身发光要尽可能均匀,通常用电弧、短弧氙灯或强光放映灯泡当光源. 为了充分利用光能,常在光源后面装上球面镜,球心和光源位置重合.

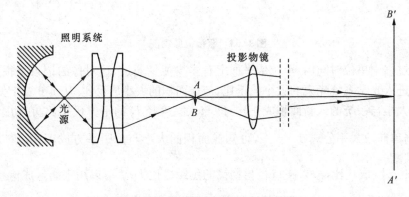

图 1.61 采用临界照明的投影系统

临界照明的主要优点是光能利用率高,缺点是不易得到均匀照明,光源的像和投射物的像在屏上重叠. 电影放映机多采用临界照明.

2. 柯勒照明

柯勒照明的特点是将光源成像在投影物镜入瞳上,如图 1.62 所示.

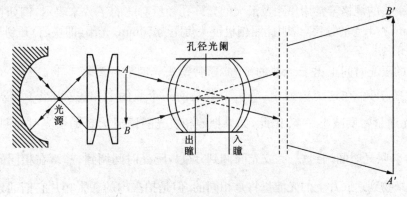

图 1.62 采用柯勒照明的投影系统

　　柯勒照明的主要优点是容易得到均匀照明,常用于大投影物面的系统,例如幻灯机、印相放大机等等,或用于要求特别细致的均匀照明,例如显微镜的照明系统.

1.7.4　照相机

　　照相机和投影仪器不同,物体与透镜之间的距离比照相物镜的焦距大得多,所以像平面(即感光底片所在平面)在像方焦平面附近.调节镜头与底片间的距离,可以使不同距离的物体在感光底片上成清晰的实像,如图 1.63 所示.

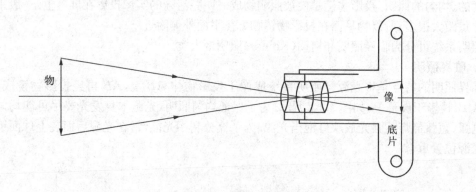

图 1.63　照相机原理图

　　在成像过程中单位时间内,单位像平面上有多少能量通过,这对像的记录是很重要的. 显然这个量与进入光学系统光束的大小成正比,与像面积的大小成反比. 从 1.6.2 节知进入光学系统光束的大小与系统的入瞳面积成正比,即与入瞳直径 D 的平方成正比. 在物距 x 固定的情况下,根据单向放大率公式 $\beta=-\dfrac{f}{x}$,可知像面积的大小与焦距平方成正比,所以单位像平面上能量与 $\left(\dfrac{D}{f}\right)^2$ 成正比,故入瞳口径与物镜的焦距之比 D/f 可以用来衡量成像系统的聚光能力,这个比值叫作相对孔径. 例如某透镜的焦距为 150mm,其孔径为 50mm,则相对孔径是 $\dfrac{1}{3}$. 相对孔径 D/f 愈大,单位时间内入射到单位像面上的光能愈大,记录所需要的时间愈短. 记录时间与 $\left(\dfrac{D}{f}\right)^2$ 成反比,所以常用相对孔径的倒数 $\dfrac{f}{D}$ 作为成像系统记录快慢的标志,并称其为 f 数. 例如孔径 25mm,焦距 50mm 的透镜,其 f 数是 2,常用 $f/2$ 表示.

　　照相机镜头的规格常常用焦距及最大的允许孔径所对应的 f 数来表示,例如在镜头的筒上标出 50mm,$f/1.4$ 的数字,说明此照相机镜头焦距为 50mm,光阑(即快门)开到最大时所对应的 f 数是 1.4.

　　照相机的曝光时间正比于 f 数的平方. 通常镜头光圈上标志着 1,1.4,2,2.8,4,5.6,8,11,16,22 这些 f 数,在这个数列中,后一个数是前一个数的 $\sqrt{2}$ 倍,这相当于相对孔径减小 $1/\sqrt{2}$,因而光通量密度减小一半. 因此,如果把照相机光圈调到 $f/5.6$,曝光时间调到 $\dfrac{1}{500}$s,或光圈调到 $f/8$,曝光时间调到 $\dfrac{1}{250}$s,或光圈调到 $f/11$,曝光时间调到 $\dfrac{1}{125}$s,在相同的照明条件下拍摄同一景物到达底片上的光能量将是相同的. 但是拍摄出的三张相片它们的景深是不相同的,选取光圈 11 拍的相片景深较大,选取光圈 8 拍的相片景深较小,选取光圈 5.6 拍的相片景深更小. 下面将对景深问题加以说明.

如图 1.64 所示,照相镜头只能使某一个平面 A 上的物点 P 成像在底片上,在此平面前后的点 P_1 及 P_2 将成像在底片前后的 P_1' 及 P_2' 处. 来自 P_1 及 P_2 的光束在底片上的截面是一圆斑,如果这些圆斑的线度小于底片能够分辨的最小距离,还是可认为它们在底片上的像是清晰的. 对于给定的光阑,只有平面 A 前后一定范围的物点,在底片上形成的圆斑才会小于这个限度. 物点的这个允许的前后范围,称为**景深**. 当光阑直径缩小时,f 数变大,光束变窄,离平面 A 一定距离的物点在底片上形成的圆斑变小,从而景深变大. 除光阑直径外,影响景深的因素还有焦距和物距,令 x,x' 分别为物距和像距,当物距改变 Δx 时,像距改变 $\Delta x'$,从图 1.64 可以看出 $\dfrac{\Delta x'}{\Delta x}$ 的数值越小,越有利于加大景深. 从公式(1.34)可知 $\dfrac{\Delta x'}{\Delta x}=\dfrac{n'}{n}\beta^2=\dfrac{f^2}{x^2}$(由于 $n'=n$,物方像方焦距相等),对于给定的焦距 f 来说,x 越大则景深越大. 因此在拍摄远处的物体时,很远的背景仍旧很清晰,而在拍摄近处的物体时,稍远的背景就变得模糊了.

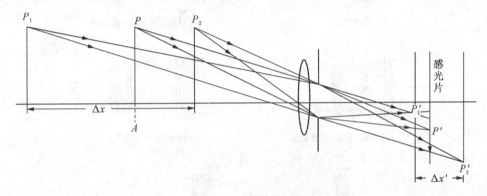

图 1.64 景深的说明

照相机镜头应具有大的相对孔径,以保持曝光时间很短. 还要求镜头有较大的视场角,对普通镜头视场应在 $35°\sim65°$ 的范围,而对广角镜视场应有 $120°$ 或更大范围. 此外还要求镜头的像差减小到可以接受的程度,设计这样的镜头是不容易的. 照相机镜头种类很多,图 1.65 画出的是几种著名的镜头结构.

现在照相物镜中变焦距镜头的使用已很普遍,变焦距镜头(Zoom Lens)就是在像不离焦的情况下,镜头的焦距可以变化. 由于放大率和焦距有关,变焦镜头所成的像放大率是变化的. 许多变焦系统是由泰勒三合透镜(Taylor Triplets),即正负正透镜组成. 图 1.66 所示是一种用机械补偿方法进行变焦的系统,图中前面一个透镜是固定不动的,第二块和第三块透镜同时移动,它们移动的速率及方向由机械装置控制.

近几年市场上开始出现数码照相机(Digital Camera). 这种相机是集光学、机械、电子、计算机为一体的高技术产品.

数码相机和传统相机相比较,其相同之处是它仍由镜头和快门摄取景物的影像,不同之是,它的影像记录介质不是涂有感光剂的照相底片,而是电子式的影像感测器 CCD 等,这种感测器直接把影像的光能转为数字信号再作进一步的处理并由存储器存储.

由于景物的影像已变成数字化信息,数码相机可以和计算机配合使用,利用计算机可以对照片的色彩、光度、轮廓等进行加工处理,并将不满意的部分删除掉,可以用打印机把照片打印出来,也可以用电子邮件即时发送出去,还可以输入到电视机上用电视机屏幕观看.

像素的数目是数码相机的重要性能指标,有 200 万以上像素的数码照相机其像质可与传

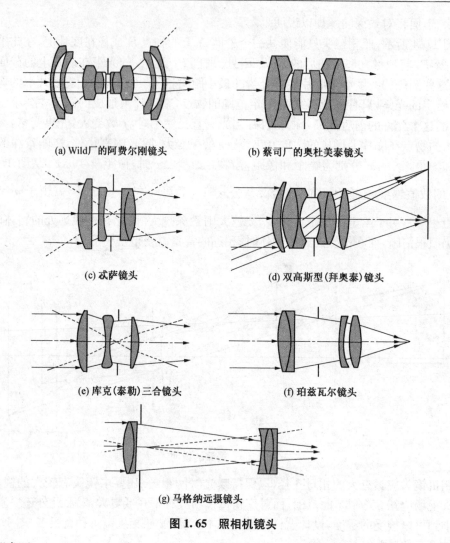

(a) Wild厂的阿费尔刚镜头　　　　　(b) 蔡司厂的奥杜美泰镜头

(c) 忒萨镜头　　　　　(d) 双高斯型(拜奥泰)镜头

(e) 库克(泰勒)三合镜头　　　　　(f) 珀兹瓦尔镜头

(g) 马格纳远摄镜头

图 1.65　照相机镜头

统照相机相比.

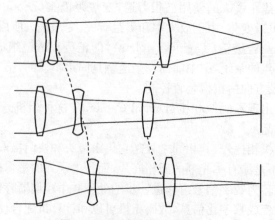

图 1.66　机械补偿的变焦系统

数码相机的品牌及型号很多,按其是否能够脱离计算机而独立地拍摄使用,分为联机型和脱机型两大类.脱机型数码相机有自己的影像存储器,能够脱离计算机作为独立的单元使用,和普通相机一样便于携带,在任何环境下进行拍摄.联机型数码相机不带存储器,使用时必须与计算机相连,利用计算机软盘作为图像存储介质,它主要用于户内摄影.

目前数码相机发展很快,功能增多,在市场上数码相机的销量已远远超过传统相机.

1.7.5　显微镜

显微镜的放大率比放大镜大得多.显微镜包括两组透镜,一组为焦距很短的物镜,另一组为焦距较长的目镜.为了校正像差,物镜和目镜都包括若干个透镜,但其主要作用仍可用单透镜说明.在显微镜原理图 1.67 中将物镜、目镜画成单透镜.若物体(1)放在物镜焦点 F_1 之外,经过物镜成一倒立放大的实像(2)位于目镜的焦点 F_2 内侧,这个像也就是目镜的物;目镜的作用和放大镜相同,在位置(3)形成一个放大的虚像,这个虚像又成为眼睛的物,在视网膜上形成最后的实像.

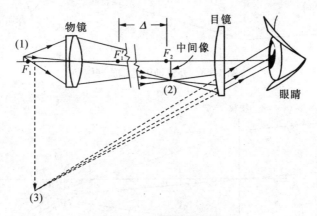

图 1.67　显微镜原理图

物镜的作用是形成物的放大像以便用目镜观察,故显微镜的放大率等于物镜的线放大率 β_o 乘以目镜的放大率 M_e.根据(1.29 b)式得

$$\beta_o = -\frac{x'}{f_1'},$$

由于 $x' \approx \Delta$, Δ 为 F_2 与 F_1' 之间的距离(即光学间隔),故上式可写为

$$\beta_o = -\frac{\Delta}{f_1'}.$$

根据(1.51)式得

$$M_e = \frac{25}{f_2'},$$

故总放大率

$$M = \beta_o \cdot M_e = -\frac{\Delta}{f_1'} \cdot \frac{25}{f_2'}. \tag{1.52}$$

在上式中焦距应以 cm 为单位,式中的负号说明像是倒立的,从此式可以看出光学间隔 Δ 愈大,物镜目镜焦距愈小,显微镜的放大率就愈大.

　　一台高质量的显微镜,一般都有可装三个物镜的转盘,各个物镜的放大率不同,旋转转盘,可使其中任一物镜和目镜对准,从而可以有三种不同的放大率供使用者选用.

1.7.6　望远镜

　　望远镜供观察遥远物体时使用,它由物镜和目镜组成,物镜焦距较长,口径较大,而目镜焦距较短,口径较小.目镜是会聚透镜的望远镜,称为开普勒望远镜,如图 1.68 所示.目镜是发散透镜的望远镜,称为伽利略望远镜,如图 1.69 所示.

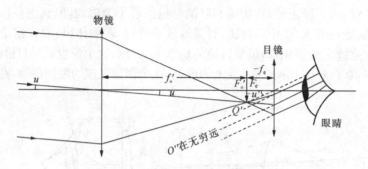

图 1.68　开普勒望远镜原理图

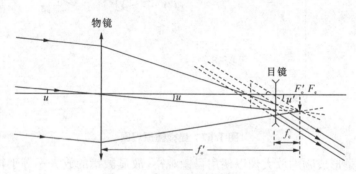

图 1.69　伽利略望远镜原理图

　　在图 1.68 中从远处物体上一点 Q 入射的光线可看作平行光线,它们通过长焦距物镜后,在 Q' 点形成像.若远处物体是正立的,则它的像是倒立的实像.望远镜中的目镜起放大镜的作用,如果调节目镜使物镜所成之像位于目镜物方焦平面之内侧,那么在 Q' 处形成一个放大的虚像,可使其位于明视距离 25cm 处.不过一般把实像 Q' 正好调节到两透镜的共同焦点,即 F_o',F_e 点上,如图 1.68 所示,通过目镜出射的光线成为平行光,对应的虚像 Q'' 在无穷远处.此虚像是观察者眼睛的物,最后成像于观察者眼睛的视网膜上.

　　对望远镜来讲,物镜就是孔径光阑,也是入射光瞳.物镜被目镜所成的像就是出射光瞳,观察者的眼睛就放在出射光瞳位置.

　　望远镜放大率的定义是像 Q' 对眼睛所张视角 u' 的正切与物 Q 在不用望远镜时直接对眼睛所张视角 u 的正切之比.由于物距比望远镜筒长得多,可认为物对望远镜所张视角与物对眼睛所张视角相同,故望远镜的角放大率为

$$M = \frac{\tan u'}{\tan u}. \tag{1.53}$$

对开普勒望远镜

$$M=\frac{\tan u'}{\tan u}=\frac{f_o'}{f_e}=-\frac{f_o'}{f_e'}, \tag{1.54}$$

$M<0$，所成像是倒像.

对伽利略望远镜

$$M=\frac{\tan u'}{\tan u}=\frac{f_o'}{f_e}. \tag{1.55}$$

由于目镜是发散透镜，$f_e>0$，故 $M>0$，成正立像.

以 D,d 分别表示物镜及出瞳的直径，从图 1.70 中的边缘光线形成的两个相似直角三角形，得到下面的比例关系

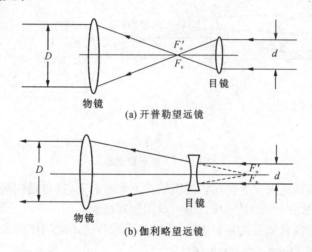

(a) 开普勒望远镜

(b) 伽利略望远镜

图 1.70   倒置的望远镜当作扩束器使用

$$\frac{f_o}{f_e}=\frac{D}{d}, \tag{1.56}$$

故望远镜角放大率的另一公式是

$$M=\frac{D}{d}.$$

从图 1.70 可以看出，将调焦于无限远的望远镜倒置，可以当作扩束器使用. 直径为 d 的平行光束，经过扩束器后，成为直径为 $D=Md$ 的平行光束. 需要注意的是，若将倒置的开普勒望远镜（如图 1.70(a)）作为激光束的扩束器使用时，大功率的激光束在会聚的焦点 F_o'，F_e 处有可能使空气电离，若用倒置的伽利略望远镜（如图（1.70(b)）作为扩束器，由于 F_e 是虚焦点，不会有此危险.

1.7.7   目镜

光学仪器中的目镜用来放大物镜所成的像，如果仅用一个透镜作目镜，不但有像差，而且物镜所收集的光束也不能全部通过目镜. 为克服这些缺点，通常目镜由两个透镜组成，其中靠近物镜的透镜称为向场透镜，靠近观察者眼睛的透镜称为向目透镜. 常用的目镜有两种：惠更斯目镜和冉姆斯登目镜. 现分别介绍如下：

1. 惠更斯目镜（Huygens eyepiece）

此种目镜由两个平凸透镜组成，向场透镜 L_1 和向目透镜 L_2 的焦距和两透镜间距离 d 之间的比例为

图 1.71 为惠更斯目镜光路图，用此目镜时，物镜成像于 Q 处，此处是惠更斯目镜的物方焦点，经过向场透镜 L_1 后成实像于 Q' 处，此处是向目透镜的物方焦点 F_2，经向目透镜 L_2 成一正立放大虚像于无穷远处，再经人眼成像于视网膜上。向场透镜的作用是使从物镜射来的光束更会聚一些，向目透镜主要起放大作用。

$$f_1 : f_2 : d = 3 : 1 : 2.$$

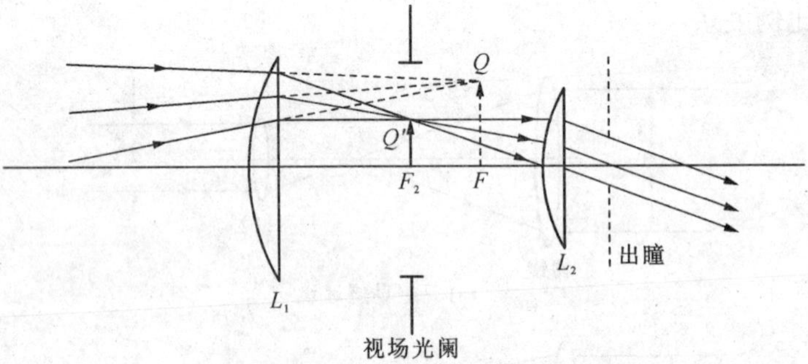

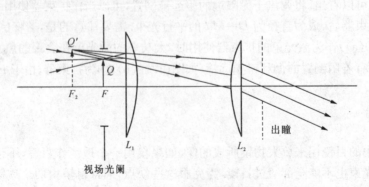

图 1.71 惠更斯目镜

惠更斯目镜的视场光阑安装在向目透镜的物方焦平面上，这也是向场透镜成实像 Q' 的位置，将叉丝和刻度尺放在此光阑处，从目镜中可同时观察到它们。

由于入射到惠更斯目镜上的物是虚物，因此惠更斯目镜不能当作放大镜用来观察实物。

2. 冉姆斯登目镜（Ramsden eyepiece）

冉姆斯登目镜由两个焦距相同的平凸透镜所组成，其凸面相对而立，两个透镜 L_1，L_2 焦距和其间距离 d 之比例为

$$f_1 : f_2 : d = 1 : 1 : \frac{2}{3}.$$

图 1.72 为冉姆斯登目镜光路图。用此目镜时，物镜所成实像在整个目镜之前 Q 处，即焦点 F 内侧附近。经向场透镜 L_1 成虚像于 Q' 处，此处正是向目透镜的物方焦点，经向目透镜 L_2 成一正立放大虚像于无穷远处，再经人眼成像于视网膜上。

图 1.72 冉姆斯登目镜

冉姆斯登目镜的视场光阑位于物镜所成实像 Q 处,叉丝和刻度尺就装在该光阑处.

冉姆斯登目镜不仅可以观察光学系统的像,也可以观察实物,整个目镜可当放大镜使用,这点与惠更斯目镜不同.

1.8.1 像差概述

各种成像系统都希望能形成一个与原物相似的清晰的像.为此希望成像系统能够有如下性能:物方每点发出的同心光束经过成像系统后仍保持为同心光束.垂直于光轴的物平面上各点的像仍在垂直于光轴的一个平面上,这样的系统形成的像才清晰;希望像平面内单向放大率是常数,从而保持像与物之间的几何相似性;还希望像的亮暗层次与物的亮暗层次完全相似.

实际的成像系统都满足不了以上这些要求.偏离理想成像的现象称为**像差**.

在1.3.2节推导单球面成像的阿贝不变式(1.14)时,我们已看到,对近轴光线,用角度本身近似代替其正弦值,推导出阿贝不变式、高斯公式、牛顿公式,这些成像公式只能对近轴光束近似成立.近轴条件要求成像光束的孔径小以及仪器的视场小,但是这样的限制在实际使用中常常被突破,从而出现了各种像差.分析产生各种像差的原因,并设法将它们尽量减小,这是设计各种成像仪器必须考虑的问题.

像差可分单色像差和色像差两大类.单色像差有五种:球面像差、彗形像差、像散、像场弯曲(场曲)和畸变.以上五种像差往往同时存在.除了单色像差外,对于非单色的物,还存在因色散而引起的色像差.

正弦函数可展开为幂级数:

$$\sin\theta = \theta - \frac{\theta^3}{3!} + \frac{\theta^5}{5!} - \cdots$$

对于小角度 θ,这是一个迅速收敛的级数,后面一项比其前面一项小得多,因此对于 θ 很小的近轴光线,可近似认为 $\sin\theta \approx \theta$,即只保留幂级数中的一次项 θ,称为一级近似.在一级近似条件下,用单色光照明的垂轴小平面物经过共轴球面系统能成理想像,没有单色像差.如果进一步把下一项 $\frac{\theta^3}{3!}$ 考虑进来,称为三级近似.在三级近似条件下,用单色光照明的垂轴小平面物经过共轴球面系统就不能成理想像了.在三级近似条件下的成像情况与理想成像之间的偏离叫做三级单色像差.上述五类单色像差就是按三级像差理论来分类的.

为了讨论方便,在分析某一像差时,假设其他像差都"消除"了,实际上各种像差是同时存在的.

1.8.2 球面像差

当透镜孔径较大时,光轴上一物点发出的光束经过透镜后不再交于一点,这种现象叫做球面像差,简称**球差**.由于不同孔径角的光线其会聚点将在光轴上不同位置处,因而在理想像平面上得不到点像,所得到的是一圆形弥散斑,其半径为 $P'Q$,如图1.73(a)所示.

通常为了便于比较,用平行的入射光线确定球差,在图 1.73(b)中,近轴光线的焦点在 F' 点,随着 h 的增加,各环带的焦点为 A, B 等.近轴光线焦点 F' 与透镜间距离为 f',边缘光线与光轴的交点为 B, B 点与透镜间距离为 s',轴向球差用

$$\delta L = f' - s'$$

表示. $\delta L > 0$ 称为正球差,如图 1.73(b)所示,空气中凸透镜的球差为正球差; $\delta L < 0$ 称为负球差,空气中凹透镜的球差为负球差.由于凸透镜和凹透镜的球差有相反的符号,所以把凸凹两个透镜胶合起来,组成一个复合透镜,可减小球差.

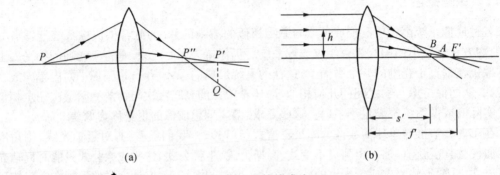

(a)　　　　　　　　　　　　　　　(b)

图 1.73　透镜的球差

透镜的轴向球差 δL 与透镜材料的折射率 n 及两个面的曲率半径 r_1, r_2 有关系.透镜的焦距 f 也是 n, r_1, r_2 的函数,对给定的 n,同样焦距的透镜可以有不同的曲率比 r_1/r_2,适当选择此比值,可减小透镜的球差,但不能完全消除.这种减小单透镜球差的方法,叫配曲法.

有一类渐变折射率透镜(Gradient-Index Lens)简称 GRIN 透镜,这种透镜材料的折射率是渐变的.普通透镜材料折射率是均匀的,折射仅发生在透镜的表面,而在渐变折射率透镜中折射不仅发生在表面,而且在透镜内部也发生折射.

GRIN 透镜其折射率有不同的渐变形式,其中一种具有轴向的折射率变化,即折射率沿光轴方向渐变,具有相同折射率的平面是垂直于光轴的平面.这种 GRIN 透镜在校正球差方面特别有用.

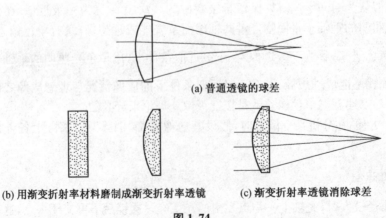

(a) 普通透镜的球差

(b) 用渐变折射率材料磨制成渐变折射率透镜　　　　(c) 渐变折射率透镜消除球差

图 1.74

图 1.74(a)表示普通透镜的球差.产生球差的原因是,边缘光线的焦点比近轴光线的焦点离透镜更近.图 1.74(b)是用渐变折射率材料磨制成的一个渐变折射率透镜,其左侧折射

率最高,沿着光轴向右侧逐渐下降. 如果前表面是球状,那么边缘处的折射率比中间部分小,因而边缘光线会偏折较小. 适当选择渐变剖面的形状,可以消除球差,如图 1.74(c)所示.

1.8.3 彗形像差

消球差系统中,由靠近光轴的物点发出的大孔径光束,经过光学系统后不能会聚成一点,而是在理想像平面上成一锥形弥散斑,其形状像拖着尾巴的彗星,称为彗形像差,简称**彗差**. 用放大镜对太阳光聚焦时只要把放大镜倾斜一些,将看到聚焦的光点散开成彗星状的弥散斑,这就是彗差.

在图 1.75(a)中由物点 P 发出的主光线 PO 经过成像系统后与像平面交于 P' 点(理想像点). 为了描述有彗差时光束的特点,我们在入射光瞳上作一系列同心圆 $1,2,3,4$,经过各个圆周的光线在像平面上仍将落在一系列圆周 $1',2',3',4'$ 上,不过这些圆不再是同心的,半径越大的圆,其中心离 P' 越远,如图 1.75(b)所示,这样就形成了如彗星般的弥散光斑.

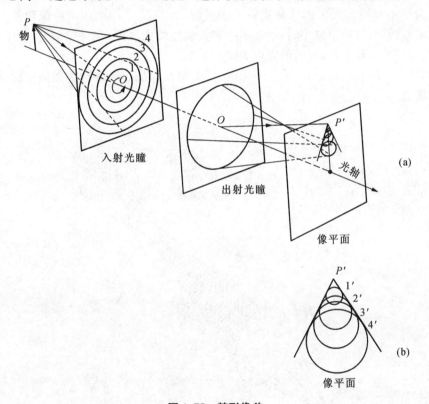

图 1.75 彗形像差

利用配曲法可以消除单个透镜的彗差,也可利用胶合透镜消除彗差,还可以通过在适当位置放置光阑而消除彗差.

在已消除了球差的情况下,如再消除彗差,则近轴物点的大孔径光束仍能成清晰像,在某些成像系统,例如显微镜成像时希望满足此要求.

1879 年阿贝提出一个关系式

$$ny\sin u = n'y'\sin u',\tag{1.57}$$

式中 n,n' 分别为物空间和像空间的折射率, y,y' 分别为物高和像高, u,u' 为共轭光线的倾斜角. 这个公式被称为**阿贝正弦条件**, 它是在轴上已消球差的情况下, 近轴物点消彗差的充要条件. 利用共轭点间的等光程性可以推导出阿贝正弦条件, 本书中推导从略.

在成像系统中, 光轴上已校正了球差又满足正弦条件的一对共轭点, 称为**齐明点**或不晕点或等光程点.

1.8.4　像散和像场弯曲

像散与彗形像差相似, 是不在轴上的物点成像时引起的像差, 两者不同之处在于彗形像差是把一个点的像在垂直于轴的平面内扩展成彗星形状, 而像散的作用则是沿轴的方向把一个点的像予以扩展, 如图 1.76 所示, 离轴的点光源 P 经过透镜后出射光束不再是同心光束, 而是像散光束, 它不能会聚成一个点像, 此像散光束的截面呈椭圆形, 在 T 和 S 处椭圆退化为直线, T 处为子午焦线, S 处为弧矢焦线, 在两焦线之间有一处光束的截面呈圆形, 称为最小弥散圆, 相对讲这里是成像最好的地方, 照相底片或屏幕应放在这个位置.

T',S' 为子午焦线和弧矢焦线在光轴上的投影, T' 与 S' 之间的距离叫**像散差**. 像散差愈大, 像散现象愈严重; 像散差愈小时, 子午焦线和弧矢焦线愈靠近; 在无像散时, 子午焦线和弧矢焦线长度为零并相互重合, 这时的光束为同心光束.

对于物平面上的各点, 其对应的子午像面、弧矢像面和最小弥散圆像面是曲面, 称为**像场弯曲**, 简称**场曲**.

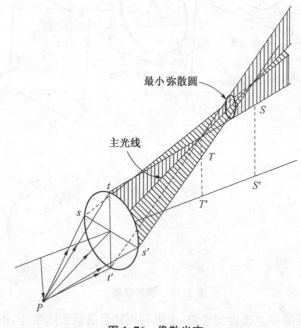

图 1.76　像散光束

对目视光学仪器, 一定大小的场曲是容许的, 因人眼可以适应它. 但对视场大的照相机来讲, 消除像散和场曲是很重要的, 否则感光底片需成曲面状安装, 是很不方便的. 对单个透镜, 场曲可采用在适当位置放置光阑的方式来加以改善, 消除像散则需用透镜组合.

1.8.5 畸变

当物体发出的光线和光轴构成大角度时,即使狭窄的光束,它形成的像也会显示出一种像差,称为**畸变**.引起畸变的原因是:物体上离轴不等远的各点的单向放大率不同,以致像的形状有异于原物.若放大率随离轴的距离增大而增大,则一正方形网状物(如图1.77(a))的像将如图1.77(b)所示,这种畸变称为**枕形畸变**或**正畸变**.若放大率随离轴的距离增大而减小,则得到的像如图1.77(c)所示,这种畸变称为**桶形畸变**或**负畸变**.

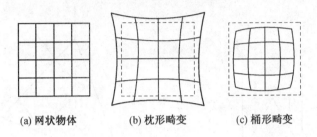

(a) 网状物体　　　(b) 枕形畸变　　　(c) 桶形畸变

图 1.77　畸变

畸变与光阑的位置有关系.对于凸透镜,光阑位于凸透镜之前产生桶形畸变,光阑位于凸透镜之后产生枕形畸变.因此,在光阑的两侧对称的放置两个相同的透镜或透镜组时,枕形、桶形畸变将互相抵消而得到无畸变的像.很多照相机镜头和放映机镜头常采用这种结构.

1.8.6 色差

由于光学材料的折射率 n 与波长 λ 有关,一束平行的白光入射到凸透镜上,在像方空间可得到一系列彩色的焦点,如图1.78所示,在光轴上有红、橙、黄、绿、蓝、紫色的焦点.由于透镜

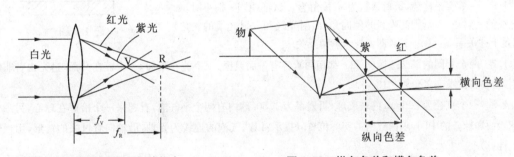

图 1.78　色差形成彩色的焦点　　　　**图 1.79　纵向色差和横向色差**

的焦距随光的颜色而变,故光轴上各色像的位置不同,轴上各色像间的水平距离差称为**轴向色差**或**纵向色差**.对不同的颜色像的横向放大率也不相同,各色像高度的垂直距离差叫做**横向色差**(倍率色差),如图1.79所示.

单个透镜的色差现象是无法消除的,将两种不同材料的透镜胶合起来可以消除色差.例如把冕牌玻璃的正透镜和火石玻璃的负透镜胶合起来,可以组成一个消色差透镜,如图1.80所示.

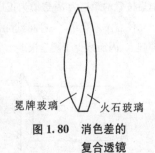

图 1.80　消色差的复合透镜

习   题

1.1 平行光束入射到一棱镜上,一部分光由一面反射,另一部分光由另一面反射,试证明两反射光束间夹角 θ 是两反射平面夹角 A 的 2 倍,见题 1.1 图.

1.2 三个彼此垂直的平面镜组成一立方角(三面镜),见题 1.2 图.试证一任意光线射入,如此光线能顺次经过三个平面镜反射,则必沿入射光相反方向射出.

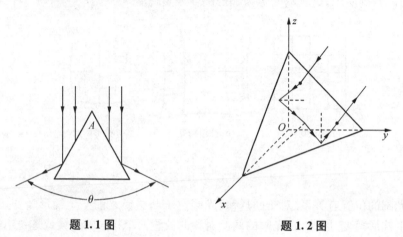

题 1.1 图   题 1.2 图

1.3 为保证光在光纤维中传输,证明入射到光纤一端的光线锥的最大半角为 $\alpha = \arcsin \sqrt{n_1^2 - n_2^2}$,$n_1$ 为纤维芯的折射系数,n_2 为纤维包层介质的折射系数,$n_2 < n_1$.(提示:光源 S 在空气中)

1.4 试用费马原理证明折射定律.

1.5 试用费马原理证明阿贝不变式.

1.6 一等腰三棱镜,折射系数为 n,棱角为 ε.试证明当 ε 很小时,如一光线的入射角很小,则此光线的偏向角(出射光线和入射光线的夹角) α 满足下述关系: $\alpha = (n-1)\varepsilon$,即 α 与入射角无关.

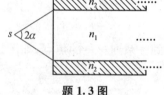

题 1.3 图

1.7 两个相同的平凸透镜(n 和 r 都相同),各有一面镀银,一个镀在平面,一个镀在凸面.当光由各非镀银面入射时,试求两者焦距之比.

1.8 一个直径为 200mm 的玻璃球,折射率为 1.50.球内有两个小气泡,看起来一个恰好在球心,另一个在球表面和球心的中间,求两气泡的实际位置.(提示:以两气泡的连线为光轴,沿轴向看过去的情形,用近轴公式计算)

1.9 P 是 S 的像,它们之间距离为 L,保持 P,S 不动,移动透镜可找到另一位置,使 P 仍为 S 的像,透镜前后位置的距离为 d,透镜为正透镜,焦距为 f,$L > 4f$.试证可由下式求得透镜的焦距 $f = (L^2 - d^2)/4L$.

注意本题介绍了一种测量正透镜焦距的方法,这种方法的优点是避免以透镜表面上一点作为量度距离的起点,因而减少了测量误差.

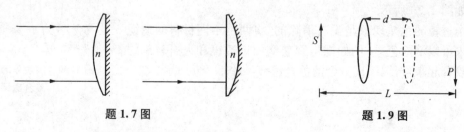

题 1.7 图   题 1.9 图

1.10 人眼通过一块厚为 d,折射率为 n 的平行平面板观察物体,求证人眼看到该物的位置,较其实际位置向人眼移动了距离 $d\left(1-\dfrac{1}{n}\right)$.

1.11 试计算题 1.11 图中两种情况折射面的第一、第二主焦距大小.若物点 A 距折射顶点 $60\,\mathrm{cm}$,问像在何处?用牛顿公式校验所得的结果,用作图法找出像. $n=1.2, n'=1.5$.

1.12 现有一半径为 R,折射系数为 n 的玻璃球,在离球心 O 距离 x 处切割一平面,如图所示.在平面中点放一点光源 S,证明当 $x=R/n$ 时,所有由 S 发出的光线经球面折射后,似从点 S' 发出,而 $OS'=x'=nR$(一般称 S 和 S' 为球面不晕点).

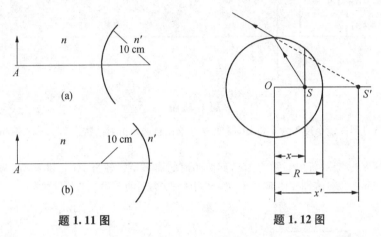

题 1.11 图　　　　　　题 1.12 图

(提示:大角度光线不能用近轴公式,此题必须用折射定律证明,对任何角度的光线结论成立.)

1.13 一薄透镜的折射系数为 n,在它两面的媒质的折射系数为 n_1 及 n_2,试证明近轴光线的成像公式为:

$$\frac{n_2}{s'}-\frac{n_1}{s}=\frac{n_2-n}{r_2}+\frac{n-n_1}{r_1}.$$

1.14 在显微镜中观察厚度为 $3\,\mathrm{mm}$ 的平板玻璃.最初调节显微镜观察板的上表面,然后向下移动显微镜筒,使能清楚地看见板的下表面(为了便于观察,可在玻璃板面上作记号).镜筒的位移等于 $2\,\mathrm{mm}$.求平板玻璃的折射率 n.

1.15 在一张报纸上放一个平凸透镜,眼睛通过透镜来看报纸.当平面在上面时,报纸的虚像在平面下 $13.3\,\mathrm{mm}$ 处;当凸面在上面时,报纸的图像在凸面下 $14.6\,\mathrm{mm}$ 处.若透镜的中央厚度为 $20\,\mathrm{mm}$,求透镜的折射率和它的凸球面的曲率半径.

1.16 试计算图中所示四个薄透镜的像方焦距 f',已知玻璃折射率 $n=1.50$.

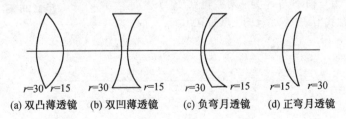

(a) 双凸薄透镜　　(b) 双凹薄透镜　　(c) 负弯月透镜　　(d) 正弯月透镜

题 1.16 图

1.17 证明若像所在空间和物所在空间的折射系数相等,则此共轴球面系统中,轴向放大率等于单向放大率的平方.

1.18 证明通过两节点的共轭平面的横向放大率为 n/n',通过两主平面的角放大率为 n/n'.

1.19 一透镜组的光焦度为 D,当成像的放大率为 M_1 时,透镜组沿光轴顺入射光方向移动 x 距离,如物也跟着移动,使像成在原来的平面上,但此时放大率为 M_2,试推导 x 与 D,M_1,M_2 之间的关系.

1.20 一个在空气中的透镜系统焦距为 f,H 和 H' 之间的距离为 d,试求放大率为 -1 的两共轭面之间的距离.

1.21 曲率半径为 20cm 的折射面,其两侧介质各为空气和玻璃($n=1.5$).求此系统的主点、节点和焦点.

1.22 已知一共轴球面系统的主平面如图所示.其物方折射率 $n=1.0$,像方折射率 $n'=1.5$,像方焦距 $f'=3$,试求(1) 系统基点 F,N,N' 的位置并标入图中.(2) 已知物的位置,用计算法和作图法找出像的位置.

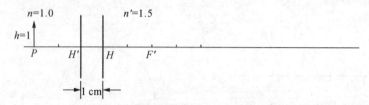

题 1.22 图

1.23 一正弯月形透镜半径各为 6 和 10,厚度为 3(单位自选),折射系数为 1.5,求焦距和焦点位置,并标示于图中.

1.24 一圆柱形玻璃棒,折射系数为 1.5,其两凸面的曲率半径各为 10cm 和 20cm.两曲面的间距为 50cm,有一高为 1mm 的物放在圆柱体前 25cm 处,试用两种方法计算最后像的位置和大小.

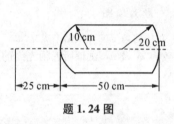

题 1.24 图

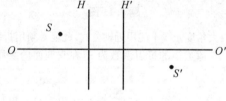

题 1.25 图

1.25 图中 OO' 是一厚透镜的光轴,H 及 H' 是透镜的主平面,S 是点光源,S' 是点光源的像.试用作图法求任意一点 S_2 的像,讨论 S_2 在焦平面外、焦平面上、焦平面内三种情形.

1.26 试由基点的性质用作图法找出图中透镜的两主焦点,图中光线 2 为光线 1 的共轭光线,且 $n_1=n_2$.(提示:应用节点性质,作出焦平面,从而求出焦点)

1.27 图中 OO' 为光轴,S 与 S' 为一对共轭点,F 与 F' 为两焦点,用作图法找出该成像系统的主点和节点.

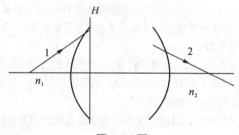

题 1.26 图

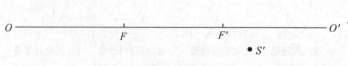

题 1.27 图

1.28 焦距分别为 60mm 和 30mm 的两个正透镜前后放置组合成目镜,两透镜相距 40mm.求目镜的焦点和主点的位置,并用图标示出.

1.29 试用作图法求冉姆斯登目镜的中间像和最后像,物在系统的第一主焦点 F 处.冉姆斯登目镜中两平凸透镜焦距相等,设为 a,两透镜相隔距离 $d=\dfrac{2}{3}a$.

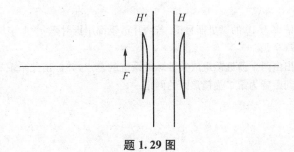

题 1.29 图

1.30　一孔径为 4.8cm、焦距为 3.5cm 的正透镜,在它的前面 1.5cm 处放一孔径为 3.0cm 的光阑,一高为 1.5cm 的物放在透镜前 8cm 处,求(1) 出瞳位置;(2) 出瞳大小;(3) 从物的顶点作三条光线(一条主光线,两条边缘光线)决定像的位置.(希望不要用其他光线决定像的位置)

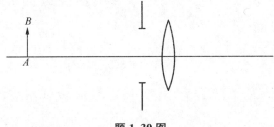

题 1.30 图

1.31　一焦距为 10.0cm、口径为 6.0cm 的薄凹透镜,放在另一个焦距为 5.0cm、口径为 8.0cm 的薄凸透镜后 4.0cm 处,在两个透镜中间放一个口径为 5.0cm 的光阑.现有一物高 4.0cm,放在第一透镜前 12.0cm 处的轴上.试用作图与计算两种方法求:(1) 入瞳的位置和大小;(2) 出瞳的位置与大小;(3) 最后像的位置.

1.32　一焦距为 6.0cm、口径为 6.0cm 的薄凸透镜,现在此透镜前 2cm 处,放一口径为 6.0cm 的光阑,在此透镜后 2cm 处,放一口径为 4.0cm 的光阑,一高为 4.0cm 的物放在透镜前 12.0cm 的轴上.求:(1) 入瞳的大小和位置;(2) 出瞳的大小和位置;(3) 像的大小和位置.以上结果再用作图法画出.

1.33　一架显微镜,物镜焦距为 4mm,中间像成在物镜第二焦点后面 160mm 处.如果目镜的放大率是 20,问显微镜的总放大率是多少?

1.34　显微镜物镜、目镜相距 20.0cm,物镜焦距 $f_1=7.0$mm,目镜焦距 $f_2=5.0$mm,它们都是薄凸透镜.若最后像在无限远,试计算:(1) 被观察物到物镜的距离;(2) 显微镜放大率为多大?

1.35　一显微镜的物镜焦距 $f_0'=5$mm,目镜焦距 $f_e'=20$mm,筒长 16cm.现作为显微投影仪使用,将物成像于屏上,如欲得到像的放大率 $\beta=5000$,试求目镜离屏的距离.

1.36　一开普勒望远镜物镜直径为 12.5cm,焦距 $f_1'=85.0$cm.目镜直径为 1.50cm,焦距 $f_2'=2.5$cm.计算:(1) 角放大率;(2) 出瞳直径;(3) 人眼应放在何处?

1.37　六倍的开普勒望远镜,如图所示,物镜的焦距 $f_0'=200$mm,目镜由两个透镜 L_1 和 L_2 组成,其焦距 $f_1'=f_2'=40$mm,计算:(1) 透镜 L_1 和 L_2 之间的距离 d;(2) 中间像离开透镜 L_1 的距离.

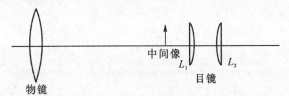

题 1.37 图

1.38　一伽利略望远镜,物镜和目镜相距 12cm,如望远镜的放大率为 4,问物镜和目镜的焦距各是多少?

1.39　一冉姆斯登目镜,由两个相同的平凸薄透镜($f'=36$mm)组成,间隔 $d=28$mm,求此目镜的焦距,分划板应放置何处?

1.40　拟制一个放大倍率为 10 的惠更斯目镜.若两片透镜都用折射率 $n=1.5163$ 的玻璃制成,求目镜两片透镜的间隔和它们的曲率半径.

1.41　试用作图法求出由两个薄透镜组成共轴球面系统的基点,并标出此系统的第二主焦距.已知第一透镜的焦距和两个透镜的间距皆为第二透镜焦距的两倍.

2

光度学的基本概念

可见光在电磁辐射中只占很窄的波段.光度学是讨论可见辐射的传播和测量.光度学所用的单位是以人眼的响应为基础的.本章将介绍光度学中一些常用量和相应的单位.

2.1　光　通　量

单位时间内通过任何面积的电磁辐射能量称为**辐射通量**或**辐射功率**,它具有功率的量纲,在国际单位制中它的单位是 W(瓦).辐射通量是辐射度量学中一个最基本的量.

由灼热的固体和液体所发出的辐射中含有各种波长的波,对不同的波长具有不同的能量.设在波长 λ 邻近的间隔 $\mathrm{d}\lambda$ 内,辐射通量为 $\mathrm{d}\Phi$,则

$$\mathrm{d}\Phi_{\lambda,\lambda+d\lambda}=e_\lambda\mathrm{d}\lambda,$$

式中 e_λ 为辐射通量的谱密度,它是在波长 λ 附近单位波长间隔所具有的辐射通量,用以描述辐射能在频谱中的分布.它与波长的关系,取决于辐射物体的性质以及发生辐射的条件.对于某一特殊情况,e_λ 与 λ 的关系如图 2.1(a)所示,在 λ_1 到 λ_2 的波长间隔内,辐射通量为:

$$\Phi_{\lambda_1,\lambda_2}=\int_{\lambda_1}^{\lambda_2}e_\lambda\mathrm{d}\lambda, \tag{2.1}$$

对整个波长范围,则

$$\Phi=\int_0^\infty e_\lambda\mathrm{d}\lambda.$$

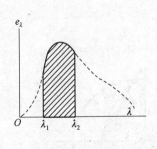

(a) 辐射能量对波长的分布函数

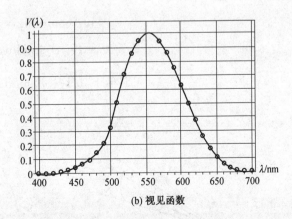

(b) 视见函数

图 2.1

具有相等辐射通量的各种辐射能在视觉上所引起的感觉并不相同,例如,红外线和紫外线

为不可见,就是在可见光的区域内,人眼对不同色光的灵敏度也不相同.根据精确的实验得知波长为 555nm 的黄绿光对人眼最为灵敏.因此考虑到辐射通量所引起视觉的本领,我们引入**光通量**,它等于辐射通量与视见函数(光谱光视效率)的乘积.而视见函数 $V(\lambda)$ 的值,当波长为 555nm 时,$V(\lambda)=1$;对所有其他波长,$V(\lambda)<1$;在光谱的可见光范围以外,$V(\lambda)=0$,如图 2.1(b)所示.于是在波长 λ 附近的间隔 $d\lambda$ 内,所具有的光通量为

$$dF_\lambda = V(\lambda) \cdot d\Phi_\lambda = V(\lambda) \cdot e_\lambda d\lambda, \tag{2.2}$$

全部的光通量 F 为

$$F = \int_0^\infty V(\lambda) e_\lambda d\lambda,$$

上式在 0 到 ∞ 的范围内取积分,因为对所有在可见光谱外的电磁辐射,$V(\lambda)=0$.光通量的单位为 lm(流明).有关光通量和辐射通量的换算关系见 2.5 节.一辐射体的光通量 F 与其辐射通量 Φ 之比,称为此辐射体的发光效率,即 $\dfrac{F}{\Phi}$.

2.2　发　光　强　度

设有一点光源 P,在某一方向对任一面元所张的立体角为 $d\Omega$,单位为 sr(球面度)(如图 2.2),如通过这面元的光通量为 dF,则点光源在这方向的**发光强度**为

$$I = \frac{dF}{d\Omega}. \tag{2.3}$$

在光通量不均匀的情况下,$\dfrac{F}{4\pi}$ 称为平均球面发光强度,式中 F 是光源在各方向所发出的总光通量.沿着某一方向的发光强度,可用球面坐标函数来表示:

$$I = I(i, \varphi).$$

由图 2.3 可知

$$d\Omega = \sin i\, di\, d\varphi,$$

因而

$$dF = I(i, \varphi) \sin i\, di\, d\varphi,$$

所以

$$F = \int_0^{2\pi} \int_0^\pi I(i, \varphi) \sin i\, di\, d\varphi.$$

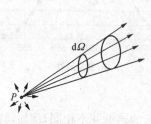

图 2.2　点光源的发光强度

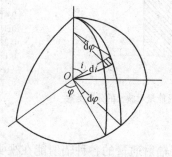

图 2.3　球面坐标

发光强度的单位为 cd(坎德拉). 根据公式(2.3)可知

$$1\text{cd}=1\ \text{lm/sr}.$$

2.3 照 度

当光通量到达一表面时,这表面即被照明. 如果在面上取任一面元 dS,而到达此面元的光通量为 dF(如图 2.4),则 dF 与 dS 之比称为此面元的**照度**,即

$$E=\frac{dF}{dS},\tag{2.4}$$

换言之,照度在数值上等于入射在被照物体单位面积上的光通量. 照度的单位为 lx(勒克斯)、ph(辐透),ph 是照度的旧单位.

$$1\ \text{lx}=\frac{1\ \text{lm}}{1\text{m}^2},\quad 1\text{ph}=\frac{1\ \text{lm}}{1\text{cm}^2},$$

故 $1\ \text{lx}=10^{-4}\text{ph}$. 如把(2.4)式中光通量换成辐射通量,则可得辐射照度,其单位为 W/m^2 或 W/cm^2.

一点光源所产生的照度可如下求出:设 P 为点光源,如图 2.5 所示,dS 为被照射的面积,设自光源 P 至面积 dS 中心所引的向径 r 与 dS 上的法线 n 成 i 角,从光源 P 点看面积 dS 所张的立体角为 $d\Omega$,则入射到 dS 上的光通量,按式(2.3)为:

$$dF=Id\Omega,$$

但

$$d\Omega=\frac{dS}{r^2}\cos i,$$

因此

$$dF=dS\frac{I}{r^2}\cos i,$$

且

$$E=\frac{dF}{dS}=\frac{I}{r^2}\cos i.\tag{2.5}$$

由上式可知,点光源所产生的照度与发光强度 I 成正比,与光源到被照射面距离的平方成反比. 此外,照度也随 i 角而变,入射光线愈倾斜,所产生的照度也愈小.

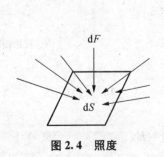

图 2.4 照度

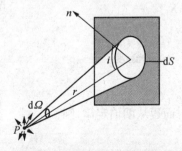

图 2.5 点光源所产生的照度

2.4 亮度 发光表面所产生的照度

如果光源的线度和观察它们的距离相比可以忽略不计,则可把它看作点光源.然而在实际情况中,经常碰到的是扩展光源,它可以是自行发光的发光体或具有漫射作用的反光体.如图 2.6(a)所示,设面元 ΔS 所发出的光通量为 ΔF,则在顶点位于面元 ΔS 上,且与面元的法线交成 i 角的立体角 $\mathrm{d}\Omega$ 内,所通过的光通量为 $\mathrm{d}(\Delta F)_i$,因此,按式(2.3),此面元在 i 方向的发光强度为

$$\Delta I_i = \frac{\mathrm{d}(\Delta F)_i}{\mathrm{d}\Omega}. \tag{2.6}$$

对于多数的发射面,发光强度随方向而改变.若关系为

$$\Delta I_i = \Delta I_n \cos i, \tag{2.7}$$

式中 ΔI_n 是沿法线方向的发光强度,在图 2.6(b)中的各矢量即表示在各方向的发光强度,沿法线方向的发光强度最大,在与面元相切的方向上光强即降为零.式(2.7)常被称为朗伯(J. H. Lambert)余弦定律,遵从此定律的发射面(不论其为发光或反光或透光)称为完全漫射面(或余弦发射体).积雪、刷粉的白墙以及十分粗糙白纸的表面,都很接近这类完全漫射面.

我们把面元在某一方向的发光强度 ΔI_i 与此面元在垂直于这方向的投影面积 $\Delta S \cos i$ 之比定义为面元在这方向的亮度(如图 2.6(c)).因此,在 i 方向的亮度为:

$$B_i = \frac{\Delta I_i}{\Delta S \cos i}, \tag{2.8}$$

即在此方向单位投影面积的发光强度.如果将式(2.6)代入式(2.8),此方向的亮度也可以看作是此方向从单位投影面积在单位立体角内发出的光通量.从式(2.8)可知,光度学亮度 B 的单位为 $\mathrm{cd/m^2}$,即坎/米^2.

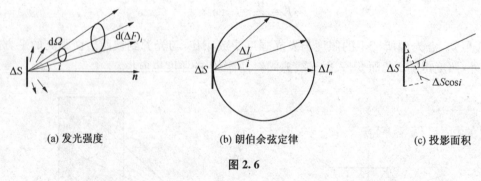

(a) 发光强度   (b) 朗伯余弦定律   (c) 投影面积

图 2.6

若发射面遵从朗伯定律,则

$$B_i = \frac{\Delta I_n \cos i}{\Delta S \cos i} = \frac{\Delta I_n}{\Delta S} = 恒量 = B, \tag{2.9}$$

即任意方向的亮度都等于沿法线方向每单位面积上所产生的发光强度,也就是任意方向的亮

度都相同.

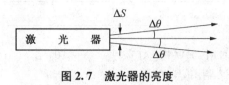

图 2.7 激光器的亮度

在实际中还有相当大一类的定向发射体,它们发出的光束集中在一定的立体角 $\Delta\Omega$ 内,即亮度有一定的方向性. 从成像光学仪器发出的光束,例如激光器发出的光束都有这样的特征. 激光器发出的光束通常是截面 ΔS 很小而高度平行,从而使不大的辐射功率获得很大的辐射亮度. 以辐射功率 10mW 的氦氖激光器为例,光束截面积为 $1mm^2$,光束发散角 $\Delta\theta$ 为 $2'$,其辐射亮度大约为 $10^{10}\,Wm^{-2}\,sr^{-1}$,而太阳的辐射亮度为 $3\times10^6\,Wm^{-2}\,sr^{-1}$,亦即区区 10mW 的激光器产生了比太阳大几千倍的辐射亮度.

现在我们再来讨论发光表面所产生的照度. 如图 2.8 所示,dS_1 是发光面元,其法线方向为 $\boldsymbol{n}_1$,亮度为 B,dS_2 是在距离 r 处被 dS_1 所照射的面元,dS_2 的法线方向为 $\boldsymbol{n}_2$.

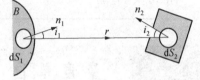

图 2.8 面光源的照度

于是由式(2.8)得出 dS_1 在 dS_2 方向的发光强度为 $dI=BdS_1\cos i_1$,这就是 dS_1 在 i_1 方向单位立体角内所发射的光通量. 因为 dS_2 对 dS_1 所张的立体角为 $\dfrac{dS_2\cos i_2}{r^2}$,所以从 dS_1 入射到 dS_2 上的光通量为:

$$dF=BdS_1\cos i_1 dS_2\frac{\cos i_2}{r^2},$$

而 dS_2 上的照度为

$$dE=\frac{dF}{dS_2}=B\frac{dS_1\cos i_1\cos i_2}{r^2}. \tag{2.10}$$

表 2.1 列出了一些典型情况下的照度值,单位为 lx.

表 2.1　常见物体的照度(lx)

阳光直射的室外	100000
照相制版时的原稿	30000~40000
没有阳光的室外	2000~24000
小型工件持续性的精细视觉工作	900
晴朗夏日采光良好的室内	100~500
学校教室桌面照度	>300
一般阅读及书写	50~75
观看仪器的示值	30~50
投影仪像平面中心所需的照度	20~50
判别方向所必需的照度	1
满月在天顶时的地面照度	0.2
无月夜间天空在地面上产生的照度	3×10^{-4}

表 2.2 列出了一些光源表面的亮度,单位是 cd/m^2.

表 2.2　常见物体的亮度（单位：$10^4\,cd/m^2$）

表面名称	亮　度	表面名称	亮　度
地面上所见太阳表面	15 万～20 万	日用 200W 钨丝灯	800
日光下的白纸	2.5	仪器用钨丝灯	1000
晴朗白天的天空	0.3	6V 汽车头灯	1000
月亮表面	0.3	放映投影灯	2000
月光下白纸	0.03	卤素钨丝灯	3000
烛焰	0.5	碳弧灯	1.5 万～10 万
钠光灯	10～20	超高压毛细汞弧灯	4 万～10 万
日用 50W 钨丝灯	450	超高压电光源	25 万
日用 100W 钨丝灯	600		

2.5　量 度 单 位

一般地，我们采用发光强度的单位作为光度学的基本单位. 早年发光强度的单位为烛光，这个单位在不同时代是以不同方法确定的. 最初采用由蜡烛在一定方向所发出的发光强度作为单位，对于蜡烛的构成物质、蜡烛的直径、灯芯的长度等都曾加以规定. 以后又用标准火焰灯以及标准电灯来代替. 所有上述标准具在一般实验室中都不易复制，并且很难保证其客观性和准确度. 1948 年国际计量大会还曾决定用绝对黑体作标准具，并给予发光强度单位以现在的命名——坎德拉，1967 年又对其定义进行了修正. 由于现代照明技术和电子光学工业的发展，各种新型光源和探测器的出现，要求对各种复杂辐射进行准确的测量，而修正后的定义是以铂在凝固点下的光谱成分为基准的，要换算到其他光谱成分，还要相应的视见函数数值，不易准确. 所以 1979 年的国际计量大会上废除上述坎德拉的定义，并规定其新定义为："坎德拉是发出 $540\times10^{12}\,Hz$ 频率的单色辐射源在给定方向上的发光强度，该方向上的辐射强度为 (1/683)W/sr."

上述定义中，频率 $540\times10^{12}\,Hz$ 是视见函数 $V(\lambda)$ 取最大值 1 时，空气中波长为 555nm 单色辐射的频率逼近值. 这个定义也等于规定了最大光通量当量为 683 lm/W. 即光通量与辐射通量之间关系如下：

$$1\ lm(\lambda=555nm)=0.00146W,$$

或

$$1W(\lambda=555nm)=683lm.$$

对其他波长的单色光，则用下式表示

$$1W(\lambda)=683V(\lambda)lm.$$

cd(坎德拉) 是 SI 单位制的基本量之一，有了 cd，光度学的其他物理量单位也就确定了.

表 2.3 列出了一些重要的光度学量和相应的辐射度学量以及它们的单位.

表 2.3　光度学和辐射度学中的一些量

光 度 学 量			辐 射 度 学 量		定　　义
名　称	符号	单 位	名　称	单 位	
光 通 量	F	lm	辐射通量	W	单位时间内光源发出或通过一定接收截面的辐射能
发光强度	I	cd	辐射强度	Wsr^{-1}	点光源在给定方向上单位立体角内辐射的功率
亮　　度	B	cdm^{-2}	辐射亮度	$Wm^{-2}sr^{-1}$	面光源的单位投影面积向单位立体角内辐射的功率
照　　度	E	lx	辐射照度	Wm^{-2}	落在单位面积上的总功率
光　　能	Q	lm·s	辐 射 能	J	

2.6　经过光学系统的光通量

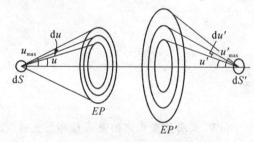

图 2.9　经过光学系统的光通量

一光学系统所得到像的亮度如何,从实用的观点来讲是很重要的,在图 2.9 中,EP 和 EP' 是光学系统的入射光瞳和出射光瞳,设垂直于光轴的面元 dS,其亮度为 B,经过光学系统成像 dS'. 按 B 的定义,在孔径 u 和 $u+du$ 之间的环带中,进入系统的光通量为

$$dF = 2\pi B dS \sin u \cos u du. \tag{2.11}$$

一般情况下,通过系统的光通量会减少,这是由于一部分光被反射,一部分光被吸收,因此,通过系统而进入 u' 和 $u'+du'$ 的环带中的光通量为 kdF,其中 $k<1$. 根据(1.57)式,如果面元 dS 形成清晰的像,则对于孔径所有的带必须满足正弦条件,因而

$$ny\sin u = n'y'\sin u',$$

式中 n 和 n' 是系统两边的折射系数. 于是对于共轭面元 dS 和 dS',则有

$$n^2 dS\sin^2 u = n'^2 dS'\sin^2 u'. \tag{2.12a}$$

将上式微分,得

$$n^2 dS \cdot 2\sin u \cos u du = n'^2 dS' \cdot 2\sin u'\cos u' du',$$

因此,由式(2.11),得出

$$dF' = kdF = kB\left(\frac{n'}{n}\right)^2 dS' \cdot 2\pi\sin u'\cos u' du'. \tag{2.12b}$$

这就是在 u' 和 $u'+\mathrm{d}u'$ 中通过 $\mathrm{d}S'$ 的光通量,它就相当于 $\mathrm{d}S'$ 的亮度为 $kB\left(\dfrac{n'}{n}\right)^2$ 时在 u' 和 $u'+\mathrm{d}u'$ 中所发射的光通量. 显然,由 $\mathrm{d}S'$ 发出的光线都在 $u'_{\max}$ 角之内,如眼睛的位置恰使瞳孔与此圆锥相合,则所见像的亮度为

$$B'=kB\left(\frac{n'}{n}\right)^2. \tag{2.13}$$

对于很多光学仪器,例如照相机,主要的并不需要知道像的亮度,而是需要知道像的照度. 由式(2.11)进入仪器的总光通量为

$$F=2\pi\mathrm{d}SB\int_0^{u_{\max}}\sin u\cos u\,\mathrm{d}u=\pi\mathrm{d}SB\sin^2 u_{\max},$$

从仪器射出的光通量为 $F'=kF$,按式(2.12b)得

$$F'=k\pi\mathrm{d}SB\sin^2 u_{\max}=k\pi B\left(\frac{n'}{n}\right)^2\mathrm{d}S'\sin^2 u'_{\max},$$

且

$$E'=\frac{F'}{\mathrm{d}S'}=k\pi B\left(\frac{n'}{n}\right)^2\sin^2 u'_{\max}, \tag{2.14}$$

即

$$E'\propto\sin^2 u'_{\max},$$

因此,像的照度与孔径角的大小有关.

在人眼网膜上所产生的照度又称为**主观亮度**.

习　题

2.1　一氦氖激光器,发射波长为 632.8nm,功率为 10mW,试求此激光束的光通量和发光强度. $V(632.8\mathrm{nm})=0.24$,光束发射角为 $2'$.

2.2　以 2.1 题中激光束射到离激光器 10m 远的白色屏幕上,问在幕上的照度是多少?

2.3　一束波长为 460nm 蓝光射到一个白色屏幕上,其照度为 $6.2\times10^2\mathrm{lm}$,问屏幕在 1min 内接收多少焦耳能量? $V(460\mathrm{nm})=0.060$.

2.4　在发光强度为 40cd 的灯旁 1m 处印照片需要 3s 的时间,问在 30cd 的灯旁 1.5m 处需要多少时间?(假设在这两种情形中照片所获得的总光量相等)

2.5　一发光强度为 50cd 的灯悬于桌的上方,如将灯下降 2m,照度增加 3 倍,问灯的原来高度?

2.6　桌上有一本书,此书与灯到桌面垂线的垂足相距 1m,灯仅能上下移动,问灯悬于桌上的高度 h 为多少时,书的照度最大?

2.7　为了使悬于桌上灯对桌面有均匀照度,灯应具有怎样的光度分布曲线?(发光强度)

2.8　如果天空各处的亮度都是均匀的,并且等于 B,问被半个天球照射的水平面上的照度是多少?

2.9　望远镜物镜的直径为 75mm,在放大率为(1) 20 倍,(2) 25 倍,(3) 50 倍时,求望远镜中所成月亮的像的亮度. 取肉眼所看到的月亮的亮度为一单位. 瞳孔直径设为 3mm.

2.10　若有一朗伯发射体的发光表面,照射一小面积 $\mathrm{d}S'$. 两者法线在同一直线上,试问当两者的距离 R 比发光表面半径 ρ 大多少倍时,发光表面可以看作点光源,其计算误差小于 1%?

3

光 的 干 涉

本章将从波动的角度讨论两束光或多束光在叠加区域内发生的一种特殊现象——光的干涉现象.这一章内容将包括:讨论这种干涉现象的根据——波的叠加原理、发生干涉的条件、实现干涉的方法、干涉现象的规律和一些重要的干涉仪器及其应用.

3.1　光的干涉现象

光的干涉听起来有些陌生,其实在日常生活中,经常可以看到这种现象.例如,洗衣服时出现五颜六色的肥皂泡,又如雨后天晴的马路上,有时可看到的彩色油斑等都是光的干涉现象.而人类由于掌握了光的干涉规律性,反过来为生产和科学研究服务的例子也是不胜其多的.例如在光学元件的生产中,就用干涉方法来检验质量,国际"米"的前一个标准就是借用光的干涉原理而采用氪红光的波长等等.根据光的干涉原理而发展的量测、薄膜、全息的记录方法以及光谱学等方面的技术在科学研究和工程技术中又具有非常基本的意义.

为了说明光的干涉现象,我们来讨论两个实验.

第一个实验如图 3.1 所示.有两个相同的光源,分别通过狭缝 S_1,S_2 照亮观察屏.一般情况下,可以看到两光源共同照亮的地方(两束光相互叠加的地方)要亮一些,即光强较大,是每个光源单独照明时的光强之和.这个结果似乎是很容易接受的,好像是理所当然的.

第二个实验——杨氏(T. Young)实验,如图 3.2 所示.在装置上,杨氏实验比第一个实验多一个狭缝 S.现用光源通过狭缝 S 照亮狭缝 S_1,S_2,此时由 S_1,S_2 发出的两束光在光屏上的图样,并不像前一个实验那样一片均匀明亮,而是出现了一些明暗相间的条纹.在明亮的地方,光强差不多是单独一束光照射的 4 倍,也就是出现了"1+1=4"的现象;而在暗的地方光强为零,也就是出现了"1+1=0"的现象.整个实验说明,这两束光不再是相互独立地传播,而是互相影响,互相干扰了,这就是光的**干涉现象**.这些明暗相间的条纹,叫做**干涉条纹**.

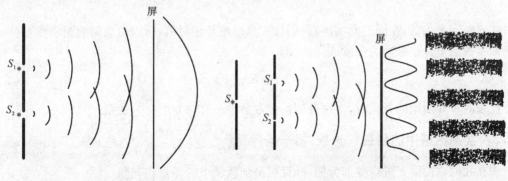

图 3.1　两束光的叠加　　　　　　　　　　　图 3.2　杨氏实验

3.2 线性叠加原理和相干条件

3.2.1 电磁场的线性叠加原理

光是电磁波,电磁波就是电场、磁场的传播过程,由于自由空间麦克斯韦方程是线性微分方程,所以在空间任一点电场和磁场都遵守电磁场的线性叠加原理.

为什么光在一定条件下会发生干涉呢?这就是因为光波遵守电磁场的线性叠加原理.按照此原理,几个不同光源在空间某一点产生的电场强度等于

$$E = E_1 + E_2 + E_3 + \cdots = \sum_n E_n, \tag{3.1}$$

式中 $E_1, E_2, E_3, \cdots$ 是各个光源单独存在时在该点所产生的电场强度.同样磁场有相同的关系式.真空中麦克斯韦方程是线性微分方程,所以线性叠加原理是其自然结果.但在有物质存在的情况下,线性叠加原理仅是近似的.特别是使用高强度的光源如激光时(E 高达 $10^{10}\,\text{V/cm}$,而太阳光的 E 为 $10\,\text{V/cm}$),可以观察到偏离线性叠加原理的现象.有关非线性光学现象留在第七章中专门介绍.在此之前不作特殊声明都假定光波是服从线性叠加原理的.

3.2.2 电磁波平均能流密度和光强

在电学中,我们已经知道电磁波在单位时间内通过单位面积的能量为

$$w = \varepsilon v E^2, \tag{3.2}$$

式中 v 为电磁波的传播速度,ε 为介质的介电常数,E 为电场强度.

电磁波中 E 的一般形式为

$$E = E_0 \cos(2\pi\nu t + \varphi),$$

式中 ν 为光的频率,在可见光范围内大约为 $10^{14}\,\text{Hz}$,所以能流密度 w 是一个随时间变化很快的量.一般接收器件因为响应比较慢,只能测量此量的平均值,也就是

$$\langle w \rangle = \frac{1}{T}\int_0^T w\,\mathrm{d}t = \varepsilon v\,\frac{1}{T}\int_0^T E^2\,\mathrm{d}t = \frac{\varepsilon v}{2}E_0^2,$$

$\langle\ \rangle$ 代表时间平均值,在同一介质内,我们往往只讨论其相对值,所以可忽略前面常数.这种没有前面常数的量往往被称为强度或光强,即

$$I = E_0^2. \tag{3.3}$$

但在比较两种介质里的光强时,应注意到前面常数中还有与介质有关的量.

3.2.3 叠加区域中的场强和光强,相干条件

现在我们以两束光进行叠加为例,计算在叠加区域中的场强和光强.

假定两束单色光的频率各为 ν_1 和 ν_2,在叠加区域中某一点的场强各为

$$E_1 = E_{10}\cos(2\pi\nu_1 t + \varphi_1), E_2 = E_{20}\cos(2\pi\nu_2 t + \varphi_2),$$

相应的复数表示式[①]为:

$$E_1 = E_{10} \cdot e^{i\varphi_1} \cdot e^{i2\pi\nu_1 t}, E_2 = E_{20} \cdot e^{i\varphi_2} \cdot e^{i2\pi\nu_2 t}.$$

按照电磁场的线性叠加原理,此点总场强为

$$E = E_1 + E_2. \tag{3.4}$$

此点光强为

$$\begin{aligned}
I &= \langle E \cdot E^* \rangle \\
&= \langle (E_1 + E_2) \cdot (E_1 + E_2)^* \rangle \\
&= \langle (E_{10}e^{i(2\pi\nu_1 t + \varphi_1)} + E_{20}e^{i(2\pi\nu_2 t + \varphi_2)}) \cdot (E_{10}e^{-i(2\pi\nu_1 t + \varphi_1)} + E_{20}e^{-i(2\pi\nu_2 t + \varphi_2)}) \rangle \\
&= \langle E_{10}^2 + E_{20}^2 + 2E_{10} \cdot E_{20}\cos[2\pi(\nu_1 - \nu_2)t + (\varphi_1 - \varphi_2)] \rangle \\
&= E_{10}^2 + E_{20}^2 + 2E_{10} \cdot E_{20}\langle\cos\delta\rangle \\
&= I_1 + I_2 + I_{12}, \tag{3.5}
\end{aligned}$$

其中

$$I_{12} = 2E_{10} \cdot E_{20}\langle\cos\delta\rangle, \quad \delta = 2\pi(\nu_1 - \nu_2)t + \varphi_1 - \varphi_2. \tag{3.6}$$

由公式(3.5)可知,在光波叠加区域中,如果 $I_{12} = 0$,则 $I = I_1 + I_2$,即出现强度相加的不相干现象.在叠加区域中,如果 $I_{12} \neq 0$ 时,则 $I \neq I_1 + I_2$,出现强度不相加现象,即干涉现象.由此可见, I_{12} 是决定干涉和不干涉的关键项,一般将 I_{12} 称为**相干项**.

既然相干项 I_{12} 是决定干涉与否的主要因素,那么是什么条件使 I_{12} 等于零,又是什么条件使 I_{12} 不等于零呢?

按照公式(3.6)

$$I_{12} = 2E_{20} \cdot E_{20}\langle\cos\delta\rangle$$

可知,要 $I_{12} \neq 0$,必须:

$E_{10} \cdot E_{20} \neq 0$,即 E_1 的方向与 E_2 的方向不垂直,也就是存在着相互平行的分量.

$\langle\cos\delta\rangle \neq 0$,即固定的相位差,其中包括频率相同 $\nu_1 = \nu_2$ 和初相位差恒定($\varphi_1 - \varphi_2 =$ 常量).

以上三者缺一不可.这也就是产生相干的条件.在(3.5)式的推导过程中,采用了时间平均的运算,所以这里得到的相干条件是指能够在长时间内产生稳定的干涉现象的条件.通常所说的光的相干性也是指能够产生稳定干涉图像的干涉现象而言的.

---

① 用复数表示场强即

$$E = E_{10}\cos(2\pi\nu t + \varphi) \longrightarrow E = E_{10}e^{i\varphi} \cdot e^{i2\pi\nu t}, 其中 E_{10}e^{i\varphi} 为复振幅矢量.$$

光强可用下式求出

$$I = E_0^2 = \langle E \cdot E^* \rangle.$$

* 代表复共轭.

<table>
<tr><td>**3.3**</td><td>**杨氏实验的分析**</td></tr>
</table>

3.3.1 相干条件的满足

让我们回过头来分析杨氏实验是怎样来满足相干条件的.

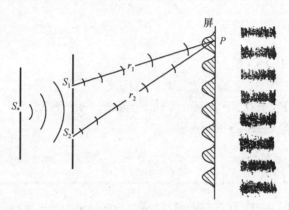

图 3.3 杨氏双缝实验

在杨氏实验中(如图 3.3),因 S 到 S_1,S_2 距离相等,所以由 S 发出的光波同时到达 S_1 和 S_2,从而使 S_1 和 S_2 的光振动都有相同的频率和相同的相位. 我们可利用相同的复数表示式表示每一缝处的电场

$$\boldsymbol{E}=\boldsymbol{E}_0 \mathrm{e}^{\mathrm{i}2\pi\nu t}=\boldsymbol{E}_0 \mathrm{e}^{\mathrm{i}\omega t},$$

其中 E_0 为电场的振幅,ω 为圆频率,t 为时间. 当光波由 S_1,S_2 到达 P 点时,则它们在 P 点的场强分别为

$$\boldsymbol{E}_1=\boldsymbol{E}_{10} \mathrm{e}^{\mathrm{i}\omega\left(t-\frac{S_1 P}{v}\right)},$$

$$\boldsymbol{E}_2=\boldsymbol{E}_{20} \mathrm{e}^{\mathrm{i}\omega\left(t-\frac{S_2 P}{v}\right)},$$

式中 v 为介质中光速. 为更一般起见,式中分母用真空中的光速表示. 利用 $n=\dfrac{c}{v}$,有

$$\frac{S_1 P}{v}=\frac{n \cdot S_1 P}{c}=\frac{\Delta_1}{c}, \quad \frac{S_2 P}{v}=\frac{n \cdot S_2 P}{c}=\frac{\Delta_2}{c},$$

路程和折射系数的乘积一般称为**光程**,式中的 Δ_1,Δ_2 各为 S_1 和 S_2 到 P 点的光程.

P 点的场强可改写为

$$\boldsymbol{E}_1=\boldsymbol{E}_{10} \mathrm{e}^{\mathrm{i}\omega\left(t-\frac{\Delta_1}{c}\right)},$$

$$\boldsymbol{E}_2=\boldsymbol{E}_{20} \mathrm{e}^{\mathrm{i}\omega\left(t-\frac{\Delta_2}{c}\right)}.$$

两者的相位各为 $\omega\left(t-\dfrac{\Delta_1}{c}\right)$,$\omega\left(t-\dfrac{\Delta_2}{c}\right)$,两者的相位差为

$$\delta=\left[\omega\left(t-\frac{\Delta_1}{c}\right)\right]-\left[\omega\left(t-\frac{\Delta_2}{c}\right)\right]$$

$$=\frac{\omega}{c}(\Delta_2-\Delta_1)=\frac{2\pi}{T}\frac{1}{c}(\Delta_2-\Delta_1),$$

$$\delta=\frac{2\pi}{\lambda}(\Delta_2-\Delta_1)=\frac{2\pi}{\lambda}\Delta, \tag{3.7}$$

式中 λ 为真空中波长.由(3.7)式可知,相位差仅与光程差 $\Delta=(\Delta_2-\Delta_1)$ 有关.在实验中,对某一固定点光程差 $(\Delta_2-\Delta_1)$ 是一常数,也就是有固定的相位差.现在再考虑两光波的场强矢量:对于垂直于纸面的场强分量,两场强的方向平行;对于在纸面上的分量,也有相互平行的分量.于是干涉的三条件(频率、相位、振动方向)就全部满足,因而在杨氏实验中就能看到稳定的干涉现象.

如果在图 3.1 的情形中,即使我们用的是两个相同类型的独立光源 S_1, S_2,也只讨论相互平行的光振动分量,则在叠加区的两束光虽然频率相同、振动方向相同,但不同光源所发出的光振动,其初相位是独立地随时间迅速地随机变化,因而在任一叠加点,两束光的相位差 δ 也将随时间迅速地随机变化.我们观察的光强是时间平均值,即:

$$I=I_1+I_2+2\sqrt{I_1 I_2}\langle\cos\delta\rangle,$$

由于 δ 随机地迅速变化,则在观察的时间内,$\cos\delta$ 将随机地在 $-1\sim+1$ 的各个值间变动,因而 $\langle\cos\delta\rangle=0$,故

$$I=I_1+I_2.$$

也就是说,在此装置中,叠加区任一点的光强都是原来两束光光强的简单相加.光波的这种叠加就是通常所熟悉的非相干叠加.

3.3.2　观察屏上光强的讨论

根据式(3.5),在杨氏实验中,屏上 P 点的光强为

$$I_P=I_1+I_2+2\sqrt{I_1 I_2}\cos\delta.$$

如每一束光在 P 点的光强相同,即 $I_1=I_2=a^2$,光强公式就可以简化为

$$I_P=4a^2\cos^2\frac{\delta}{2}, \tag{3.8}$$

根据此式的强度分布曲线如图 3.4 所示.

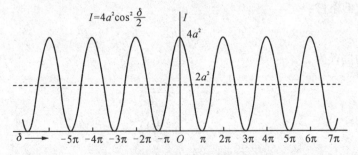

图 3.4　双光束干涉中的强度分布

由式(3.8)可知,当

$$\delta = (2k+1)\pi,$$

$k \in \mathbf{Z}$ 时($\mathbf{Z} = 0, \pm 1, \pm 2, \cdots$)，$I_P = 0$，也就是说，当 δ 为 π 的奇数倍时，光强极小，即为暗条纹.

当

$$\delta = 2k\pi,$$

$k \in \mathbf{Z}$ 时($\mathbf{Z} = 0, \pm 1, \pm 2, \cdots$)，$I_P = 4a^2$，也就是说，当 δ 为 π 的偶数倍时，光强极大，即为亮条纹.

由(3.7)式可知，$\delta = \dfrac{2\pi}{\lambda}\Delta$，以上条件可用光程差的关系来表示：当 $\Delta = k\lambda$，光程差为 λ 整数倍时，光强极大，得亮条纹；当 $\Delta = (2k+1)\dfrac{\lambda}{2}$，光程差为半波长奇数倍时，光强极小，得暗条纹.

整数 k，在干涉中又称为**干涉级次**，它表示以波长为单位的光程差的数值，如零级亮条纹，$k = 0$，表示其光程差为波长的 0 倍，+1 级亮条纹，即 $k = +1$，表示其光程差为波长的 1 倍. 值得指出的是，在干涉中经常用级次 k 来讨论问题，所以 k 与光程差、波长之间关系必须熟悉.

各级亮条纹究竟出现在屏上何处？我们再作一些计算，顺便推出条纹的间距公式.

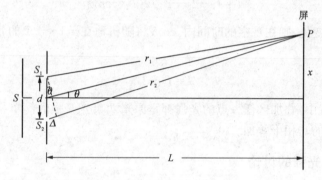

图 3.5　杨氏实验中的光程表示

由图 3.5 可知，P 点的光程差为

$$\Delta = \Delta_2 - \Delta_1 = n(r_2 - r_1) = n \cdot d \cdot \theta = nd\frac{x}{L},$$

在空气中 $n = 1$ 时

$$\Delta = d\frac{x}{L}. \tag{3.9}$$

根据亮条纹的条件：

$$\Delta = k\lambda,$$

故 k 级亮条纹的位置为

$$k\lambda = d\frac{x_{k,亮}}{L}, \tag{3.10}$$

$$x_{k,亮} = \frac{L}{d}k\lambda.$$

同样，可推出 k 级暗条纹的位置为

$$x_{k,暗} = \frac{L}{d}(2k+1)\frac{\lambda}{2}, \tag{3.11}$$

由(3.10)式可推出$(k+1)$级亮条纹的位置为

$$x_{k+1,亮} = (k+1)\frac{L}{d}\lambda,$$

所以相邻两亮条纹的间距

$$x_{k+1,亮} - x_{k,亮} = \frac{L}{d}\lambda. \tag{3.12}$$

结论 杨氏双缝干涉的图样是一组明暗相间的条纹,在观察屏中心为零级干涉条纹,条纹的强度分布规律由相位差的余弦平方式(3.8)决定,正负非零级次的干涉条纹对称地配置在零级条纹两边.

光的干涉使某些地方出现了暗条纹,那么两束光的能量到哪里去了呢? 能量是否仍然守恒呢? 这个问题可以这样来解释,若将强度公式(3.8)对δ取平均值,则得$\bar{I} = 2a^2$,如图 3.4 中虚线所示,这就表明,平均的光强度就等于两束光的强度和. 因此,从能量的观点来讲,能量守恒定律仍然是适合的,所以光的干涉的物理本质就是将能量重新分布. 反之,要使光波能量重新分布,可以采用干涉的方法.

3.4　一些实际问题的考虑

在观察干涉现象时,除了相干条件要满足外,还应考虑一些实际问题.

3.4.1　条纹对比度

前面讲过,在双光束干涉中的光强分布可以看作是在两束光单独传播时的光强之和 $I_1 + I_2$ 加上干涉项 $2\sqrt{I_1 I_2}\cos\delta$(见(3.5)式). 图 3.6(a),(b),(c)表示三种不同情况的光强分布. 从这些曲线中可以看到,这三种情形的干涉条纹,明暗条纹中心位置相同,而且都是在 $I_1 + I_2$ 的光强背景上有明暗的变化,但由于亮条纹与暗条纹的光强差别不同,对比也不同. 如用

$$V = \frac{I_{max} - I_{min}}{I_{max} + I_{min}} \tag{3.13}$$

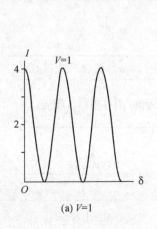
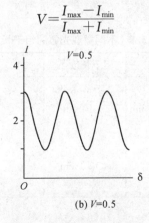
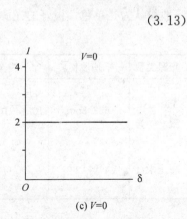

(a) $V=1$　　　　　　　(b) $V=0.5$　　　　　　　(c) $V=0$

图 3.6　干涉条纹的对比度

定量描述,其中 $I_{\max}$ 与 $I_{\min}$ 表示相邻条纹中的最大光强与最小光强,这个比值 V 称为干涉条纹的**对比度**或**反衬度**.

在两光束干涉条纹中,根据(3.5)式

$$I_{\max}=I_1+I_2+2\sqrt{I_1I_2},$$

$$I_{\min}=I_1+I_2-2\sqrt{I_1I_2},$$

$$V=\frac{2\sqrt{I_1I_2}}{I_1+I_2}=\frac{2\sqrt{I_1/I_2}}{1+I_1/I_2}=\frac{2\sqrt{I_2/I_1}}{1+I_2/I_1}.$$

可见当 $I_1=I_2$ 时,$V=1$,干涉条纹最清晰;而当 $I_1\ll I_2$ 或 $I_2\ll I_1$ 时,$V\ll1$,几乎分辨不出干涉条纹.因此在双光束干涉中,两光束的光强或振幅越接近相等,干涉条纹就越清晰,条纹的明暗对比越鲜明;两光束光强的差别越大,条纹就越不清晰,也就越不易辨认.

所以在观察双光束干涉现象的实验装置中,为了得到清晰的干涉条纹,首先应使参与干涉的两光束的光强或振幅接近相等.

3.4.2　时间相干性——相干长度和相干时间

在上面的讨论中,假定光源是单色的,光波只包含一种波长(频率),相应的波列是无限长的简谐波.但是实际的光源,即使是一般称为单色光源的钠光灯、高压汞灯或激光器,发出的光其波长也不是只有一种,而是包含了一定波长(频率)范围内的各种波长(频率)成分,相应的波列长度也不是无限长的,而是有限长的波列.例如,从图 3.7 中可以看到镉灯的红光是一个中心波长为 $\lambda_0=643.8\mathrm{nm}$,两侧包含了一个很窄的波长范围的光谱线.对于这样的光谱线,一般我们把相对强度降为峰值一半时的两个波长的间隔 $\Delta\lambda$ 或对应的频率间隔 $\Delta\nu$ 称为**谱线的线宽**或**频宽**.光源单色性的好坏往往由线宽 $\Delta\lambda$ 或频宽 $\Delta\nu$

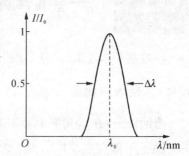

图 3.7　镉灯的红光,$\lambda_0=643.8\mathrm{nm}$

来标志,线宽 $\Delta\lambda$ 或频宽 $\Delta\nu$ 越小,光的单色性越好.单频氦-氖激光器发出的红色激光是一波长 $\lambda=632.8\mathrm{nm}$ 的极窄的光谱线,与汞灯绿光相比(见表 3.1),其线宽 $\Delta\lambda$ 或 $\Delta\nu$ 要窄得多,所以一般被认为是单色性很好的光源.

表 3.1　不同类型光源的相干长度

光源类型	平均波长 $\bar\lambda$	线宽	相干长度 Δ_c	干涉条纹图(Δ 代表程差)
He-Ne 激光	632.8nm	$10^{-5}\sim10^{-6}$nm	$<10^4$cm	
高压汞灯	546.1nm	1nm	<0.03cm	

光源类型	平均波长$\bar\lambda$	线宽	相干长度Δ_c	干涉条纹图(Δ代表程差)
白光	550nm	300nm	$1\mu m = 1.83\bar\lambda$	
中红外$(3\sim5)\mu m$	$4\mu m$	$2\mu m$	$8\mu m = 2\bar\lambda$	
热红外$(8\sim12)\mu m$	$10\mu m$	$4\mu m$	$25\mu m = 2.5\bar\lambda$	

在典型的热光源中,光从受激的原子发射出来,这些受激的原子一般是彼此独立的. 每一原子由于持续发光时间 τ 有限,其发射的波列也是有限长的. 如光速为 c,则波列长度 L_c 等于 $c\tau$. 某个原子被激发几次,它就能发射出几个波列,并且起始发光时间是随机的,因此,这些波列彼此没有一定的相位关系.

在杨氏实验中,由于 S 到 S_1 和 S_2 的距离是相等的,所以由光源 S 发出的波列,根据波阵面分离出的两个波列是同时到达 S_1 和 S_2 的. 这两个波列符合干涉条件(振动方向、频率、初相位相同),所以经过 S_1,S_2 后再在屏上相遇时会产生干涉现象. 在屏的中间,相遇的光程差最小,两相同波列几乎同时相遇,能产生清晰的干涉条纹. 但是实验告诉我们,离开屏中间越远的地方,干涉条纹愈来愈模糊,以至消失,为什么呢? 这是因为离开屏中间愈远的地方,两光波的光程差也愈来愈大,以至有可能在这些地方,当一光波的波列已通过,而另一与之相同的光波波列尚未到达,两相同波列无机会相遇,因此无干涉现象. 当光程差小于波列长度时,两相同的波列将部分重叠,出现不太清晰的干涉图样. 平均波列越长,就越能在较大光程差的地方实现干涉,即那些干涉级次较高的地方也能出现清晰的干涉图样.

显然,光程差等于平均波列长度时,干涉条纹完全消失,即 $V=0$. 一般把这个能产生干涉的最大光程差值,定义为光源的**相干长度 Δ_c**,它是描写光源相干性好坏的一个物理量,而相干长度就是波列长度 L_c.

从时间角度看,在杨氏实验中,由于 S 对 S_1,S_2 对称,S 发出的光波是同时到达 S_1 和 S_2 的. 除了观察屏的中间位置外,S_1,S_2 到观察屏上某点的光程是不相等的,所以由 S_1,S_2 同时出发的波列,一般是不同时到达观察屏的. 反之,同时到达观察屏上某点的两个波列,一般不是同时由 S_1 和 S_2 出发的,两者有一个时间差. 离开屏中心越远的地方,两光波到该点的光程差越大,相应的时间差也越大. 根据上面的讨论,很容易推得,能产生干涉的最大允许时间差就是波列长度除以光速,即

$$t_c = \frac{L_c}{c} = \frac{c\tau}{c} = \tau. \tag{3.14}$$

这个最大允许的时间差 t_c 称为**相干时间**. 相干时间往往作为光源相干性的另一指标,相干时间越长,表示光源的相干性越好.

式(3.14)中的相干时间由光源中原子一次持续发光时间 τ 来决定,这个结果也是容易理解的. 因为在同一次持续发光时间内,光波振动没有相位突变,相应的光波是属于连续的同一

个波列.

下面将从光源的单色性来讨论同一问题,为简单起见,我们用图 3.8 所示的光谱分布近似地代表一光源的发光属性,即认为全部波长都包含在 $\Delta\lambda$ 范围内,且各波长成分有相同的强度.同时再假设每一波长都形成对比度等于 1 的干涉条纹.由于各个不同波长的光不是相干光,由此波源所形成的干涉图样将是各种波长的光各自形成的干涉条纹的光强直接相加.

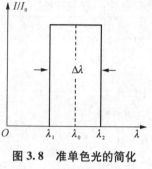

**图 3.8　准单色光的简化
光谱分布**

为了醒目,图 3.9 只画了两边缘波长 $\lambda_1,\lambda_2=\lambda_1+\Delta\lambda$ 的光强曲线.根据杨氏实验的结论,亮条纹的位置由式(3.10)

$$x_{k,亮}=k\lambda\frac{L}{d}$$

来决定的.从这个公式可以知道,在一定的实验条件下(L,d 一定),亮条纹的位置不但和级数有关,同时也和光的波长有关.不同波长的光除了零级条纹是重合的以外($k=0,x$ 总是 0,与波长无关),其他各级都是错开的.如波长为 λ 的 k 级亮条纹位置为

$$x_{k,\lambda}=k\lambda\frac{L}{d},$$

波长为 $\lambda+\Delta\lambda$ 的光的 k 级亮条纹位置就错开为

$$x_{k,\lambda+\Delta\lambda}=k(\lambda+\Delta\lambda)\frac{L}{d},$$

而波长在 $\lambda\to\lambda+\Delta\lambda$ 中间的光的 k 级位置就一定错开在 $x_{k,\lambda}$ 和 $x_{k,\lambda+\Delta\lambda}$ 的位置之间(如图 3.9).

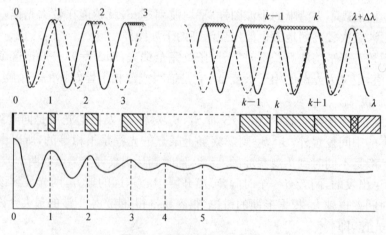

图 3.9　非单色光的干涉条纹

这种干涉条纹的错开使干涉亮区扩大,暗区缩小,使条纹的对比度愈来愈低,到某一级条纹可能消失不见.条纹间的错开程度

$$x_{k,\lambda+\Delta\lambda}-x_{k,\lambda}=k(\lambda+\Delta\lambda)\frac{L}{d}-k\lambda\frac{L}{d}=k\Delta\lambda\frac{L}{d}$$

是和级数有关,也就是随着级数的增大错开得愈来愈大.当波长 $\lambda,\lambda+\Delta\lambda$ 的 k 级错开的距离等

于波长 λ 的条纹间距 $\left(\lambda \dfrac{L}{d}\right)$ 时,条纹就消失不见了(如图 3.9). 所以干涉条纹消失的条件为

$$x_{k,\lambda+\Delta\lambda} - x_{k,\lambda} = k\Delta\lambda \frac{L}{d} = \lambda \frac{L}{d},$$

$$k = \frac{\lambda}{\Delta\lambda}. \tag{3.15}$$

此处 k 就是干涉条纹将开始完全消失的级数. 此公式说明条纹消失级数 k 和 $\Delta\lambda$ 成反比. 换言之,要得到高级次干涉条纹,标志光源单色性的 $\Delta\lambda$ 就要小. 在实际中,此概念是很有指导意义的.

条纹开始消失时的光程差即为相干长度 L_c:

$$L_c = k\lambda = \frac{\lambda^2}{\Delta\lambda}, \tag{3.16a}$$

光速、频率和波长关系为

$$\nu = \frac{c}{\lambda}.$$

如对两边微分,不考虑 $\Delta\nu$ 和 $\Delta\lambda$ 的符号,可得

$$|\Delta\nu| = c \frac{|\Delta\lambda|}{\lambda^2},$$

代入(3.16a)式,得到

$$L_c = \frac{c}{\Delta\nu}. \tag{3.16b}$$

这样,光波的相干长度和光源的线宽 $\Delta\lambda$ 或频宽 $\Delta\nu$ 成反比. 光源的 $\Delta\lambda$ 或 $\Delta\nu$ 越小,即光源的单色性越好,相干长度或波列长度就越长. 而式(3.16a),(3.16b)正是把前面讨论过的平均波列长度和光源的线宽 $\Delta\lambda$(或频宽 $\Delta\nu$)关系定量化了. 激光光源由于它的单色性比常用光源有了极大提高,因此它的相干长度大大增长,见表 3.1.

将公式(3.16b)代入(3.14)式得到相干时间:

$$t_c = \frac{1}{\Delta\nu}, \tag{3.17}$$

$$\tau = \frac{1}{\Delta\nu}. \tag{3.18}$$

以上是在对光源作了理想假定而推出的,但由此可推得:实际光源的频宽 $\Delta\nu$ 和一次持续发光时间 τ 的倒数至少有相同的数量级.

根据傅里叶分析也可以证明,有限长的光波波列可以看成是许多频率的单色光波的叠加,这些光的频率连续分布在中心频率 $\nu_0 = \dfrac{1}{\tau}$ 的两侧,而各频率光波的相对振幅 $F(\nu)$ 如图 3.10 所示,$\Delta\nu$ 为光源的频宽. 计算证明,其中 $\Delta\nu$ 和 τ 也有相同关系.

这样,可以将上述的结果理解为:由一些原子发出的连续波列的持续时间大约等于 τ,各个波列之间相位无一定关系;只有在光程差小于单个波列长度或时间差小于发光连续时间 τ 时,才能观察到干涉.

用光源单色性、相干长度、相干时间描述的相干性称为时间相干性. 这是因为光波的光谱线

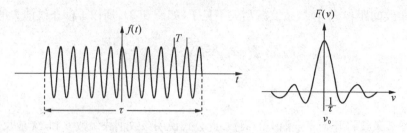

图 3.10　有限长波列及频谱分布

宽以及相干长度都是由光源发光过程中单个原子一次持续发光的时间 τ 决定的. 这个时间 τ 决定了光波场中任一点的光振动在相隔多少时间之内还属于原子的一次持续发光的同一波列.

　　根据上面讨论,可以知道要产生稳定而清晰的干涉图样,必须满足

　　(i) 频率相同、相位差固定;

　　(ii) 振动方向相同;

　　(iii) 光程差不能太大;

　　(iv) 振幅不能相差太大.

　　条件(iii)实际上已包括在条件(i)中. 但为了突出光源的时间相干性,所以用一定的篇幅讨论了这个问题. 而条件(iv)是补充条件.

3.4.3　空间相干性

　　上面讨论的条件,在杨氏实验中是一一实现了的. 但是,最后还要讨论一下杨氏实验中,S 处为什么要加一个狭缝,而不是单单一个光源呢? 原来一般光源的发光面积总是比较大的,也就是说可以把这个光源看成是许多缝光源组成的,这些缝光源来源于不同的发光中心,它们是不相干的. 每一缝光源各自在观察屏上产生一组干涉条纹,各

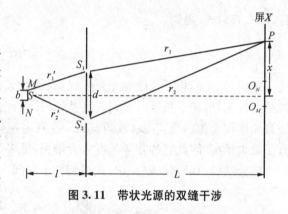

图 3.11　带状光源的双缝干涉

组条纹的位置稍有不同,因此,在观察屏上出现的干涉条纹是许许多多互相错开的条纹叠加的结果,这样就使条纹对比度大大降低,光源过宽,干涉条纹可以完全消失.

　　在杨氏实验中,如原来 S 处用一宽度为 b 的带状光源 MN(如图 3.11). MN 上任一点都代表一条垂直于图面的缝光源,这时每一缝光源在屏上各自产生一组干涉条纹. 现在考虑由 M 点代表的缝光源在屏上产生的干涉条纹. 由图 3.11 可知,由 M 到 S_1 和 S_2 的光程 r_1' 和 r_2' 不相等,因此,在 P 点两光波的光程差不能只计算 r_1 和 r_2 的差别,还必须考虑 r_1' 和 r_2' 的差别,即

$$\Delta_{M,P}=(r_2'+r_2)-(r_1'+r_1)=(r_2'-r_1')+(r_2-r_1),$$

设 $l \gg d$,且 $l \gg b$,按照前面计算 r_2-r_1 时用的方法,可得:

$$r_2'-r_1'=\frac{db}{2l},$$

以前已求得(见式 3.9)

$$r_2 - r_1 = d\frac{x}{L},$$

故

$$\Delta_{M,P} = d\left(\frac{b}{2l} + \frac{x}{L}\right). \tag{3.19}$$

因此,由光源 M 所产生的各级亮条纹位置如下:

零级亮条纹:$\Delta_{M,P} = 0$, $\quad x_0 = -\dfrac{Lb}{2l}$;

k 级亮条纹:$\Delta_{M,P} = k\lambda$, $\quad x_k = \dfrac{L}{d}k\lambda - \dfrac{Lb}{2l}$.

与前面计算光源中心 S 的干涉条纹规律相比较,可知干涉图样完全相同,只是整个图样沿 x 方向移过了 $-\dfrac{Lb}{2l}$ 的距离.同样方法可以证明,缝光源 N 产生的干涉条纹,整个图样沿 x 方向移过了 $\dfrac{Lb}{2l}$,其他在 M 和 N 间的缝光源的干涉图样移动距离就在 $-\dfrac{Lb}{2l}$ 和 $\dfrac{Lb}{2l}$ 之间.图 3.11 中只画出了带光源的两个边缘 M 和 N 所产生的零级亮条纹位置 O_M 和 O_N,MN 中间的其他缝光源的零级条纹就在 O_M 和 O_N 之间.由于各个缝光源是不相干的,屏上的合成干涉图样应是这些干涉图样的光强简单相加.图 3.12 表示带光源在不同宽度时,其干涉图样的光强分布.可以看出,由于各干涉图样在垂直于条纹方向相互错开,相加后总光强分布和单个干涉图样相比,条纹的对比度降低了.而且对比度降低程度随各干涉图样错开的总距离 $\xi = \overline{O_M O_N}$ 而改变.按前面计算

$$\xi = b\frac{L}{l},$$

光源宽度 b 越大,ξ 就越大.令 e 表示单个缝光源产生的干涉条纹间距(见式(3.12)):

$$e = \frac{L}{d}\lambda,$$

由图 3.12 看出,在 b 很小时,$\xi \ll e$ 时合光强曲线仍表现出较大的对比度,但当 b 增大,ξ 也增加,条纹对比度就逐渐下降,到条纹错开距离 ξ 等于条纹间距 e 时,对比度 $V = 0$,干涉条纹完全消失.

利用 ξ 和 e 的公式可以求出,干涉条纹消失($\xi = e$)时光源的宽度:

$$b_c = \frac{l}{d}\lambda, \tag{3.20}$$

这可以看作间距为 d 的双狭缝,在离光源距离 l 时能产生干涉现象的光源的临界宽度.为了要获得清晰的干涉条纹,光源宽度一般限制在临界宽度的 1/4,即光源宽度

$$b \leqslant \frac{1}{4}b_c,$$

$$b \leqslant \frac{l\lambda}{4d}, \tag{3.21}$$

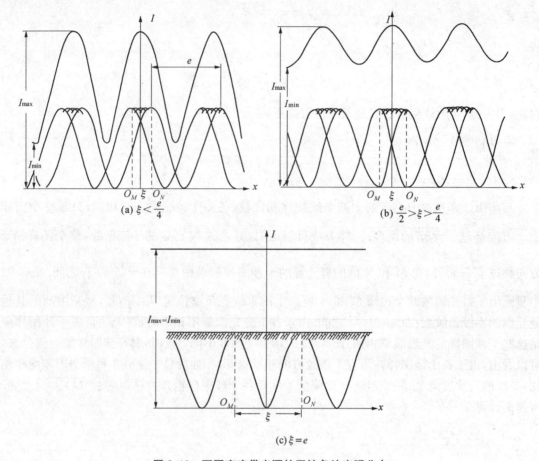

(a) $\xi < \dfrac{e}{4}$　　　　(b) $\dfrac{e}{2} > \xi > \dfrac{e}{4}$

(c) $\xi = e$

图 3.12　不同宽度带光源的干涉条纹光强分布

才能得到较清晰的干涉条纹.

　　根据上面的讨论,反过来,也可以提出下面问题:当光源宽度一定时,在什么距离 l 处,用多大间距 d 的双缝可以获得什么样对比度的干涉条纹. 这便是空间相干性问题.

　　按照式(3.20),我们可以说,在宽度为 b 的普通光源(非相干光源)的光波场中,在离光源 l ($l \gg b$)处的平面上,如果用两个狭缝 S_1 和 S_2 获取两个光束,则只有当 S_1 和 S_2 的间距

$$d \ll d_c = \frac{\lambda}{b} l \tag{3.22}$$

时,这两个光束才能够产生清晰的干涉条纹. d 越小,干涉条纹的对比度越高. 当 d 等于或超过 d_c 时,就得不到干涉条纹了. 这个极限距离 d_c,可以作为能否产生干涉的标志,称为相干间距. 在光波场中,相干间距越大的地方,可认为空间相干性越好. 由式(3.22)可推知,光源宽度 b 越小,在一定距离 l 处的相干间距 d_c 就越大,光波的空间相干性也越好. 对于一定宽度 b 的光源, l 越大,相干间距 d_c 也越大. 因此,在距离光源越远的地方,可以在越宽的范围内取得能产生干涉的两光束. 因此,这些地方的空间相干性也越好.

　　此外,也可以把 d_c 表示为

$$d_c = \frac{\lambda}{\dfrac{b}{l}} = \frac{\lambda}{\varphi},$$ 　　　　　　　(3.23)

其中 $\varphi = b/l$，表示从距离 l 处看光源的角宽度（如图 3.13）.此式表明,光波场中离光源任一距

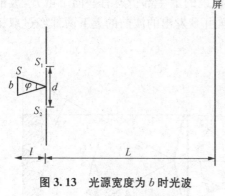

图 3.13　光源宽度为 b 时光波场中的相干间距

离 l 处的相干间距 d_c,取决于从该处看到的光源的角宽度 φ,φ 越小,d_c 越大.由此可见,即使是相当大的非相干光源,离它足够远处也可以有一定的相干间距,推广到二维情况就是有一定的相干面积,即有一定的空间相干性.例如,太阳是一个很大的非相干光源,从地面上看太阳的角宽度 $\varphi = 32' = 0.018\text{rad}$,如考虑波长为 550nm 的可见光,则在太阳光直射的地面上,也有一定的空间相干性,相干面积是一个直径为 0.04mm 的圆面积.

　　根据上面的分析可知,任何热光源都可以通过各项参数的控制,使其空间相干性达到所需要求.在杨氏实验中就是用狭缝 S 来限制光源有效宽度 b 的大小,使空间相干性达到要求.这正如可以用滤光片来减小光源的 $\Delta\lambda$ 一样,使光源的时间相干性得到改善.激光的空间相干性大大优于一般热光源,所以如用单模激光器作杨氏实验中的光源时,S 狭缝就用不到,可以将激光直接照到双缝(S_1 和 S_2)上,在观察屏上就可看到干涉条纹.另外,由于激光的 $\Delta\lambda$ 比一般热光源要小得多(见表 3.1),其时间相干性也较好,正因为这两方面的优点,激光的干涉现象特别明显.

3.5　实现干涉的方法

　　我们在前面从杨氏实验这个特例出发,讨论了获得光的干涉的一般条件,并得到了简短的结论:对一般光源来讲,由同一光源所产生的波列,先要分成两个波列,然后它们各自经历了不同的光程(光程差远小于相干长度),再相遇才能相干.但是在杨氏实验中产生干涉的两束光,不是从光源直接照射到叠加区域的,而是经过 S_1,S_2 两缝转弯(绕射)以后再到叠加区域的.因而实验中出现明暗条纹的原因,是否有可能是经过缝边时发生的复杂变化,而不是由于真正的干涉.为了避免缝边对实验的影响,下面我们将另外介绍一些获得干涉的方法.

　　根据上节讨论,产生干涉的关键是怎样将光源所产生的波列分成两个相干的分波列,并使两分波列各自经历不同的光程之后再相遇.而解决这个问题,一般可归纳为波前分割和振幅分割两种方法.

3.5.1　波前分割法

　　波前分割法就是将光源发出的波前分成两部分(或多部分),使它们各自经历不同路程后再相交.在相交区域产生干涉.主要的有下面几种装置.

1. 菲涅耳(Fresnel)双面镜

由两个相交成很小角度的面镜所构成,如图 3.14 所示.图中由缝光源 S 发出的波前一部

分由一面镜反射,另一部分由另一面镜反射,因为两面镜间有一交角,所以两束反射光能相交,在相交区域能出现干涉条纹.

2. 菲涅耳双棱镜

双棱镜实验如图 3.15 所示.缝光源发出的光波,经过一个很薄的双棱镜折射成两束互相重叠的光束,也就是由 S 发出的波前的上半部经过双棱镜的上半部折射有些向下散开,波前的下半部经过双棱镜的下半部折射有些向上散开.这样由 S 发出的波前的上下两部经过双棱镜后就发生相交,在相交区域中就产生干涉条纹.

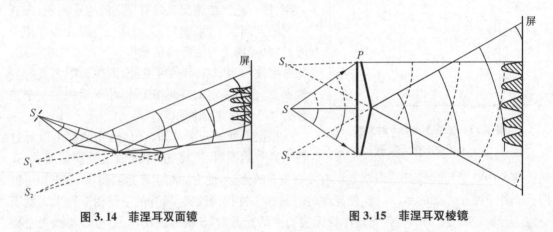

图 3.14　菲涅耳双面镜　　　　　　　　图 3.15　菲涅耳双棱镜

3. 罗埃(Lloyd)镜

主要结构是一块长的面镜,如图 3.16 所示.从缝 S 发出的光波上半部不受阻挠地向前传播;此光波下半部,由于长平面镜的反射与光波上半部互相重叠,在重叠区域中产生干涉条纹.这个实验除了指明光的干涉外,还显示出光在玻璃面上以掠角(入射角接近于 90°)反射后有相位 π 的变化,也就是光程附加二分之一波长(在 O 点的光程差为零,应为亮条纹;而在实验中为暗条纹).关于相位 π 突变的详细讨论,请参看第五章的讨论.

4. 比累(Billet)对剖透镜

主要装置是将透镜对剖后拉开一点距离,这样从光源 S 发出的光波经过两个半透镜就形成两个像(实的或虚的).这两部分的光波在叠加区域内产生干涉条纹(如图 3.17).

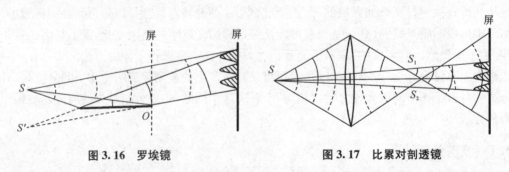

图 3.16　罗埃镜　　　　　　　　　　图 3.17　比累对剖透镜

上面几种装置最后都可等效为双缝实验,所以干涉条纹的规律和杨氏实验相同,在这里就不再重复了.

最后,应该指出,在这一类型的干涉实验中,光源都是很小的.光源宽度 b 小于光源的临界宽度.根据式(3.21)

$$b \leqslant \frac{l\lambda}{4d} = \frac{\lambda}{4} \frac{1}{\theta},$$

或

$$b\theta \leqslant \frac{\lambda}{4}, \tag{3.24}$$

其中 $\theta = \dfrac{d}{l}$，即光源中心对两缝所张的角. 此角度也就是在观察屏 P 处产生干涉的两束光逆溯

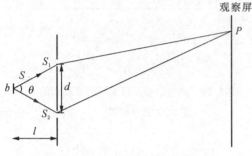

图 3.18　相干光在光源处的孔径角

到光源中心处所张的孔径角（如图 3.18）. 由于 b 很小，不论屏放在何处，产生干涉的两束光在光源处的孔径角和光源宽度 b 的乘积总是满足（3.24）式，也就是在屏上总可看到清晰的干涉条纹. 换句话说，干涉的产生不是局限于某些位置. 一般把具有这种特点的干涉称为**非定域干涉**. 在下面讨论的一类干涉中，一般采用扩展光源，在这种情形下，只能在某些地方满足（3.24）式，也就是只能在某些地方产生干涉条纹. 对于这一类干涉一般称为**定域干涉**.

3.5.2　振幅分割法

振幅分割法就是将同一光源发出的波列，利用振幅分解的方法，分解成两个或两个以上的相干波列. 光的反射和折射是天然地实现振幅分解的方法.

1. 获得相干光束的方法

如图 3.19 所示，光源 S 发出一束振幅为 a 的光射到一块透明的平行平板的表面上 A 处. 这束光的一部分按反射定律沿（1）方向反射，另一部分沿 AC 方向折射（透射）. 设 r 和 r' 代表上下表面的振幅反射率，t 和 t' 代表上下表面的振幅透射率. 由于 r 和 r' 绝对值相等[①]，所以这里就不再区别 r 和 r'. 根据振幅反射率和振幅透射率的定义，反射光（1）的振幅为 ar，折射（透射）

---

① 当振幅（不是强度）为 a 的光，由左上方入射到两介质分界面上，将发生一部分反射，一部分透射，如反射系数为 r，透射系数为 t，那么反射光的振幅为 ra，透射光的振幅为 ta，见下左图：

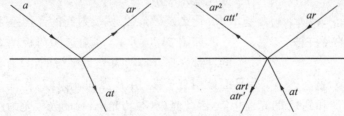

如将左图中反射光 ar 和透射光 at 都反向进行传播，各在介质分界面处又一部分反射，一部分透射（见上右图），其相应的反射光和透射光各为

$$ar \begin{cases} 反——arr, \\ 透——art, \end{cases} \qquad at \begin{cases} 反——atr', \\ 透——att', \end{cases}$$

利用光的可逆性，其结果应和原来一致，合成后仅有左上方振幅 a，即

$$att' + ar^2 = a, \quad art + atr' = 0,$$

从上两式得

$$tt' + r^2 = 1, \quad r = -r'.$$

光 AC 的振幅为 at. 振幅为 at 的折射光 AC 在下表面 C 处又发生反射(沿 CB 方向)和折射(形成 $(1)'$ 光线). 同样根据振幅反射率和振幅透射率,沿 CB 方向反射光的振幅应为 atr,$(1)'$ 折射光的振幅应为 att'. 而 CB 光线在上表面 B 处又发生反射和折射,它们的振幅各为 atr^2 和 $att'r$. 这样继续下去,就形成了两组振幅按一定比例下降的平行光束,各在板的上下方. 每一组平行光都是由入射光 a 振幅分解出来的,满足相干条件. 如果相交,就能产生干涉.

日常生活中经常看到的干涉现象,如肥皂泡的颜色,就是属于这一类的干涉. 由于这一类干涉,不需要特殊装置,所以在生产和科研中应用广泛.

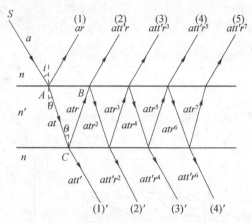

图 3.19　光在透明平行薄板两表面间的多次反射和折射

2. 薄板干涉的规律

那么这一类干涉现象有些什么规律呢? 为了弄清这个问题,先从一种多少有些理想化的情形开始,即所用的透明薄板的两表面是互相平行的. 假定此透明薄板($n=1.5$)是放在空气中,在入射光接近垂直入射时,平板的光强反射率 r^2 约为 4%,即有 4% 的入射光被反射,而 96% 的入射光被透射,也就是反射光(1)的强度为入射光强度的 4%. 同样方法,可以算得反射光(2)的强度为入射光强度的 3.7%,而反射光(3)的强度则还不到入射光强度的 0.006%[①]. 换句话说,反射光(3)及其以后的诸反射光强度相对于入射光强度都是很小很小的,可以不予

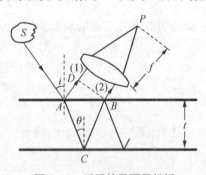

图 3.20　透明的平面平行板反射光的干涉

考虑了. 因此,在讨论这种平行平板的反射光干涉时,只讨论(1),(2)两反射光的干涉就可以了. 前面已讨论过的两光束干涉的结果,在这里完全适用,根据(3.5)式

$$I = E_{10}^2 + E_{20}^2 + 2E_{10}E_{20}\langle\cos\delta\rangle,$$

可以知道两光束干涉后的强度 I 不但由相干光束的振幅(E_{10},E_{20})决定,更主要的是由两光束在相遇点的相位差或光程差决定.

什么是(1),(2)两反射光的光程差呢?

如图 3.20 所示,因为透明薄板两表面是互相平行的,所以(1),(2)两束光是平行的,只有在无穷远处才相交,如用一会聚透镜,就在透镜的焦平面处相交干涉. 由 B 点向光束(1)作垂线 BD,根据平面波的概念,由 P 到 B 和到 D 的光程相等,因此光束(2)和光束(1)的光程差为:

---

① 见图 3.19,第(2)束光的振幅为 $att'r$. 强度为振幅的平方,即 $I_{(2)} = (att'r)^2 = a^2(tt'r)^2 = I_\lambda(0.96)^2 \times 0.04 = 3.7\%I_\lambda$,其中 $r^2 = 0.04$,$tt' = 0.96$. 同样第(3)束光的振幅为 $att'r^3$,强度 $I_{(3)} = a^2(tt')^2r^6 = 0.005\,9\%I_\lambda$.

$$\Delta = n(AC+CB) - \left(AD+\frac{\lambda}{2}\right)^{①},$$

因为

$$AC=CB=\frac{t}{\cos\theta}, \quad AD=AB\sin i=2t\sin i\tan\theta,$$

式中 i 代表入射角，θ 代表折射角.

根据折射定律 $\sin i=n\sin\theta$，所以

$$AD=2nt\sin^2\theta/\cos\theta,$$

把 AC,CB 及 AD 的关系式代到光程差 Δ 公式中，得

$$\Delta_{反}=2nt\cos\theta-\frac{\lambda}{2}, \tag{3.25}$$

式中 n 为透明薄板的折射系数，t 为薄板的厚度，θ 为折射角或入射到第二表面上的入射角.

干涉极大和极小条件仍如前所述，即当光程差为波长整数倍时，干涉极大，代入(3.25)式，也就是：

$$2nt\cos\theta=\left(k+\frac{1}{2}\right)\lambda \quad （干涉极大）;$$

当光程差为半波长奇数倍时，即 $\Delta=(2k+1)\dfrac{\lambda}{2}$ 时，干涉极小，代入(3.25)式，也就是：

$$2nt\cos\theta=k\lambda \quad （干涉极小）.$$

同样，在透明薄板下面的透射光也是相干光，用透镜会聚这些相干的平行光，在相交的区域内也会产生干涉.在图3.21透射的两束光路程中发生的反射都是在薄板内的反射，没有额外光程差，所以(1)′和(2)′的光程差公式为：

$$\Delta_{透}=2nt\cos\theta, \tag{3.26}$$

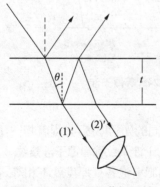

图 3.21 透明平行薄板透射光的干涉

与反射光产生干涉的公式(3.25)相比，两者相差 $\dfrac{\lambda}{2}$，反射极大时透射就极小，反射极小时透射就极大，因此，透射所产生的干涉图样和反射光所产生的干涉图样恰好是互补的，所以薄板(薄膜)干涉和杨氏实验一样，仍使能量重新分布，不同的是在薄板的上下重新分布.

3. 等倾干涉和等厚干涉

由式(3.25)可知，在实验中，不论是入射角的改变(θ 也跟着改变)，还是光学厚度 nt 的改变都可引起光程差的改变.所以这一类干涉又可分成两种类型.

(1) 等倾干涉

当薄膜的光学厚度不变(nt＝常数)，用面光源照射此薄膜

---

① 见罗埃镜实验中附加光程.

时,入射角就有各种不同值,因而经过薄膜两表面反射后两光束的光程差也有各种不同值.但是入射角相同的光,经过薄膜两表面反射后两束光的光程差相同,因而产生干涉条纹的级数也相同,即发生在同一级的干涉条纹上.这种条纹是由相同倾角的入射光所产生的,所以这种干涉叫作**等倾干涉**,相应的干涉条纹叫作**等倾干涉条纹**,其装置如图 3.22 所示,小光源可用大透镜,大光源可用小透镜以收集不同倾角光线.在光源是面光源时(如图 3.23),干涉条纹是由一些同心圆条纹组成.这组条纹的成因将在下节再加讨论.

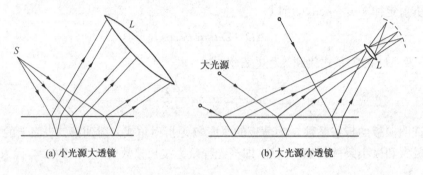

(a) 小光源大透镜　　　　　　　　　　(b) 大光源小透镜

图 3.22　观察等倾干涉的装置

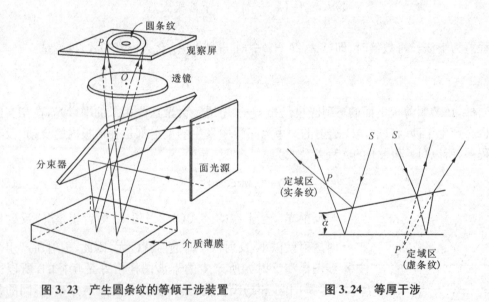

图 3.23　产生圆条纹的等倾干涉装置　　　**图 3.24　等厚干涉**

(2) 等厚干涉

光的入射角不变(即 $\theta=$ 常数),薄膜的光学厚度不是常数时,相同的光学厚度,光程就相同,级数也相等,即在同一级的条纹上,所以这种干涉称为**等厚干涉**,相应的干涉条纹称**等厚干涉条纹**.

譬如,在一些实际问题中,薄板(膜)的厚度常常是不均匀的,如肥皂泡各处厚度就不相等,各处的光学厚度就不同,对于这种表面不是互相平行的透明薄板干涉条纹又有什么规律? 只要分析一下,就可以看到由上表面和下表面反射的光束仍是相干的,只是由于上下表面不平行,它们的反射光就不平行.所以不是在无穷远相交,而是在薄板附近相交,如图 3.24 的 P 点[①],两反射

---

①　当楔形板很薄时,只要光在板面上的入射角 i 不大,则可认为干涉条纹位于板的表面上.

光束在 P 点的光程差决定 P 点的干涉强度,在上下表面所构成交角很小时,光程差的公式仍可用(3.25)式表示.

在光源距离薄板比较远,或者观察干涉条纹用的仪器所能接收到的光线比较少时,光束的入射角 i 就可看成常数,则两反射光在相交点的光程差只决定于薄板的厚度 t,厚度相同的地方,反射光所产生的干涉强度相同,就形成等厚干涉条纹.例如,若楔形板的两个面是理想平面时,等厚点的轨迹是一组平行线,所以干涉图样是一组明暗相间的平直条纹,如图 3.25 所示.

如果把焦距很大的球面透镜放在平面玻璃上,如图 3.26(a)所示,球面与平面之间就形成了一个空气薄层.其厚度自接触点向外逐渐增加,等厚的地方是半径为 r 的圆周,在这种装置中看到的干涉图样是一组明暗相间的同心圆环,俗称牛顿环(如图 3.26(b)).

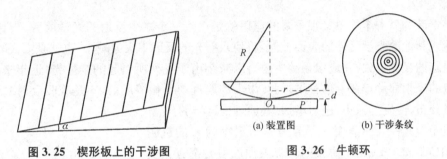

图 3.25 楔形板上的干涉图   (a) 装置图   (b) 干涉条纹

图 3.26 牛顿环

平行光垂直照明时,空气层厚度为 d 处的光程差:

$$\Delta = 2d + \frac{\lambda}{2} = \frac{r^2}{R} + \frac{\lambda}{2} \quad (d \ll R),$$

利用干涉极大条件 $\Delta = k\lambda$,由上式可得 k 级亮条纹的半径为:

$$r_k = \sqrt{\left(k - \frac{1}{2}\right)R\lambda}, \tag{3.27}$$

由上式也可求得透镜的半径为:

$$R = \frac{r_k{}^2}{\left(k - \frac{1}{2}\right)\lambda}. \tag{3.28}$$

等厚干涉的应用是很多的,特别在光学元件加工时广泛应用.在光学元件加工时,常作为简易的检验质量的方法.只要将样板(标准)放到待测元件上,当元件和样板有差异时,元件和样板除接触点外就有空气隙,可形成干涉.由干涉条纹(俗称光圈)的多少和形状就可判断元件和样板相差多少和相差在哪里.图 3.27 是球面的光圈检查,图 3.28 是检查平面的质量.

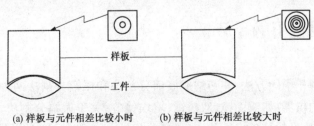

样板

工件

(a) 样板与元件相差比较小时   (b) 样板与元件相差比较大时

图 3.27 球面的光圈检查

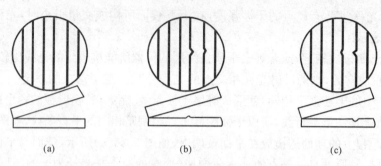

（a）　　　　　　　（b）　　　　　　　（c）

图 3.28　平面质量检查，上面为样板，下面为加工的元件

4. 增透膜

薄膜干涉的另一个简单又很重要的应用就是产生一个减少反射的光学薄膜. 当这种膜蒸镀在透镜或其他的光学元件的表面上时，将使入射光的反射率大大减小，也就是大大减小由于反射所引起的光能损失；在成像系统中也可以减小由于反射所引起的杂散光. 近年来，几乎所有高质量的光学部件都镀上这种增透膜. 由干涉原理产生相消反射，不是吸收反射光，而仅是光能重新分布，使反射减小，透射增加. 其原理是这样的：

设在光学元件表面蒸镀一厚度为 t，折射率为 n' 的透明薄膜，其中 $n>n'>n_0$. 由于薄膜的上下表面反射时都有相位突变（半波损失），因此，上下面的附加光程差彼此抵消. 反射光程差公式为 $2n't\cos\theta$.

当入射光垂直入射时，$\cos\theta\approx1$，此时若光程差公式满足

$$2n't=\frac{\lambda}{2},$$

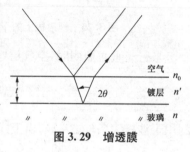

图 3.29　增透膜

则两反射光产生相消干涉，反射最小，式中 $n't$ 为膜层的光学厚度（如图 3.29）. 因而

$$n't=\frac{\lambda}{4}$$

的膜层称抗反射膜或增透膜. 光学厚度为 $\frac{\lambda}{4}$ 的任何薄膜都称为四分之一波长薄层，在薄膜光学中往往利用各种四分之一波长薄层组成具有各种性能的四分之一波堆.

在白光照明情形下，波长一般取可见光的中间波长. 当入射光不是垂直入射时，光程差 $2n't\cos\theta$ 将按 $\cos\theta$ 因子发生改变，由于余弦函数在 $0°$ 附近改变不快，所以此种增透膜，在入射光接近 $0°$ 的比较大的范围内都可以保持低的反射率.

3.6　迈克耳孙干涉仪

上面讨论了实现相干的方法，并归纳成波前分割法和振幅分割法两种. 关于波前分割法，已介绍了一些相应的仪器，如双面镜、双棱镜、罗埃镜等. 关于振幅分割法，是否也有相应的仪器呢？有，其中比较典型的是迈克耳孙（A. A. Michelson）干涉仪. 这个仪器不但在物理学发展

史上曾为相对论的产生提供了实验基础,并且是很多近代干涉仪的原型,在科学与生产中应用极为广泛.

3.6.1　仪器的结构

图 3.30(a)是这个仪器的装置结构简图,其中主要的光学元件为两块高质量镀着反射膜的平面镜 M_1 和 M_2,两块材料一样、厚度相同的平行平面玻璃板 D 和 C. M_1 和 M_2 放在互相垂直的两臂上,它们的位置垂直与否可用螺旋精密调节. 另外,M_1 可用螺旋调节,使它在一个轨道上平行移动. 玻璃板 D 和 C 互相平行,并和一臂构成 45°角,D 的一个面上镀有半反射膜 M(图中以粗线表示),它能将入射光反射 50%,透射 50%,分成振幅相等的两部分,这样的板称为分束板,图中 C 是和 D 有相同厚度、相同材料的玻璃板.

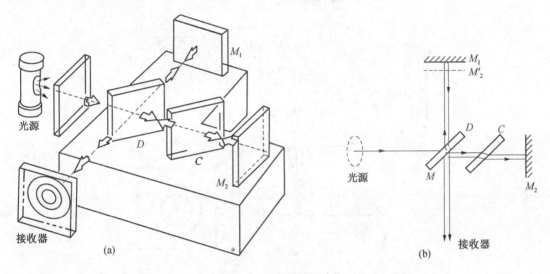

图 3.30　迈克耳孙干涉仪

从光源上某一点发出的一光线(如图 3.30(b)),进入分束板 D,在半反射膜 M 上分成反射和透射两路(强度相等). 反射的一路出了分光板 D 射到反射镜 M_1 上,反射回来,再经过分束板 D,半反射膜 M 到达接收器. 透射的一路通过玻璃板 C,射到反射镜 M_2 上,反射后再通过 C,在半反射膜 M 上被反射,最后也到达接收器,与反射光会合产生干涉. 所以,在理论上迈克耳孙干涉仪和双缝干涉一样,同属于双光束的干涉,只是产生两束相干光的方法不同. 双缝实验是用波前分割法,而迈克耳孙干涉仪中两束光是利用在半反射膜上的分解——反射和透射,也就是用振幅分割法产生的. 至于干涉结果,主要的还是要由两光束之间相位差来决定. 不过,这种结构有一个特色,就是产生干涉的两束光在会合前一个走南北,一个走东西,相隔很远,因而可以单独在一路光中加进其他光学元件,而不影响另一路光,这就给应用带来不少方便,而这在双缝干涉和薄膜干涉中都是无法实现的.

在光路设计上,玻璃板 D 作为半反射膜 M 的载体,使入射光分两路走,而玻璃板 C 的引入是为了使反射和透射的两路光各通过玻璃板三次,因而它们的这部分光程可以抵消. 因此,玻璃板 C 又叫做补偿板. 由于 C 的作用仅仅是补偿光程,所以在下面分析光路时不再画出.

3.6.2 仪器的等效光路

为了分析方便起见,利用反射成像原理从 M_2 回来的一路光(如图 3.31)可以认为是由 M_2 在 M 反射膜中所成的虚像 M_2' 回来的.所以到达 P 点的两束光,就可以认为一束是由 M_1 反射回来的,一束是由 M_2' 反射回来的,也就是从 M_1,M_2 所构成的空气薄膜的上下两表面反射回来的.这样,迈克耳孙干涉仪发生的干涉就等同于前面讨论过的薄膜干涉,在原理上就没有什么两样了.只是其中一个反射面是虚的,不是实的而已.M_1,M_2 到 M 的距离差 t 也就是这个薄膜的厚度.同样,来自光源 S 的光线也可以认为是由 S 在 M 所成的像 S' 发出的,图 3.31 为迈克耳孙干涉仪的等效光路.

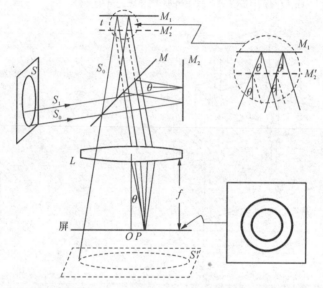

图 3.31   迈克耳孙干涉仪的等效光路($M_1 /\!/ M_2'$)

3.6.3 等倾干涉条纹的特征

当 M_1 和 M_2 垂直时,即 M_2' 平行于 M_1,此时就相当于平面平行的透明空气层的干涉.当 M_1 不垂直于 M_2 时,M_1 与 M_2' 之间构成一倾角 α,就相当于空气楔的薄膜干涉.改变 t 和 α 的大小可以得到几种不同形状的干涉花样,最典型的是圆和直线.直线的干涉条纹主要是在空气楔所形成的(前面讨论过的等厚干涉条纹),在这里就不打算重复了,而仅对圆条纹的形成作一些说明.当 M_1 与 M_2' 互相平行时,由面光源 S 中某点发出的入射光束 S_0 在它们上面反射后产生的两束光也是平行的,因而应在无穷远的地方会合(如图 3.31).如果通过一会聚透镜 L(光轴垂直于镜面 M_1M_2)后,就会聚在透镜 L 的焦平面的某一点 P,会聚的结果主要由这两束光的光程差决定.在上节讨论薄膜干涉时已得出光程差的公式为:

$$\Delta = 2nt\cos\theta,$$

式中 n 为膜层折射率,t 为膜层厚度,θ 为光线在膜层中的折射角.这里膜层是空气,所以 $n=1$,t 为 M_1,M_2 到 M 的距离差,也就是 M_1M_2' 的间距.光线在膜层中的折射角(因为 $n=1$)就等于光线在 M_1,M_2 上的入射角 θ,所以现在的光程差可改写为:

$$\Delta = 2t\cos\theta.$$

对于 M_1 平行 M_2' 的空气膜层, t 到处一样, 光程差只与光线的入射角有关, 而与光线从光源的哪一部分来和落到膜(镜)的哪一部分无关. 只要入射角相同, 光程差就相同, 干涉结果也相同. 这样, 凡是同 S_0 平行的一组入射光线如 S_1(见图 3.31), 入射到 M_1, M_2' 上的入射角 θ 都相同, 经过反射后的光线也是平行的, 所以经过透镜 L 后会聚到同一点 P. 同时, 因为 θ 相同, 它们在 P 点产生的干涉效果相同, 是极大, 都是极大, 是极小, 都是极小. 按强度累加起来(不是振幅累加后再求强度, 为什么?), 就构成 P 点的总干涉强度.

如果改变入射光线的倾角, 那么反射后的光线方向也发生改变, 而且这些反射后的干涉光线在透镜焦平面上的焦点位置 P 也要跟着变动. 同时, 它们的光程差也跟着改变, 就产生了不同的干涉强度.

这样, 问题就很清楚了, 入射的每一组平行光线, 在透镜 L 的焦面上各产生一个有一定强度 $I(P)$ 的亮点 P. P 到光轴的距离 OP(近似地等于 $f\theta$)和强度 $I(P)$ 都依赖于入射角 θ. 因为不同的 P 点(不同的 OP)对应不同的 θ, 而不同的 θ 角, 对应不同的光程差, 对应不同的强度. 现在, 有这样一个问题: 入射角为 θ 的一组入射光是否只限于图平面中的光线呢? 不是的, 原来, 在光源扩展的情况下(图 3.31 中 S 为一面光源), 凡是与 M_2'(或 M_1)的法线构成 θ 角的圆锥面上的光线都是以 θ 角入射的, 而这些光线可认为是 S_0 绕 M_2'(或 M_1)的法线转一周而成的, 而在虚光源(S')上的圆周, 就相当于这些光线的出发点. 当 S_0 旋转时(保持 θ 角不变)相应的反射光也跟着转. 当 S_0 转一周时, P 点也转一圈, P 点的轨迹就是一个圆周. 既然圆周上每一点都是由倾角(θ)相同的光线会聚而成, 由光程差公式知道, 光程差只与倾角有关, 那么圆周上每一点都是由相同光程差的光束会聚而成, 也就是说圆周各点有相同的光强, 而光强相同点的轨迹就构成干涉条纹, 所以迈克耳孙干涉仪中在透镜 L 的焦平面上的干涉条纹是一些明暗交替同心圆环. 这种条纹是由相同倾角的平行光束形成的, 所以我们称这种干涉条纹为等倾干涉条纹. 究竟什么时候出现亮条纹, 什么时候出现暗条纹呢? 这还是要由两束光干涉的强度公式(3.5)来决定, 根据 3.3 节的讨论可知

亮条纹的条件: 光程差为 λ 的整数倍时, 即

$$2t\cos\theta = k\lambda \quad (k\ \text{取整数}).$$

暗条纹的条件: 光程差为 $\dfrac{\lambda}{2}$ 的奇数倍时, 即

$$2t\cos\theta = (2k+1)\frac{\lambda}{2} \quad (k\ \text{取整数}).$$

在实际使用中, 常常是使平面镜 M_1 前后平移, 使光程差发生变化. 现在就让我们来讨论平面镜 M_1 的移动, 也就是距离 t 的改变对干涉花样发生什么样的影响.

首先让反射镜 M_1 向 M_2' 慢慢靠近, 使它们的距离 t 逐渐减小, 这时干涉条纹将发生下列变化:

(i) 在圆心的地方, 出现一暗一亮, 即亮暗交替变化.

这是很显然的. 因为在圆心的地方, $\theta = 0$, 两相干光束的光程差 $\Delta = 2t$, 相位差 $\delta = \dfrac{2\pi}{\lambda}\Delta = \dfrac{4\pi}{\lambda}t$, t 改变时 δ 就改变, 而干涉后光强公式(3.8) $I = 4a^2\cos^2\dfrac{\delta}{2}$ 也跟着变化, t 减小 $\dfrac{\lambda}{2}$ 时, δ 减小

2π, 强度 I 改变一周 (亮—暗—亮). 也就是说 t 减小时, 中心点就发生亮暗交替变化. 当中心点亮—暗—亮变化一次, 反射镜 M_1 就移动了 $\dfrac{\lambda}{2}$ (参看图 3.32).

(ii) 各干涉条纹向中心收缩. 每个条纹的半径逐渐减小, 最后缩到中心点而后消失.

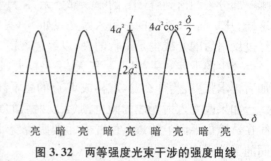

图 3.32　两等强度光束干涉的强度曲线

这也是容易解释的, 从光程差公式

$$2t\cos\theta = k\lambda,$$

对一定的条纹 (k 级), $k\lambda$ 为常数, 当 t 减小时, 相应的 $\cos\theta$ 必须增大, θ 必须减小, 所以各干涉环的半径 (正比于 θ) 随着 t 的减小而缩小, 在视场中亮环、暗环相继地向里缩拢, 变得越来越小, 最后在圆心处消失, 形成 (i) 中所说的一亮一暗的交替变化, 在最外圈的地方, 则不断有新环从外进入.

(iii) 干涉环间隔变大, 条纹变粗, 总数减小.

条纹的变化还可从光程差公式出发, 加以讨论.

从产生亮条纹的条件 $2t\cos\theta = k\lambda$ 出发, 研究当 θ 改变时, k 改变的情况, 可将此条件两边微分

$$-2t\sin\theta\,\mathrm{d}\theta = \lambda\,\mathrm{d}k,$$
$$\frac{\mathrm{d}k}{\mathrm{d}\theta} = -\frac{2t\sin\theta}{\lambda},$$

$\dfrac{\mathrm{d}k}{\mathrm{d}\theta}$ 的物理意义就是单位弧度内的级数, 或单位弧度内的条纹数, 所以这个量反映条纹的疏密程度. 式中负号表示当 k 增加时 θ 减小, 也就是在整个视场中外面级数低 (θ 增大), 中间级数高.

由上式还可知:

$\dfrac{\mathrm{d}k}{\mathrm{d}\theta} \sim \sin\theta$, 条纹外密, 中疏.

$\dfrac{\mathrm{d}k}{\mathrm{d}\theta} \sim t$, t 减小时, 条纹变疏变少, 反之, 变密变多.

$\dfrac{\mathrm{d}k}{\mathrm{d}\theta} \sim \dfrac{1}{\lambda}$, 短波长时条纹密, 长波长时条纹疏.

总体来说, 当反射镜 M_1 慢慢向 M_2' 移近时 (t 减小), 各干涉环一个紧挨着一个向中心收缩, t 减小 $\dfrac{\lambda}{2}$, 中心强度就完成一次亮—暗—亮的交替变化. 同时环与环间隔逐渐拉宽, 条纹变粗, 密度变稀, 当 t 减小到 $\dfrac{\lambda}{2}$ 时, 已基本看不到条纹, 缩环变化也就要结束了.

最后 M_1 和 M_2' 完全重合时, t 减到零, 干涉场呈现一片明亮, 所有的环都消失了. 这时, 对所有入射角来说, 干涉都是加强的.

如果 M_1 继续前进, 它和 M_2' 的距离 t 就由减小转变为增大. 这时, 干涉场出现相反过程的图形变化, 亮环、暗环像泉眼冒水一样, 接连不断地从中心产生出来, 并向外扩大. 随着 t 的增

加,环越来越多,越来越密.在中心地方,强度仍然一亮一暗地交替变化.

上面比较仔细地讨论了迈克耳孙干涉仪中等倾干涉条纹,可以看到在平面镜 M_1 移动时,这些等倾条纹变成"动"的东西,这样在实用中,可利用这些"动"的变化,亮暗变化的次数反过来求得 M_1 位置变化大小,这也是应用迈克耳孙干涉仪的基本原理.亮暗变化一次,M_1 位置变化半个波长,也就是说测量是用 10^{-4} cm 作尺子的,所以测量的精度是一般仪器达不到的.

3.6.4 几种振幅分割的干涉仪

在迈克耳孙干涉仪中,两束相干光的光路是分开的,这给干涉测量带来很大方便.近代不少干涉仪就在它的基础上发展起来的,如图 3.33 和图 3.34 所示.图 3.33 的泰曼-格林(Twyman-Green)干涉仪就是以迈克耳孙干涉仪的原理为基础的一种干涉仪,待测元件代替 M_2,如人眼在透镜 L_2 的焦点处就可看到反映待测元件缺陷轮廓的干涉条纹,这对最后修正高精度的光学元件是一种很直观的方法.

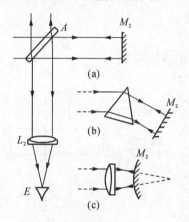

图 3.33　泰曼-格林干涉仪

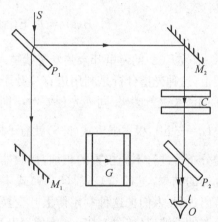

图 3.34　马赫-曾德干涉仪
P_1,P_2 为分束板　M_1,M_2 为反射镜
G 为测量用容器或样品　C 为补偿用容器

图 3.34 中的马赫-曾德(Mach-Zehnder)干涉仪利用 P_1(分束板)和 M_1(反射镜)的距离使相干的两束光拉得更开.虽然这样使马赫-曾德干涉仪难以调节,但是它可以研究大面积区域中折射率的微小变化.例如测量风洞中的气流图样.它与迈克耳孙干涉仪的不同之处,在于光经过图中 G 区域只有一次,因此使研究这个区域的光程变化变简单了.

3.6.5 傅里叶变换分光计

直到现在为止,在迈克耳孙干涉仪的讨论中,我们假定了照明光是频率为 ν 的单色光.接收器接收到的能量正比于

$$1+\cos\left(\frac{2\pi}{\lambda}\Delta\right)=1+\cos\left(2\pi\nu\frac{\Delta}{c}\right),$$

c 为光速,Δ 为光程差,但实际情况往往不是这样.譬如高压水银灯、白炽灯,即使是激光也都不是只有一个频率的单色光.设照明光束在频率 ν 到 $\nu+\mathrm{d}\nu$ 之间的功率分布为 $B(\nu)\mathrm{d}\nu$,则迈克耳孙干涉仪中,在频宽 $\mathrm{d}\nu$ 中接收到的能量将正比于

$$B(\nu)\left[1+\cos\left(2\pi\nu\frac{\Delta}{c}\right)\right]\mathrm{d}\nu,$$

如考虑整个频率范围,则干涉仪中接收器接收到的能量 W 正比于·

$$\int_0^\infty B(\nu)\left[1+\cos\left(2\pi\nu\frac{\Delta}{c}\right)\right]\mathrm{d}\nu=\int_0^\infty B(\nu)\mathrm{d}\nu+\int_0^\infty B(\nu)\cos\left(2\pi\nu\frac{\Delta}{c}\right)\mathrm{d}\nu,$$

上式表示,接收器接收到的能量中,一部分与光程差无关,另一部分(第二项)则是光程差的函数.我们把后者写成:

$$E(\Delta)=\int_0^\infty B(\nu)\cos\left(2\pi\nu\frac{\Delta}{c}\right)\mathrm{d}\nu. \tag{3.29}$$

显然,函数 $E(\Delta)$ 为光源光谱分布 $B(\nu)$ 的傅里叶余弦变换.由于傅里叶变换是可逆的,所以可得

$$B(\nu)=\int_0^\infty E(\Delta)\cos\left(2\pi\nu\frac{\Delta}{c}\right)\mathrm{d}\Delta, \tag{3.30}$$

此式表示,函数 $E(\Delta)$ 的傅里叶余弦变换就是入射光源的光谱分布 $B(\nu)$.

　　实质上,这种光谱分析是利用迈克耳孙干涉仪的二臂差 Δ 对不同波长进行编码.同一光程差对不同波长有不同的相位差 $\left(\delta=\frac{2\pi}{\lambda}\Delta\right)$,根据强度式(3.5)就有不同的强度.考虑到光谱分布再进行不同权重的相加,接收器接收到的正是这种叠加的结果,见(3.29)式.(3.30)式中的傅里叶变换就是解码过程.人们把这种利用傅里叶变换研究入射光的光谱分布的干涉仪(如图 3.35)称为**傅里叶变换分光计**,这样的光谱技术称为**傅里叶光谱技术**.实验中连续改变光程差 Δ,可以记录一条 $E(\Delta)\sim\Delta$ 曲线,称为干涉图,$E(\Delta)$ 称为干涉图函数.只要对此函数进行傅里叶余弦变换就可

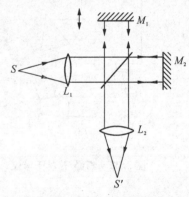

图 3.35　傅里叶变换分光计

得光源的光谱分布 $B(\nu)$.图 3.36 表示了一个单谱线的干涉图函数 $E(\Delta)$ 和相应的谱线分布.

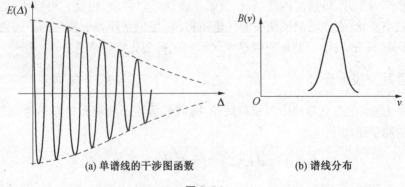

(a) 单谱线的干涉图函数　　　　　(b) 谱线分布

图 3.36

在传统的光谱仪中测量的是狭窄波段的能量,而傅里叶光谱技术中所测的信号包含了全

部波长,这样就大大提高了信噪比.分辨率也可由光程差 Δ 的增大而提高.现在这种傅里叶光谱分析技术已广泛用于远红外区的光谱分析.

3.7 多光束干涉

3.7.1 多光束干涉的原理

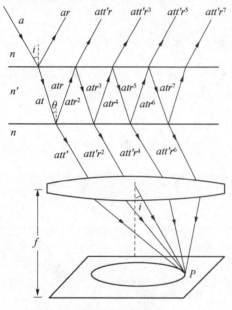

图 3.37 平面平行薄板多光束干涉

前面几节讨论的干涉都是双光束干涉,也就是干涉条纹由两个相干光束叠加而成的,这种干涉有一个特点,就是干涉条纹的光强变化规律由 $I=4a^2\cos^2\dfrac{\delta}{2}$ 决定.光强随相位差 δ 的改变而缓慢地变化着,即强度变化缓慢,条纹不锐细,从而就限制了这种干涉的实际应用.那么有没有办法使强度变化急剧些,使干涉条纹锐细些?有,利用多束相干光的叠加,可以使干涉条纹变得锐细一些,本节就是讨论这个问题.利用锐细亮的条纹,就可以进一步提高测量精度,开拓干涉应用的范围.

怎样产生相干的多光束?

原则上,还是前面讲过的两种方法:波前分割法和振幅分割法.利用波前分割法获得多束振幅相同的相干光留到下一章衍射光栅中去讨论.这一章主要讨论利用振幅分割法获得相干的多光束.

图 3.37 就是能实现这种多光束干涉的装置.此装置与薄膜干涉很相像,同样是多次反射和透射按振幅分割法分成很多束相干的平行光,相邻两相干光间的光程差彼此相等并等于 $2nd\cos\theta$(d 为薄膜的厚度),这些相干光经透镜会聚后在焦平面上相交干涉而形成等倾的圆条纹.但也有不同的地方,主要的有下面两点:第一,平面平行薄板的两面镀了高反射率膜,这样对干涉结果有影响的反射光束的实际数目比不镀高反射率膜的要多得多.就拿透射光束来讲,设 r 为镀膜面的振幅反射率,t 为空气到镀膜面的振幅透射率,t' 为镀膜层到空气的振幅透射率.又设入射光的振幅为 a,则诸透射光的振幅依次为:

$$att',att'r^2,att'r^4,att'r^6,\cdots$$

当 r^2 很大时,每束光的振幅相差不大,后面几束光就不可忽略不计了.第二,板的厚度 d 通常也比薄膜厚度大得多,可以达到 10 厘米以上,因而产生的光程差 $\Delta=2nd\cos\theta$,可以有上 10 万个波长(k 很高,也就是高干涉级).

上面我们分析了多光束干涉的特点,但是它的光强分布和两光束干涉条纹有什么不同?多光束干涉中干涉条纹非常锐细的结论从哪里来的?

已经知道透过薄板的多光束振幅依次为 att'，$att'r^2$，$att'r^4$，…，相邻两光束的相位差为

$$\delta=\frac{2\pi}{\lambda}\Delta=\frac{4\pi nd\cos\theta}{\lambda},$$

于是可把这些多光束写成复振幅形式，即：

$$att',\ att'r^2\mathrm{e}^{-\mathrm{i}\delta},\ att'r^4\mathrm{e}^{-\mathrm{i}2\delta},\cdots$$

这些平行光束经过透镜会聚后，就在焦面上叠加，根据波的叠加原理，总的复振幅为

$$\begin{aligned}
y&=att'+att'r^2\mathrm{e}^{-\mathrm{i}\delta}+att'r^4\mathrm{e}^{-\mathrm{i}2\delta}+\cdots\\
&=att'(1+r^2\mathrm{e}^{-\mathrm{i}\delta}+r^4\mathrm{e}^{-\mathrm{i}2\delta}+\cdots)\\
&=att'S.
\end{aligned}$$

令 $a_0=r^2\mathrm{e}^{-\mathrm{i}\delta}$，则 S 就是一几何级数

$$\begin{aligned}
&S=1+a_0+a_0^2+\cdots+a_0^{N-1},\\
&(a_0-1)S=a_0^N-1,\\
&S=\frac{a_0^N-1}{a_0-1}=\frac{r^{2N}\mathrm{e}^{-\mathrm{i}N\delta}-1}{r^2\mathrm{e}^{-\mathrm{i}\delta}-1}=\frac{1}{1-r^2\mathrm{e}^{-\mathrm{i}\delta}},\quad\text{（当 }N\text{ 很大时，}r^{2N}\to0）
\end{aligned}$$

所以

$$y=\frac{att'}{1-r^2\mathrm{e}^{-\mathrm{i}\delta}},$$

而其共轭的复振幅显然为

$$y^*=\frac{att'}{1-r^2\mathrm{e}^{\mathrm{i}\delta}}.$$

干涉的光强为

$$I_T=yy^*=\frac{att'}{1-r^2\mathrm{e}^{-\mathrm{i}\delta}}\cdot\frac{att'}{1-r^2\mathrm{e}^{\mathrm{i}\delta}}=\frac{a^2(tt')^2}{1+r^4-r^2(\mathrm{e}^{\mathrm{i}\delta}+\mathrm{e}^{-\mathrm{i}\delta})},$$

因

$$\begin{aligned}
&\mathrm{e}^{\mathrm{i}\delta}=\cos\delta+\mathrm{i}\sin\delta,\\
&\mathrm{e}^{-\mathrm{i}\delta}=\cos\delta-\mathrm{i}\sin\delta,\\
&\mathrm{e}^{\mathrm{i}\delta}+\mathrm{e}^{-\mathrm{i}\delta}=2\cos\delta,
\end{aligned}$$

代入光强公式得

$$I_T=\frac{a^2(tt')^2}{1+r^4-2r^2\cos\delta}=\frac{a^2(tt')^2}{1+r^4-2r^2\left(1-2\sin^2\dfrac{\delta}{2}\right)}.$$

因 $r^2=1-tt'$（见 3.5.2 节），所以

$$I_T=\frac{a^2(tt')^2}{(1-r^2)^2+4r^2\sin^2\dfrac{\delta}{2}}=\frac{a^2}{1+\dfrac{4r^2}{(1-r^2)^2}\sin^2\dfrac{\delta}{2}}=I_0\frac{1}{1+F\sin^2\dfrac{\delta}{2}}.\tag{3.31}$$

这就是透射多光束干涉的光强公式. I_0 为入射光的光强 a^2，δ 为相邻两束光的相位差，$F=\left(\dfrac{2r}{1-r^2}\right)^2$ 为锐度系数. 若以 $\dfrac{I_T}{I_0}$ 为纵坐标，δ 为横坐标，式(3.31)可以绘成图 3.38(a).

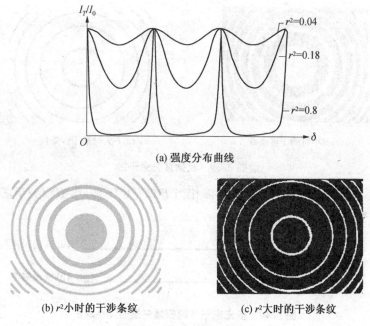

(a) 强度分布曲线

(b) r^2 小时的干涉条纹   (c) r^2 大时的干涉条纹

图 3.38　透射多光束干涉

r^2 很大时,干涉花样就是一组暗背景上的亮条纹.

又因为薄板上、下方介质相同,光能量守恒导致光强守恒:

$$I_R + I_T = I_0,$$

所以

$$\frac{I_R}{I_0} = 1 - \frac{I_T}{I_0},$$

即反射光的干涉与透射光的干涉条纹是互补的. 它的强度分布如图 3.39 所示,是亮背景上的暗条纹. 明条纹比较宽,所以很少有人用它来进行测量.

在图 3.38 中可以看出镀膜面的反射率愈大,由透射光所得的干涉极大愈锐细,而干涉的极小值也愈接近于零. 反射率愈小时,如 $r^2=0.04$,干涉条纹强度分布过渡到对比度低的双光束干涉的情况,也就是干涉极大到极小之间,变化不大. 这个情况可以这样理解:镀膜面反射率 (r^2) 很小时,透射率(tt')就接近于 1. 只有 att' 和 $att'r^2$ 的透射光振幅比较大,而 $att'r^4$ 以后的

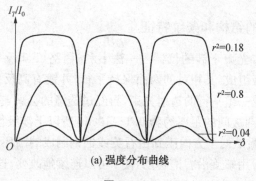

(a) 强度分布曲线

图 3.39

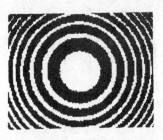
(b) r^2小时的干涉条纹

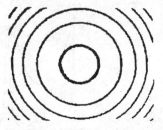
(c) r^2大时的干涉条纹

续图 3.39　反射多光束干涉

透射光振幅很小,不起作用,这时多光束干涉相当于双光束干涉.由振幅矢量图更容易看清此种情况,如图 3.40 所示.

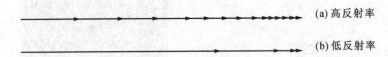
(a) 高反射率

(b) 低反射率

图 3.40　多光束干涉的振幅矢量图,$\delta = 2k\pi$

　　当相邻两光束相位差 $\delta = 2k\pi$ 时,所有透射光同相位,在振幅矢量图中不同光束的振幅矢量都是平行的.高反射率、低反射率的差别只是各个光束其振幅大小不同,因为方向是平行的,所以合振幅矢量大小一样,强度也一样.

　　如果相邻两光束相位差为 $\delta = 2k\pi + \Delta\alpha$ 时,如图 3.41 所示,就表示这种情况,邻近两光束的相位差为一小量 $\Delta\alpha$,高反射的振幅矢量图就卷起来,其合振动的振幅矢量随着 $\Delta\alpha$ 的增加而很快地减小.而低反射的合振动的振幅矢量主要由头两个振幅矢量和来决定,合振动的振幅在 $\Delta\alpha$ 增加时就改变得比较慢,同时永远也不会等于零.这就是低反射率时干涉条纹的明暗对比度差、条纹不清晰的原因.

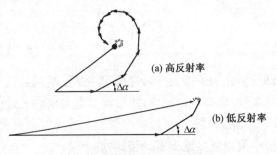
(a) 高反射率

(b) 低反射率

图 3.41　多光束干涉的振幅矢量图,
$\delta = 2k\pi + \Delta\alpha$

3.7.2　多光束干涉仪的结构和条纹特征

　　最后介绍一种实现多光束干涉的仪器——法卜利-白洛(Fabry-Perot)干涉仪.这种仪器是由两块高质量的平面板组成,其相对的两面保持平行,并镀有高反射膜.光在两板间的空气层中经过多次反射而形成一组平行的透射光束,再经过透镜的会聚,在屏上产生多光束干涉图样,如图 3.42 所示(通常两板间的距离约为 $0.1 \sim 10$cm,所以干涉级很高).

　　为了使 t 固定,将两板从两个方向压到由石英或锢钢制成的圆环中,这种装置称为 F-P 标准具.如一板固定,另一板用螺旋沿着槽移动,使 t 可以连续地改变,这种装置就称为 F-P 干涉仪.在这两种仪器中相邻两光束的光程差仍为

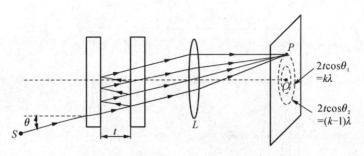

图 3.42　法卜利-白洛干涉仪

$$\Delta = 2t\cos\theta,$$

式中 θ 为光线在高反射膜上的入射角,也差不多等于光线在干涉仪上的入射角.因此,形成干涉极大的条件为

$$2t\cos\theta = k\lambda,$$

也就是第 k 级亮条纹的角半径 θ 满足

$$\cos\theta = \frac{k\lambda}{2t},$$

根据(3.31)式,此处光的强度为

$$(I_t)_{\max} = I_0,$$

当 $2t\cos\theta = (2k+1)\frac{\lambda}{2}$,$\delta = (2k+1)\pi$,由式(3.31)式可知此时光强为极小

$$(I_t)_{\min} = \frac{I_0}{1+F},$$

干涉条纹中极大极小之比为

$$\frac{(I_t)_{\max}}{(I_t)_{\min}} = 1+F.$$

由上式可知,F 愈大,干涉条纹的明暗对比愈大.根据 F 的定义,可以知道 r 愈大,F 也愈大,也就是在实验中增加镜子的反射系数可加大干涉条纹的明暗对比.

现在再来看看条纹的锐细程度,也就是讨论条纹的强度从极大降到极小的陡度.为了说明这个问题,在物理上引进条纹的半宽度 $\Delta\varphi$ 来描述条纹的锐细度,如图 3.43 所示.$\Delta\varphi$ 是条纹的光强度由极大值 I_0 降到 $\frac{I_0}{2}$ 点间的相位宽度,其单位是 rad.

如 k 级干涉亮条纹,$\delta_{\max} = 2k\pi$,当强度下降到 $\frac{I_0}{2}$ 时,$\delta = \delta_{\max} \pm \delta_{\frac{1}{2}}$,根据式(3.31)得

$$I_T = \frac{I_0}{2} = \frac{I_0}{1 + F\sin^2\dfrac{\delta_{\frac{1}{2}}}{2}},$$

$$\left(1 + F\sin^2\frac{\delta_{\frac{1}{2}}}{2}\right)^{-1} = \frac{1}{2},$$

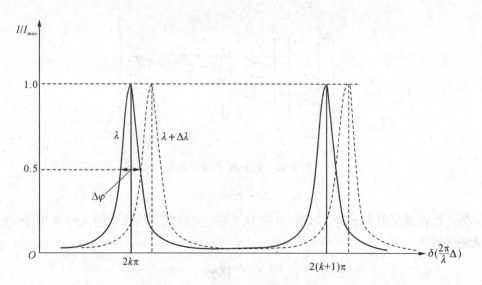

图 3.43　多光束干涉条纹的强度分布

$$\sin^2 \frac{\delta_{\frac{1}{2}}}{2} = \frac{1}{F},$$

$$\delta_{\frac{1}{2}} = 2\arcsin(1/\sqrt{F}).$$

由于 F 一般比较大,所以 $\arcsin(1/\sqrt{F}) \approx 1/\sqrt{F}$. 因此半宽度为

$$\Delta\varphi = 2\delta_{\frac{1}{2}} = \frac{4}{\sqrt{F}}. \tag{3.32}$$

根据 F 的定义,可以知道 r 越大,F 也越大,条纹的相位半宽度愈小,即条纹越锐细.

另一特别有趣的量 $\mathscr{F}$ 是两个相邻极大的间距和半宽度之比(都以相位为量度)

$$\mathscr{F} = \frac{2\pi}{\Delta\varphi} = \frac{\pi\sqrt{F}}{2}. \tag{3.33}$$

如果把 $\Delta\varphi$ 看作一个亮条纹所占的相位宽度,则 $\mathscr{F}$ 就可看作是在相邻两个亮条纹间能容纳多少条亮条纹. 这个数目越大,说明条纹越锐细,故 $\mathscr{F}$ 又叫作条纹精细度. 由于 $\mathscr{F}$ 是反射系数决定的,$\mathscr{F}$ 随 r 增加而增加. 当 $r^2 \to 1$ 时,$\mathscr{F}$ 上升很快,条纹变得越来越锐细,这对测量工作非常有利,也正是这个原因使多光束干涉获得了重要的应用. 但必须记住,当 r^2 增大时,虽然 $\mathscr{F}$ 上升很快,但是吸收也加大了,从而使条纹峰值也下降了,所以 $\mathscr{F}$ 增大也是有限的. 在可见光谱中,最一般的法卜利-白洛干涉仪的 $\mathscr{F}$ 约为 30. 当然采用多层介质薄膜技术提高 r^2 可使 $\mathscr{F}$ 提高到 1 000.

3. 7. 3　自由光谱程和分辨本领

上面讨论了 F-P 干涉仪和标准具产生的干涉条纹具有十分锐细的特点. 正是由于这个特点,使它成为研究光谱谱线超精细结构的有效工具. 为了进一步了解 F－P 干涉仪的这种应用,在这里需要讨论另外两个参量:自由光谱程和分辨本领.

1. 自由光谱程（Free Spectral Range 或 FSR）

设波长为 λ_1 和 λ_2（$\lambda_2 > \lambda_1$）的两光波射到 F-P 标准具上，它们各自产生一组同心圆条纹，根据干涉极大公式：

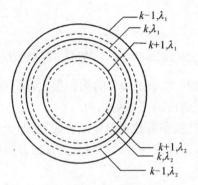

$$2t\cos\theta = k\lambda,$$

可知相同级数（k 相同）的亮条纹，λ_2 的条纹直径比 λ_1 的小些，如图 3.44 所示.

当 λ_2 和 λ_1 的差别（$\Delta\lambda = \lambda_2 - \lambda_1$）增加时，就可能发生 λ_2 的 k 级落到 λ_1 的（$k+1$）级上，即

$$k\lambda_2 = (k+1)\lambda_1,$$

此时

$$\Delta\lambda = \lambda_2 - \lambda_1 = \frac{\lambda_1}{k},$$

图 3.44 不同波长的干涉条纹（$\lambda_2 > \lambda_1$）

在中心附近 $\cos\theta \approx 1$，所以上式中的 k 值为

$$k \approx \frac{2t}{\lambda_2},$$

将此值代入上式，则得

$$\Delta\lambda = \frac{\lambda_1\lambda_2}{2t} = \frac{\bar{\lambda}^2}{2t}, \tag{3.34}$$

式中 t 为标准具两板的间距，$\Delta\lambda$ 为不产生级次交叉重叠所允许的最大波长范围，我们称此 $\Delta\lambda$ 为标准具常数或称为标准具的自由光谱程 $\Delta\lambda_{FSR}$. 即入射光的波长在 λ_1 到 $\lambda_1 + \Delta\lambda_{FSR}$ 的波长范围以内，所产生的 k 级干涉圆环在 λ_1 的 k 级和 $k+1$ 级的条纹间，否则就可能超越. 在应用标准具时，$\Delta\lambda_{FSR}$ 值也是照明光源的最大允许波长范围.

2. 分辨本领

与其他光谱仪器相同，标准具在使用时还要知道最小可分辨的波长差 $\Delta\lambda_{min}$，在使用时希望 $\dfrac{\Delta\lambda_{FSR}}{\Delta\lambda_{min}}$ 愈大愈好.

在这里，我们采取如下的判据，当两个波长极大的相位间隔为一个条纹的半宽度时，如图 3.45 所示，则认为这两个波长是可分辨的. 为求出与半宽度（相位作量度）相应的波长间隔，对相位差公式两边求微分，即由

$$\delta = \frac{2\pi}{\lambda} 2t\cos\theta$$

得到（不计符号）

$$|\Delta\delta| = \left(\frac{2\pi}{\lambda^2}\right) 2t\cos\theta \Delta\lambda. \tag{3.35}$$

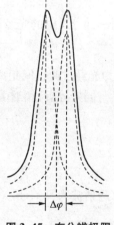

图 3.45 在分辨极限时的条纹

根据以上判据，当 $\Delta\delta = \Delta\varphi$，那么波长间隔就等于最小可分辨的波长间隔 $\Delta\lambda_{min}$ 或此仪器的线宽，联列方程（3.32）和（3.35），并利用 $2t\cos\theta = k\lambda$，则可得

$$\Delta\lambda_{\min}=\frac{\lambda}{k\mathscr{F}},$$

或

$$\frac{\lambda}{\Delta\lambda_{\min}}=k\mathscr{F}. \tag{3.36}$$

$\dfrac{\lambda}{\Delta\lambda_{\min}}$ 一般定义为**分辨本领**. 式中 $\mathscr{F}$ 就是条纹的精细度,见式(3.33), $\mathscr{F}$ 一般是 $30\sim50$, k 为级数,当两反射面分开 1cm 或更多时,对于可见光 k 可以到 10^5. 因此 $k\mathscr{F}$ 的乘积很大,所以标准具的分辨本领很高. 正因为如此,它才能用来研究单个光谱线的超精细结构.

考虑到标准具使用时的自由光谱程,所以此种标准具往往和其他光谱仪配合应用,即光谱仪将光进行预色散,使每一谱线达到标准具的自由光谱程. 这样的标准具可将光谱仪的分辨率增大 30 倍以上.

3.7.4 激光器的谐振腔

在上面的讨论中,光源是在标准具外. 外来光在平行平面板间多次反射透射使光能发生重新分布. 如果光源放在标准具的中间(如图 3.46),如 He-Ne 激光管中放电管放在两高反膜之间时,又将发生什么情况呢?

由于 a, b 两板的反射作用使光源中的光在 a, b 间来回反射和透射. 设振幅为 1 的光从 a 出发向右传播,在到达 b 板时,由于在此路程中光的吸收,使光的振幅变为 S ($S<1$),此光在 b 处一部分透射,一部分反射,从 b 板透射出来的光振动为:

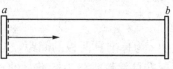

图 3.46　激光谐振腔

$$E_{1t}=Stt'e^{i\omega t},$$

而一部分反射的光经过 a 反射回来再由 b 板透射出来,其光振动为:

$$E_{2t}=S^3tt'r^2e^{i(\omega t-\delta)},$$

δ 为光经过两板间距离所引起的相位差.

同样分析,相继由 b 板透射出来的光振动分别为:

$$E_{3t}=S^5tt'r^4e^{i(\omega t-2\delta)},$$

$$\vdots$$

$$E_{Nt}=S^{2N-1}tt'r^{2(N-1)}e^{i(\omega t-(N-1)\delta)},$$

总透射波为

$$E_t=E_{1t}+E_{2t}+E_{3t}+\cdots+E_{Nt}$$

$$=Stt'e^{i\omega t}\left(\frac{1}{1-S^2r^2e^{-i\delta}}\right).$$

控制 a, b 间距离,使两光束间相位差对某一波长刚好为:

$$\delta=2k\pi,\quad e^{-i\delta}=1.$$

透射光的振幅为

$$|E_t| = \frac{Stt'}{1 - S^2 r^2}. \tag{3.37}$$

一般情况下，$S<1$，$r^2<1$，在有吸收情况下，

$$tt' < 1 - S^2 r^2, \quad |E_t| < 1.$$

如果在两板间发光的工作物质中有粒子数反转，即有大量的激发态存在，那么当光由 a 传到 b 时有受激辐射产生，这时 S 将不是小于1，而是大于1. 如果 $S^2 r^2 = 1$，由式(3.37)可知 $|E_t|$ $\rightarrow\infty$，出射的光强将 $\rightarrow\infty$. 但是实际上，这是不可能的. 因激发态需要用外界能量进行抽运而得到，所以 $|E_t|$ 不能趋于无穷大，但是可以很大. 这种使光束反复通过工作物质而光束本身逐渐被放大的过程，与电子设备中的振荡器的谐振过程很相似. 因此，把激光器中的标准具装置称为**光学谐振腔**. 由于 a，b 两板大小有限，只有沿轴线方向的光可反复进行传播，其他方向的光，在来回反复传播过程中，要不了几次就逸出两板了，所以这种谐振腔不仅为获得某些频率(满足 $\delta = 2k\pi$ 条件)的单色性好、高强度光的输出提供必要条件，而且使这种高强度的光束方向性也很好.

由此可见，激光的三大特性(方向性、单色性、高强度)与激光器中谐振腔采用标准具装置是密切相关的. 实际的激光谐振腔与上面讨论的稍有不同，但是可以看出 F-P 标准具为激光谐振腔提供了基本模型.

习　题

3.1　分别用分析方法、振幅矢量作图法、复数表示法三种方法计算下述合振幅 A 和初相位 α

$$A_1\cos(\omega t + \alpha_1) + A_2\cos(\omega t + \alpha_2) = A\cos(\omega t + \alpha).$$

3.2　用复数表示法证明

$$E(t) = A[\cos\omega t + \cos(\omega + \Delta\omega)t + \cdots + \cos(\omega + n\Delta\omega)t]$$

$$= A\left[\frac{\sin\left(\frac{n+1}{2}\Delta\omega t\right)}{\sin\frac{\Delta\omega t}{2}}\right]\cos\left(\omega + \frac{n\Delta\omega}{2}\right)t.$$

3.3　用矢量方法和解析方法求下列诸量之和

$$y_1 = 10\sin\omega t,$$
$$y_2 = 8\sin(\omega t + 30°).$$

3.4　用矢量方法作图求出下列诸量之和

$$y_1 = 10\sin\omega t,$$
$$y_2 = 15\sin(\omega t + 30°),$$
$$y_3 = 5\sin(\omega t - 45°).$$

3.5　用矢量法求下列之和

$$A_1\sin(\omega t + \varphi_1) + A_2\sin(\omega t + \varphi_2) + \cdots + A_n\sin(\omega t + \varphi_n).$$

(1) 证明可以写成下列形式

$$B\sin\omega t + C\cos\omega t;$$

(2) 证明 $B^2 + C^2 \leqslant (A_1 + A_2 + \cdots + A_n)^2$；

(3) 何时(2)中等式成立?

3.6　试证两个相干点光源,在图平面上干涉条纹的轨迹为双曲线(如题 3.6 图).

3.7　求在菲涅耳双面镜实验中,屏上光强度 I 的分布.

3.8　在菲涅耳双棱镜实验中,若将厚为 12×10^{-4} cm 的玻片放在相干光束之一的路程中,则中间亮条纹移过的距离为 10 个条纹宽度,求玻片的折射系数.光波的波长为 600nm.

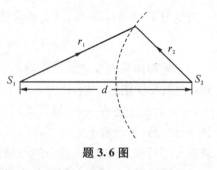

题 3.6 图

3.9　自光源(白炽灯的灯丝)发出的光线通过一个割为两半的会聚透镜时,这时在屏上可得干涉条纹.依下列数据求干涉条纹间的距离,灯丝和割开的透镜相距 $d = 300$cm,透镜焦距 $f = 50$cm,透镜的两半移开的距离 $a = 1$mm,屏与透镜相距 $L = 450$cm,波长 $\lambda = 500$nm.

3.10　将焦距为 $f = 50$cm 的透镜切去宽度为 a 的中央部分,如题 3.10 图所示,再使其两半互相接触.在透镜的一侧焦点处放单色光的点光源($\lambda = 600$nm).在透镜的另一侧所放的屏上观察干涉条纹.两相邻亮条纹间的距离为 0.5mm,且沿光轴移动屏时,其距离不变,试求 a.在上述装置中,设透镜直径为 6cm,问当屏在何位置时干涉条纹消失?屏在何位置时干涉条纹数目最大,且等于多少?

(提示:考虑以一定角度相交的两平行光束的干涉)

3.11　S_1 与 S_2 为相距 4m 相干且同初相位的辐射源,发射波长为 1.0m 且相同功率的电磁波.

(1) 当接收器沿 Ox 轴移动时,求第一、第二、第三个极大的位置.

(2) 在最近的极小处强度是否为零.(不必计算具体数值)

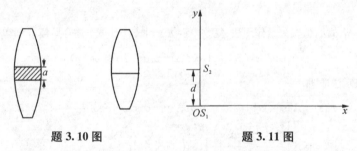

题 3.10 图   题 3.11 图

3.12　双缝中,一缝比另一缝宽,其到达屏中心的振幅与另一缝之比为 2:1,求屏上强度的表示式.

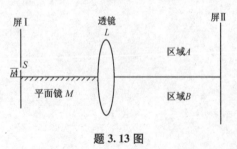

题 3.13 图

3.13　如题 3.13 图所示的光学系统由透镜 L、平面镜 M 和一带狭缝 S 的屏 I 组成.M 位于透镜 L 的光轴上,S 位于光轴上方 h 高处,在 L 的后焦面上放另一屏 II,波长为 λ 的单色光照明屏 I 上 S.(1) 试计算屏 II 上光强极大和极小的位置(以 θ, λ, h 表示);(2) 问条纹是否仅在区域 A 中出现?还是仅在区域 B 或 A 与 B 中均出现?(考虑 S 在镜 M 中的虚像)

3.14　用一平行玻璃板获得等倾干涉条纹,该板的厚度为 2mm,折射系数为 1.50.如果入射光的波长为 600nm,入射角由 0°到 90°,求:(1) 干涉条纹数目;(2) 条纹间之最大距离(角距离).

3.15　在反射光中观察牛顿环,且第 2 亮环与第 3 亮环的距离为 1mm,求第 15 亮环与第 16 亮环间的距离.

3.16　以曲率半径为 R_1 的平凸透镜放在曲率半径 R_2 的凸球面上,得出牛顿环,在反射光中观察,若光的波长为 λ,求第 k 个暗环的半径 r_k.

3.17 白光垂直入射到肥皂泡上,仅一干涉极大($\lambda=600nm$)和一极小($450nm$),如果 $n=1.33$,试计算肥皂泡的厚度.

3.18 求可给出二级红光($\lambda=700nm$)反射的肥皂膜的厚度.膜的折射率为1.33,设平行光与肥皂膜法线成30°角入射.

3.19 用 $n=2.0$ 的晶体蒸镀于 $n=1.5$ 的玻璃上,在波长500nm的光照射下,求反射光为:(1) 最大;(2) 最小时膜的厚度.设光是垂直入射.

3.20 在平玻璃($n=1.52$)上镀一透明薄膜($n=1.25$),使其对垂直入射的600nm波长光反射最小,试求此薄膜厚度.

3.21 光垂直入射到两块长12cm的玻璃板上,此两玻璃一端互相接触,一端用直径 d 为 0.048mm 的细丝隔开,求在板上12cm长度内有多少亮条纹?($\lambda=680nm$)

3.22 一滴油($n=1.20$)浮在水面上($n=1.33$),在上面观察反射光.(1) 油滴最外面(最薄处)是亮环还是暗环;(2) 由外到中间第三个蓝亮区厚度;(3) 当油层厚度增加时颜色为什么消失?(取 $\lambda_{蓝}=480nm$)

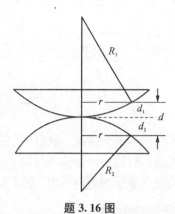

题 3.16 图

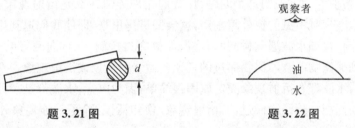

题 3.21 图　　　　　题 3.22 图

3.23 白光垂直入射到肥皂泡上,此肥皂泡的厚度为 5×10^{-5}cm,折射系数为1.33,问(1) 什么波长的光反射极大?(2) 什么波长的光反射极小?

3.24 试证明迈克耳孙干涉仪中所见的圆形干涉条纹的半径是和整数(非级数,而是由中心数出的条纹数)的平方根成正比的.

3.25 迈克耳孙干涉仪调到能看到定域到无穷远的圆干涉条纹,一望远镜物镜焦距为40cm,在焦平面处设有直径为16mm的光栏,M_1,M_2 到半镀银镜 N 的距离各为30cm和32cm,问对 $\lambda=510nm$ 的光源在望远镜中能看到多少个干涉条纹?

3.26 若用钠光灯(波长 $\lambda_1=589nm$ 和 $\lambda_2=589.6nm$)照明迈克耳孙干涉仪,首先调整干涉仪得最清晰的干涉条纹,然后移动 M_1,干涉图样为什么逐渐变得模糊?至第一次干涉现象消失时,M_1 由原来位置移动了多少距离?

3.27 上题中,若光源的光谱范围为 589nm~589.6nm 连续变化,则能看到的最高干涉级数多大?此时两臂的距离差是多少?

3.28 在法卜利-白洛干涉仪中,当两反射面间距离逐渐增大时,(1) 干涉条纹的半径增大还是减小?(2) 当间距由2.0cm变到2.1cm,中心处干涉条纹变了 4 000 次,求所用的光波长.

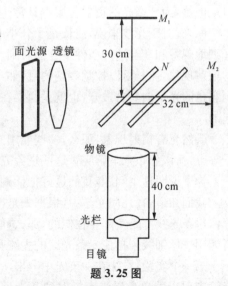

题 3.25 图

3.29 有一干涉标准具,两板间的距离为25mm,用 $\lambda=500nm$ 的光得到干涉条纹,求在中心的干涉条纹的级数.如果在中心第一个环附近相差 $\frac{1}{100}$ 条纹间隔处发现有其他波长的光的干涉条纹,则其波长如何?

光 的 衍 射

当一束光通过一狭缝时,它便有一定程度的扩展而进入缝的几何影子区域以内,这种现象就是衍射的一个最简单的例子. 在这一章内,将用惠更斯-菲涅耳(Huygens-Fresnel)原理讨论衍射现象中的两种类型:菲涅耳衍射和夫琅和费(Fraunhofer)衍射以及相应的相关器件.

4.1 光的衍射现象

什么是光的衍射? 为了说明这个问题,让我们先来弄清什么是衍射现象. 日常生活中,每当我们打开窗户,本来听不见的窗外喧闹声,就会闯进房里来,即使我们退到房间的角落里,仍能听到这些喧闹声;再如水波遇到桥洞时,水波能够穿过桥洞,并且向两旁散开. 在物理上,把声音、水波等遇到障碍物能绕障碍物而过的现象叫做绕射现象或**衍射现象**.

为什么声音、水波都有衍射现象呢? 原因很简单,因为声音、水波都是一种波动. 根据惠更斯原理,凡是波动都能绕障碍物而过,有衍射现象. 换句话说,除了干涉现象外,衍射现象也是波动特有的属性.

在上一章里,我们用很多实验讨论了光的干涉现象,从而也令人信服地表明光是一种波动. 那么,根据上面的讨论,光也能绕障碍物而过了? 是的,光也能绕障碍物而过,也就是说光也有衍射现象.

但是,为什么光的衍射现象在日常生活中不太容易觉察到呢?

原来,对于光波来说,波长是十分小的,从现象上讲,光的衍射比光的干涉更加细致,需要仔细地观察和在合适的条件下才能看到. 但是,假如我们对此十分留意的话,在日常生活中光的衍射现象,还是可以被觉察到的. 例如,我们把眼睛眯成一条缝,去观察一只电灯,就可以看到彩色的光带向左右散开,也就是通常在强光下有眼花缭乱的感觉. 这就是由于光的衍射所引起的.

既然光有衍射现象,那么,一些能用光按直线传播规律解释的现象,如在灯光下物体的影子等等,又该怎么来理解呢? 这些现象究竟与光的波动理论,特别是光的衍射是否相符呢?

为了说明这个问题,我们最好把话题改变一下.

我们知道,在几何光学中,根据光是按直线传播的规律,经常采用光线来处理问题,处理时好像每条光线都是实际存在似的,那么,能否用实验的方法在一束光中分出一条光线来呢? 或者能否用一丝细线来挡住一条光线的去路呢? 下面就让我们来看看两个实验的结果.

第一个实验,设法在一束光中分出一条光线. 实验是这样安排的:为了简单起见,我们把激光管中射出的单色激光束投射到几米远的屏幕上. 这时,我们可以看到一个明亮而均匀的亮斑. 现在,我们再在屏幕与激光管之间放入一个开有一个小圆孔的光屏,并且小圆孔的中心尽量地处于激光束的中心线上,这时就分出一小束激光通过小圆孔投射到屏幕上.

假如真有光线存在的话,那么通过小圆孔投射到屏幕上的光斑大小,完全可以按照几何光学的方法来确定,结果只是光斑要比以前小一些,并且光斑的强度应该仍然是均匀的.如果无限缩小小孔时,就可以得到一根光线了.但是,实际上当小孔小到一定大小时,我们在屏幕上所看到的不是一个光斑,而是一个复杂的图案——亮暗交替的同心圆环,如图 4.1 所示.更奇怪的是:当我们适当地选择小圆孔与屏幕之间距离时,可以看到一个很特殊的现象,就是在这些同心圆环的中心位置上光强为零.也就是说光斑的中心竟是一个暗点! 在实验装置上,激光束可以毫无阻挡地经过小圆孔的中心而射到光斑的中心点上,但是,在那一点上竟然没有光强.这个现象无论如何是和光线的存在相矛盾的,是不能用光的直线传播规律来说明的.

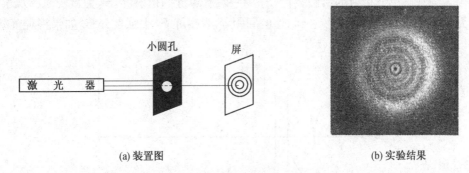

(a) 装置图   (b) 实验结果

图 4.1 圆孔衍射实验

第二个实验,设法用一个小圆屏来挡住一条光线的去路.实验的装置是在一块平面玻璃上,用墨水涂上一个小圆点或者贴上一个小黑圆片,这就成了一个小圆屏.现在按上面完全相同的装置,再来观察这个小圆屏的作用.假如真有光线存在的话,那么,在屏幕上该看到一个小圆屏阻挡了光线的去路而引起的完全黑的圆形阴影.但是实际上我们看到的是在圆形阴影的边缘附近有亮暗相间的圆环(如图 4.2),这些圆环的存在已经不是光线存在所能解释的了,而且更奇怪的是,圆形阴影的中心竟出现一个亮点! 也就是说阴影中心的强度不为零,这种现象当然也是和光线的存在相矛盾的,不能依据光的直线传播规律来说明.

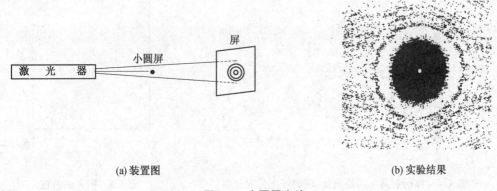

(a) 装置图   (b) 实验结果

图 4.2 小圆屏实验

从上面两个实验中可以很明显地看出:光的直线传播是有条件的,在某些情况下就不适用了.同时,理想的光线也是无法获得的.在小圆孔后面的光斑中心可以是暗点,在小圆屏后面的阴影中心却是个亮点,这完全是由于光是一种波动的结果.

4.2　衍射的分类

　　根据上面的讨论,可以知道所谓光的衍射现象就是指在光波传播时,除了反射和折射现象外,所有违反光的直线传播的现象.

　　为了仔细分析衍射现象,可以将衍射现象加以分类.当然分类的方法也是多种多样的,这里,我们将根据衍射物体到观察屏的距离来加以分类.

　　图 4.3 为观察单缝衍射的实验装置,S_1 为一具有单缝的衍射屏,S_2 为接受光的观察屏.当入射光为一平面波,实验时改变 S_2 到 S_1 的间距 d,观察屏 S_2 上强度分布.如果将观察结果加

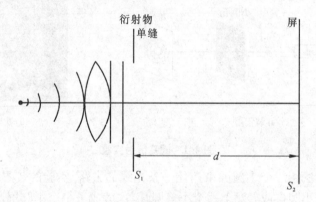

图 4.3　单缝衍射的实验装置图

以分类,则在 S_2 非常贴近 S_1 时,即在 $d \to 0$ 时,在屏上的光强分布是 S_1 很清晰的几何影子.当 S_2 渐渐离开 S_1 时,在屏上出现的光强分布将发生变化,一般为 S_1 的带条纹的投影像,如图 4.4 所示中的近场情况.当 S_2 离开 S_1 很远时,S_2 上的光强分布变得和 S_1 的投影很不相像,得到的是一个带条纹的光源的像,如图 4.4 中的远场情况.

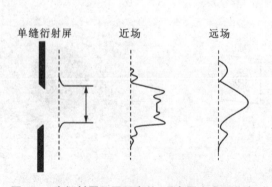

图 4.4　离衍射屏不同距离处,观察屏上光强分布

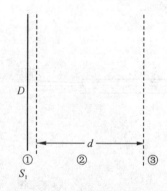

图 4.5　衍射的分区

　　按照实验结果,我们可以把 S_1 后的区域分成三个区域(如图 4.5).① 区为衍射物的清楚投影像——光的直线传播;② 区为带条纹的衍射物投影像——菲涅耳衍射;③ 区为光源有条纹的像——夫琅和费衍射.② 区又称近区场,③ 区一般称远区场.两者分界线 $d = \dfrac{D^2}{4\lambda}$,$D$ 为缝宽,即衍

射物的口径(此式后面将有说明). 大于此值时为夫琅和费衍射,小于此值时为菲涅耳衍射.

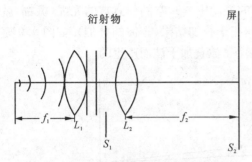

图 4.6 观察夫琅和费衍射的实验装置

上面分类中的夫琅和费衍射严格讲应发生在无穷远处,实验室中,可利用透镜的会聚作用,使无穷远处的图像出现在透镜的焦平面上,所以观察夫琅和费衍射实验装置可以如图 4.6 所示.

从观察衍射现象的装置来看,菲涅耳衍射装置比较简单,夫琅和费衍射装置比较复杂,需要用透镜会聚. 虽然这样,夫琅和费衍射现象的讨论从某种角度来看更具有现实意义.

通常的光学成像系统也与夫琅和费衍射现象有关,图 4.7 可以看作是图 4.6 的简化装置。

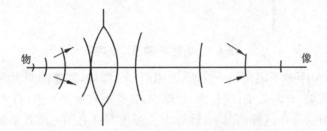

图 4.7 观察夫琅和费衍射的简化装置

透镜的边缘相当于带孔的衍射屏. 所以广义地讲,夫琅和费衍射和几何光学成像密切相关. 夫琅和费衍射图样决定理想像(不考虑系统的像差)的质量,从这个角度来讲,夫琅和费衍射的讨论更有现实意义. 近年来发展的傅里叶光学赋予了夫琅和费衍射更新的意义.

4.3 惠更斯-菲涅耳原理

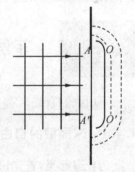

图 4.8 惠更斯作图法

光的衍射又是怎么产生和怎么来解释呢? 利用惠更斯原理可以解决波传播的方向问题. 按照惠更斯原理:光波波前上每一点都可以作为一个新的波源或新的振动中心,这些新的波源向外发射子波,如图 4.8 所示,入射光波在狭缝 AA' 上产生子波. 惠更斯原理指出各个子波在新时刻的切面(包络面)构成新的波前. 其中 AA' 为 t 时刻的波前,OO' 为 $t+\Delta t$ 时刻的波前,也就是由 AA' 所发出的子波的包络面.

在这里,我们可以看到惠更斯原理用子波的概念,解决了波的传播问题. 根据这个原理,可以说明光传播遇到障碍物时要发生衍射,但是要完全解释和说明光的衍射现象,还必须解决光沿着不同方向传播时的强度问题.

由上一章的讨论,可以知道由同一波前上各点所产生的子波是相干的,可以发生波的叠加而产生干涉效应. 这是一个十分重要的概念. 下面我们可以看到,由子波的概念和子波叠加的概念互相结合,就能解释和说明光的衍射. 反映这两个概念结合的原理,在一般教科书中称之为**惠更斯-菲涅耳原理**.

那么,"子波"概念＋"波的叠加"概念怎么来解决强度问题? 根据惠更斯-菲涅耳原理,波面上每一点都可以看作为一新的波源或次波源(新的振动中心),空间任意点的光强(振幅)就是由这些新的波源所发的振动(子波)传播到该点的相干叠加结果(子波的叠加). 如图 4.9 表明,光屏上某点 P 的强度是由狭缝 AA' 上送来的各个子波叠加干涉而产生的.

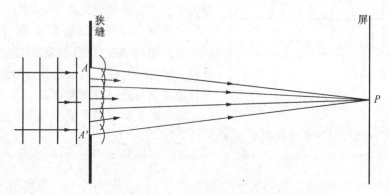

图 4.9　惠更斯-菲涅耳原理

实际上,狭缝 AA' 不必一定在同一波面(同相面)上,譬如,狭缝的照明波不一定是平面波,可以是发散波或会聚波. 此时波面(同相面)是球面,狭缝所在面是平面(有些教科书中,把波场中任意的面定义为波前). 在这种情况下,计算 P 点强度时还必须考虑各子波的初相位.

由此看来,衍射和干涉一样,都是振动的相互叠加,在本质上是没有什么区别的. 所不同的,干涉中所遇到的叠加是有限数目振动(离散的子波源)的叠加,如 2 束光,3 束光,$\cdots$,n 束光的叠加;而衍射中所遇到的是无限数目(连续分布的子波源)振动的叠加. 一般讲双缝图样为干涉图样,单缝为衍射图样,两个宽缝为干涉和衍射的联合图样. 处理衍射问题的方法和干涉相同,只是前者更多地用积分进行运算,后者最多不过是级数运算.

　菲涅耳衍射

下面我们首先来看一下惠更斯-菲涅耳原理是怎样处理近区场的衍射.

4.4.1　球面波的自由传播

为普遍起见,首先讨论由点光源 S 发出球面单色波的自由传播. 根据惠更斯-菲涅耳原理,球面波上每一点作为子波源,每一子波源发射子波,而空间任一点 P 的场强应该是这些子波在该点所产生的场强和. 所以要得出 P 点的场强,必须用求积分的办法获得. 一般说来,这是一个比较复杂的数学问题.

1. 半周期带法

下面将介绍一种方法可以比较简单地处理这个问题,这种方法称为菲涅耳分带法. 其具体做法是:首先将光源 S 与 P 点作连线,此线与球面(为 S 发出的波面)相交于 O 点,如图 4.10 所示. 然后以 P 点为中心,以 $PO + \dfrac{\lambda}{2}$(图中 $PO = r_0$),$PO + 2\dfrac{\lambda}{2}$,$PO + 3\dfrac{\lambda}{2}$,$\cdots$

$\left(\text{每次增加}\dfrac{\lambda}{2}\right)$为半径作球,这样将波面分成很多环带. 用这种方法分得的环带我们称为菲涅耳带. 由于这些带具有以下特性——相邻两带到 P 点的距离差为 $\dfrac{\lambda}{2}$,到达 P 点的时间差为半个周期$\left(\dfrac{T}{2}\right)$,所以菲涅耳带又称半周期带. 用这种方法将球面划分以后,P 点的场强就可简化为这些离散的半周期带分别在 P 点所产生的场强之和. 在数学上将原来的积分问题转变成有限项的求和,所以只要求出每个带在 P 点所产生的场强,然后进行线性叠加,就可求得 P 点的场强了.

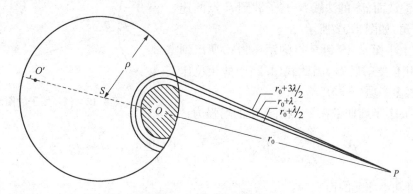

图 4.10 菲涅耳分带法

现在,我们来考虑任意一个带在 P 点所产生的场强. 设球面波的半径为 ρ,球面波上任一点的场强复数表示式为:

$$E_0 = \frac{\varepsilon_0}{\rho}\mathrm{e}^{\mathrm{i}(\omega t - k\rho)}, \tag{4.1}$$

$\dfrac{\varepsilon_0}{\rho}$为球面波的场强振幅. 根据惠更斯原理,在第 n 个带中小面元 $\mathrm{d}S$ 上(如图 4.11)每一点可作为一个子波源. 在这里,可以假定 $\mathrm{d}S$ 上单位面积子波波源所发射的次波与该处的场强振幅$\left(\dfrac{\varepsilon_0}{\rho}\right)$成正比,若比例系数为 Q,即单位面积子波波源的源场强 $\varepsilon_A = Q\dfrac{\varepsilon_0}{\rho}$,因此,$\mathrm{d}S$ 上子波源发出

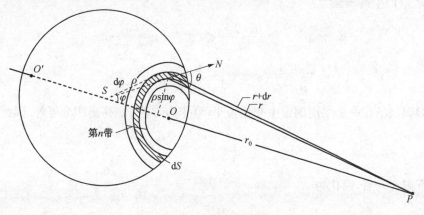

图 4.11 球面波的传播

的子波到达 P 点的场强为:

$$dE_S = \frac{\varepsilon_A}{r} K(\theta) e^{i(\omega t - k\rho - kr)} dS, \tag{4.2}$$

其中振幅为 $\frac{\varepsilon_A}{r} K(\theta)$, $K(\theta)$ 为倾斜因子, 它是一个与子波发射方向 θ 有关的量. 根据基尔霍夫理论, 倾斜因子应取

$$K(\theta) = \frac{1}{2}(1 + \cos\theta),$$

其中 θ 是子波波面 dS 的法线 N 与子波到 P 点的连线之间的夹角, 如图 4.12 所示.

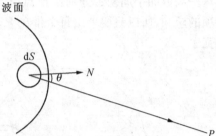

图 4.12　倾斜因子的图示

因为球上小面元 dS 到 P 点的距离为 r, 所以到达 P 点时, 相位要落后 kr, 因此式(4.2)中的相位比式(4.1)的要多一项 $(-kr)$.

整个第 n 个半周期带在 P 点所产生的场强为:

$$E_n = \int_{r_0 + (n-1)\frac{\lambda}{2}}^{r_0 + n\frac{\lambda}{2}} dE_S = \int_{r_0 + (n-1)\frac{\lambda}{2}}^{r_0 + n\frac{\lambda}{2}} \frac{K(\theta)\varepsilon_A}{r} e^{i(\omega t - k\rho - kr)} dS,$$

由图 4.11 可知小面元的面积为:

$$dS = 2\pi(\rho\sin\varphi)\rho d\varphi,$$

应用余弦定理

$$r^2 = \rho^2 + (\rho + r_0)^2 - 2\rho(\rho + r_0)\cos\varphi,$$

两边微分

$$2r dr = 2\rho(\rho + r_0)\sin\varphi d\varphi,$$

ρ 与 r_0 为常数. 用 dr 与 $d\varphi$ 关系式代入 dS 中

$$dS = 2\pi \frac{\rho}{\rho + r_0} r dr,$$

第 n 带在 P 点产生的场强为:

$$
\begin{aligned}
E_n &= \int_{r_0 + (n-1)\frac{\lambda}{2}}^{r_0 + n\frac{\lambda}{2}} \frac{K(\theta)\varepsilon_A}{r} e^{i(\omega t - k\rho - kr)} 2\pi r \frac{\rho}{\rho + r_0} dr \\
&= \frac{2\pi K_n \varepsilon_A \rho}{\rho + r_0} e^{i(\omega t - k\rho)} \int_{r_0 + (n-1)\frac{\lambda}{2}}^{r_0 + n\frac{\lambda}{2}} e^{-ikr} dr,
\end{aligned}
$$

其中假定倾斜因子在一个半周期带中变化很小, 可作为常数 K_n 移出积分号外. 因此

$$E_n = -\frac{K_n \varepsilon_A \lambda \rho}{\rho + r_0} \frac{1}{i} e^{i(\omega t - k\rho - kr)} \bigg|_{r = r_0 + (n-1)\frac{\lambda}{2}}^{r = r_0 + n\frac{\lambda}{2}},$$

将积分上下限代入后, 简化为

$$E_n = (-1)^{n+1} \frac{2 K_n \varepsilon_A \lambda \rho}{i(\rho + r_0)} e^{i(\omega t - k\rho - kr_0)}, \tag{4.3}$$

式中$(-1)^{n+1}$使E_n的振幅可正可负. 当n为奇数时, E_n的振幅取正值; 当n为偶数时, E_n的振幅取负数. 式(4.3)的指数函数部分与n无关, 这一点说明不论n为任何值, 其振动相位都相同. 这样, 相邻两周期带在P点的合振动, 只要考虑振幅的叠加, 由于振幅前符号相反而彼此互相减弱. 式中K_n为n带的倾斜因子, 当θ增大时, $K(\theta)$减小. 所以相邻带在P点的贡献不会完全抵消.

m个带在P点的合场强为:

$$E_P = E_1 + E_2 + E_3 + \cdots + E_m = \sum_{i=1}^{m} E_i.$$

因为相邻项的符号是正负交变的, P点的合场强振幅又可写成

$$|E_P| = |E_1| - |E_2| + |E_3| - \cdots \pm |E_m|, \qquad \begin{array}{l} m \text{ 奇数取正号} \\ m \text{ 偶数取负号} \end{array} \tag{4.4}$$

当m为奇数时, (4.4)式可改写成下述两种形式: (一种是将奇数带的E一分为二; 一种是将偶数带的E一分为二)

$$|E_P| = \frac{|E_1|}{2} + \left(\frac{|E_1|}{2} - |E_2| + \frac{|E_3|}{2} \right) + \left(\frac{|E_3|}{2} - |E_4| + \frac{|E_5|}{2} \right)$$
$$+ \cdots + \left(\frac{|E_{m-2}|}{2} - |E_{m-1}| + \frac{|E_m|}{2} \right) + \frac{|E_m|}{2}, \tag{4.5}$$

和

$$|E_P| = |E_1| - \frac{|E_2|}{2} - \left(\frac{|E_2|}{2} - |E_3| + \frac{|E_4|}{2} \right) - \left(\frac{|E_4|}{2} - |E_5| + \frac{|E_6|}{2} \right)$$
$$+ \cdots - \left(\frac{|E_{m-3}|}{2} - |E_{m-2}| + \frac{|E_{m-1}|}{2} \right) - \frac{|E_{m-1}|}{2} + |E_m|. \tag{4.6}$$

由于倾斜因子变化的影响, 使任一带在P点的场强E_l有两种可能: 即$|E_l|$或者是大于其相邻两项$|E_{l-1}|$和$|E_{l+1}|$的数学平均值, 或者是小于其相邻两项的数学平均值. 如用数学式表示, 一种可能为

$$|E_l| > (|E_{l-1}| + |E_{l+1}|)/2, \tag{4.7}$$

另一种可能为

$$|E_l| < (|E_{l-1}| + |E_{l+1}|)/2. \tag{4.8}$$

当(4.7)式成立时, 在式(4.5)中由于括号皆为负数, 所以

$$|E_P| \leqslant \frac{|E_1|}{2} + \frac{|E_m|}{2}, \tag{4.9}$$

同理, 由式(4.6)可得

$$|E_P| \geqslant |E_1| - \frac{|E_2|}{2} - \frac{|E_{m-1}|}{2} + |E_m|.$$

由于倾斜因子K随θ变化非常缓慢, 所以我们可以忽略相邻两个波带之间K的变化, 即$|E_1| \approx |E_2|$和$|E_{m-1}| \approx |E_m|$, 上式可以化简成:

$$|E_P| \geqslant \frac{|E_1|}{2} + \frac{|E_m|}{2}. \tag{4.10}$$

如果将式(4.9)和(4.10)加以总结,当 m 为奇数时,可以得到

$$|E_P| = \frac{|E_1|}{2} + \frac{|E_m|}{2}; \tag{4.11}$$

同理可以推出,当 m 为偶数时,

$$|E_P| = \frac{|E_1|}{2} - \frac{|E_m|}{2}, \tag{4.12}$$

当(4.8)式成立时,用同样方法可以推得上述结果.

根据(4.11)式和(4.12)式,我们可以得出非常简单的结论:P 点上总合成振幅等于第一个波带产生的振幅的一半和最后一个波带所产生的振幅的一半在 P 点处的叠加. 若总的波带数为奇数时,振幅是相加的. 若波带数是偶数时,振幅相减.

利用基尔霍夫的倾斜因子,如果整个球面波能分成许多波带,最后一个或第 m 个波带在 O' 周围,如图 4.11 所示. 这时 θ 趋于 π,$K(\pi)=0$,$|E_m|=0$,$|E_P|=\dfrac{|E_1|}{2}$,即由整个未受阻碍的波阵面所产生的光扰动近似地等于第一个波带贡献的一半.

如果光波直接由 S 传到 P,那么 P 点的场强复数表示式为:

$$E_P = \frac{\varepsilon_0}{\rho + r_0} e^{i[\omega t - k(\rho + r_0)]},$$

但是根据子波合成概念,P 点的场强复数表示式为:

$$E_P = \frac{E_1}{2} = \frac{K_1 \varepsilon_A \rho \lambda}{i(\rho + r_0)} e^{i[\omega t - k(\rho + r_0)]},$$

这两个式子是用不同方法说明同一问题,所以应该完全相等. 比较上面两个式子,取 $K_1 = 1$,得 $\dfrac{\varepsilon_A \lambda}{i} = \varepsilon_0$. 由于 $\varepsilon_A = Q\dfrac{\varepsilon_0}{\rho}$,可得比例系数 $Q = \dfrac{i}{\lambda}$. 其中 i 的物理意义表示子波波源的辐射与初波辐射的相位相差 $\dfrac{\pi}{2}$.

2. 振幅矢量作图法

现在,我们用另一种方法——振幅矢量作图法来定性分析菲涅耳衍射. 如果我们将第一个半周期带分成 N 个小带,小带的分法为:以 P 点为球心,分别以

$$r_0 + \frac{1}{N} \cdot \frac{\lambda}{2}, r_0 + \frac{2}{N} \cdot \frac{\lambda}{2}, r_0 + \frac{3}{N} \cdot \frac{\lambda}{2}, \cdots, r_0 + \frac{\lambda}{2}$$

为半径作球,在第一个半周期带上分成 N 个子带,每一个子带在 P 点产生一个振动,而 N 个振动的合成必定是 E_1. 第一个子带发出的子波到达 P 点的振动,其振幅矢量用 Δa_1 表示,第二个子带到达 P 点的振动,其振幅矢量用 Δa_2 表示,Δa_2 的大小比 Δa_1 小一些(因为倾斜因子收缩每一个子带的振幅),相位要比 Δa_1 落后 $\dfrac{\pi}{N}$ $\Big($光程差为 $\dfrac{\lambda}{2}$,相当于 π 的相位差,现光程差为 $\dfrac{1}{N} \cdot \dfrac{\lambda}{2}$,故相位差为 $\dfrac{\pi}{N}$ $\Big)$. 第三、第四……子带可依次类推. 根据惠更斯-菲涅耳原理,第一个

半周期带的子波到达 P 点的振动应该是这些带的振动合成,其相应的振幅矢量也应该是这些带所产生的振动的振幅矢量的合成图. 图 4.13(a) 就表示 $N=10$ 个子带振幅矢量的合成图. 如果把这个波带分成无限多 $(N \to \infty)$ 的小部分,这时折线图就变成与半圆形相差很小的一个弧,如图 4.13(b) 所示. 同时此弧在 M_1 点的方向与 O 点的方向相反,因为这个波带最后一个圆部分在 P 点产生的振动相位显然与开始第一个子带所产生的相反,因为两者到 P 点的距离刚好相差 $\frac{\lambda}{2}$. OM_1 就是第一个波带在 P 点引起的合振动的振幅.

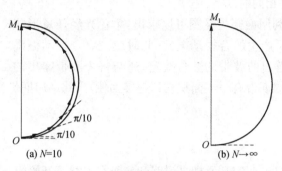

图 4.13 一个半周期带的振幅矢量合成图

第二个波带在 P 点的合振动又是怎么样的呢? 根据上面的讨论,就在第一波带的振幅矢量图中以 M_1 为起点再画一个稍微小一些、和半圆有稍许偏差的曲线,如图 4.14(a) 所示,OM_2 就是两个波带在 P 点合振动的振幅矢量. 波带数愈多,则所有的波带到达 P 点的振动,其振幅矢量的合成图就愈趋近一螺线. 从图 4.14(b) 中可以看出奇数带时,矢量的末端 M_m 点出现在曲线的上面,合振动振幅

$$|E_P| = OM_m = \frac{1}{2}OM_1 + \frac{1}{2}OM_m,$$

$$|E_P| = \frac{1}{2}|E_1| + \frac{1}{2}|E_m|,$$

同样,当 m 是偶数时,M_m 点到图下半部,如图 4.14(b) 所示,P 点合振动的振幅为

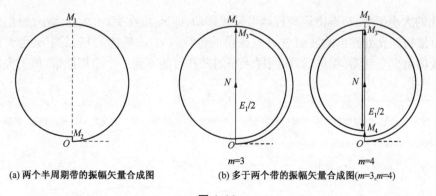

(a) 两个半周期带的振幅矢量合成图   (b) 多于两个带的振幅矢量合成图($m=3,m=4$)

图 4.14

$$|E_P| = \frac{1}{2}|E_1| - \frac{1}{2}|E_m|,$$

这个结论是和上节的结论相同的.

在自由传播情况下,这螺旋线就一直绕到半径趋向于零,最后到达圆心 N. 由 O 到 N 作合成矢量,其长度即为整个波自由传播时在 P 点产生的振幅. 由图 4.14(c),即可看出

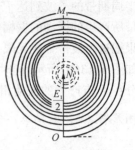

$$|E_P| = \frac{1}{2}|E_1|,$$

这与上面讨论的结果是相同的.

（c）自由传播时的振幅矢量合成图

续图　4.14

根据同样的原理,利用振幅矢量图可以求出,单色光经任意形状的衍射屏在屏后 P 点所产生的合振动振幅. 此时应注意合振动振幅不仅由此屏对 P 点所露出的波带的数目决定,还与每个波带露出的面积有关. 如有一个半周期带有一半面积被衍射屏挡住,则此半周期带所产生的振幅矢量应缩小一半.

4.4.2　圆孔衍射

下面我们运用惠更斯-菲涅耳原理来说明和解释在本章一开始所介绍的实验结果.

在圆孔衍射实验中,为普遍起见,入射到圆孔上的光认为是点光源 S 发出的(如果入射到圆孔上的光是平行光,也就是相当于点光源 S 在无穷远处),在圆孔处出现的波面为部分球面(如图 4.15). 我们先讨论轴线上一点 P 的强度. 下面分两种情况来加以分析.

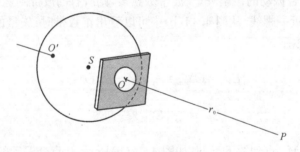

图 4.15　圆孔衍射

（i）孔的大小不变, P 点由远到近地沿轴线移动,即 r_0 值在变,由大变到小. 根据上面讨论的方法,可推得圆孔处露出的波面对 P 点来讲的带数与 r_0 成反比[①]. 所以当 r_0 由大到小变化时,波带数将由少变到多. 在很远处,同样大小的开孔可能不到一个半周期带(属于夫琅和费衍

---

① 为简便起见,现证明当照明光源 S 离衍射屏无穷远的情况,即入射到衍射屏的光为平行光的情况. 如圆孔对 P 点露出 k 个带时,孔径的边缘到 P 点的距离为 $r_0 + k\dfrac{\lambda}{2}$,此时

$$\left(\frac{D}{2}\right)^2 = \left(r_0 + k\frac{\lambda}{2}\right)^2 - r_0^2,$$

式中 D 为圆孔的直径.

化简后得　　　　　$k = \dfrac{D^2}{4r_0\lambda}$,

证得　　　　　$k \propto \dfrac{1}{r_0}$.

射).当 P 点移近时,波带数逐渐增加,P 点的光强将由式(4.11)或式(4.12)决定,有时强,有时弱,偶数带时暗一些,奇数带时亮一些.如 P 点移到某一位置,此时露出波面对 P 点来讲刚好是两个波带,那么 P 点合振动 $E = E_1 - E_2 = 0$,$I = 0$,也就是出现了前面介绍过的实验结果——光斑中心为一暗点.

(ii) 当观察点 P 的位置不变,孔的大小在变.当孔的口径逐渐增大时,露出波阵面的面积增大,露出波带的数目也增大.由于 P 点的光强实际上取决于露出波阵面上波带的数目,当孔的大小使露出的带数为偶数时,P 点光强暗一些;露出的波带数为奇数时,P 点光强亮一些.当孔很小时,小到露出波阵面对 P 点刚好是一个波带时,P 点的振幅为 $E_P = E_1$,$I_P = E_1^2$.当孔很大很大时,相当于光自由传播时,它所包含的波带数很多很多,E_m 就趋近于零,因而可以忽略不计.这时,P 点的振幅为 $E = \dfrac{1}{2} E_1$,其光强为 $I = \dfrac{E_1^2}{4}$.

这个结果告诉我们,当圆孔很大很大时,P 处的振幅只有第一个波带在该点振幅的一半,它的光强为只露出一个波带的小圆孔的光强的 1/4.这和我们一般常识有些不同,通常总是认为孔愈大,P 点光强.

上面分析了轴上 P 点的光强,那么 P 点周围的光强又该怎样分析呢?用和上面相同的方法,在讨论轴外点,如图 4.16 中 P_1,P_2,…点的光强时,先作 P_1 点,P_2 点,……与光源 S 的连线,此种连线与圆孔平面各相交于 O_1,O_2,O_3 点,然后各以 P_1,P_2,P_3 点为球心,按上面方法在露出波阵面上作半周期带,如图 4.16 所示.因为圆孔的几何中心与 O_1,O_2,O_3 有一定距离,所

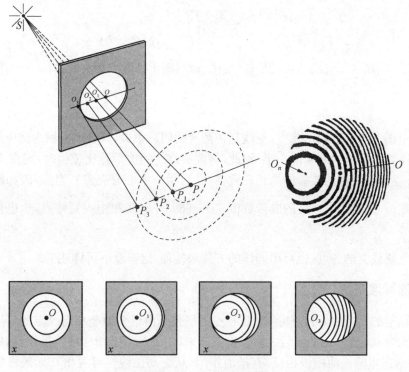

图 4.16　圆孔中的波带

以半周期带与圆孔是偏心的.在讨论 P_1,P_2,P_3 点的振幅时,不但要讨论有多少带露出,而且

还要计算每个带有多少面积露出. 所以当 P 向轴外移动时(相当于讨论 $P_1, P_2, P_3, \cdots$ 点),光强也会发生变化,有亮有暗. 由于结构的对称性,以 P 为圆心,以 PP_1 为半径,圆周上所有各点的情况与 P_1 点相同,所以此圆周有相同的光强. 当 P_1 点光强比较大时,这个圆环就形成亮条纹;当 P_2 点光强比较小时,相应圆环就形成暗条纹. 这样就在 P 点周围形成了明暗相间的圆条纹. 这个结论和我们在实验中所观察到的情况也是一致的.

4.4.3　圆屏衍射

圆屏的情况如图 4.17 所示,可以用同样的方法来处理,不过圆屏把波阵面某些部分挡住了,对轴上点 P 来说,圆屏把中央 $(n-1)$ 个带遮去了,而只允许第 n 个以后的波带上的子波传到 P 点,所以 P 点的合振幅应该是:

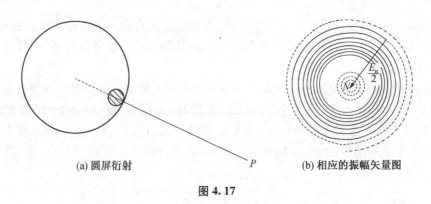

(a) 圆屏衍射　　　　　　　　　　　P　　　　　(b) 相应的振幅矢量图

图 4.17

$$|E_P| = |E_n| - |E_{n+1}| + |E_{n+2}| - |E_{n+3}| + \cdots,$$

并且由于 $|E_n| > |E_{n+1}| > |E_{n+2}| > |E_{n+3}| > \cdots$,而当露出带数 k 很大时,$|E_k| \to 0$,所以有

$$|E_P| = \frac{1}{2}|E_n|.$$

振幅矢量图上也可以看出此点,也就是在圆屏的阴影中央,其合成振幅为圆屏外第一个未遮住的波带所发出子波的效果的一半. 因此,当圆屏挡住的波带数比较少时,则在 P 点上始终是一个亮点. 这也和我们的实验结果相一致(圆屏后阴影中心有亮点). 当然,假如圆屏很大或 P 点距圆屏很近,则被圆屏挡住的波带数很多,$\frac{1}{2}|E_n| \to 0$,阴影中央是暗点,这也是和实际情况相符合的.

对于不在轴线上的各点,也可用同样的方法来处理,这里就不再详述了.

4.4.4　菲涅耳波带片

在圆孔衍射的讨论中,可以知道轴上 P 点的场强是由很多项叠加而决定的(见式(4.4)). 当圆孔比较大时,轴上 P 点的光强之所以大不起来,主要是由于相邻项符号相反,即由于奇偶波带在 P 点所产生的振动相位相反,有抵消作用(从振动曲线也可看出). 如果将抵消的部分去掉,那么 P 点的光强可以大大地增加. 譬如,一个圆孔对轴上 P 点露出波阵面刚好是 40 个半周期带,为增加 P 点的光强,可采用挡住奇数带或挡住偶数带,使露出 20 个带. 当将偶数带挡住时,P 点的合振幅为

$$|E_{20}| = |E_1| + |E_3| + |E_5| + \cdots + |E_{39}|$$
$$\approx 20E_1,$$

则 P 点的光强为：

$$I_{20} = 400E_1^2.$$

如果去掉圆孔屏，也就是孔无穷大时 P 点的光强为 $I_{全} = \dfrac{E_1^2}{4}$. 与上式相比

$$I_{20}/I_{全} = 1600,$$

即挡住偶数带后的圆孔在 P 点的光强比圆孔不存在时 P 点的光强大 1600 倍！如图 4.18(a) 所示.

如果将奇数带挡住，用同样方法讨论也可得出 P 点的光强大大增加的结论. 而这种把奇数或偶数的波带遮去的特殊装置称为振幅型波带片. 如果偶数带或奇数带不是挡住而是附加相位 π，则振幅矢量图如图 4.18(b) 所示，P 点光强更为加强，此种波带片称为两台阶相位型菲涅耳波带片. 这里振幅型波带片的振幅透过率只有(0,1)两个数值，两台阶相位型菲涅耳波带片的相位只有(0,π)两值，所以这两种波带片都是二元光学元件.

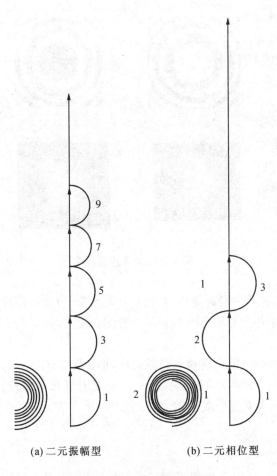

(a) 二元振幅型　　(b) 二元相位型

图 4.18　波带片的振幅矢量图

下面就来介绍此种波带片是怎样制作的. 在具体制作波带片前，首先求出每一波带的半径，由半周期带的定义可以知道，在平行光照明下第 k 个带的半径为（如图 4.19）：

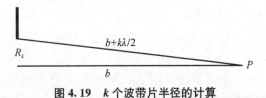

图 4.19　k 个波带片半径的计算

$$R_k^2 = \left(b + k\,\frac{\lambda}{2}\right)^2 - b^2 = bk\lambda + \frac{k^2\lambda^2}{4}.$$

由于光的波长 λ 很小，在 $k \ll 10^7$ 时，$\dfrac{k^2\lambda^2}{4} \to 0$，所以

$$R_k^2 = bk\lambda, \tag{4.13a}$$

$$R_k \propto \sqrt{k}, \tag{4.13b}$$

k 为顺序数，取 $1,2,3,\cdots$. 上式表示第 k 个波带的半径与 k 数值的平方根成正比. 因此，波带片的制法是：首先在白纸上画许多同心圆，使它们的半径与整数的平方根成正比，再把相间的带涂黑，然后用照相复制法得到一缩小底片，这就是所需的波带片. 如图 4.20 所示，图 4.20(a) 为遮住所有偶数带的波带片，使奇数波带的光透过；图 4.20(b) 为遮住所有奇数带的波带片，

使偶数波带的光透过. 两者都能使 P 点的光强增加很多,这一点与会聚透镜聚光的作用相同,因而波带片的作用又如一个会聚透镜,也可用于成像. 图 4.20(c)是用波带片代替透镜成像的实验结果,左图为原物,右图为所成的像.

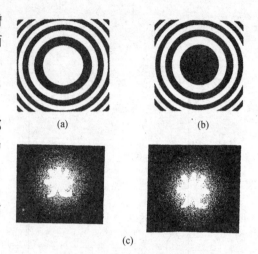

图 4.20　波带片及其成像

既然波带片的作用相当于一个会聚透镜,那么,与它相应的焦距是什么呢? 根据几何光学中关于焦距的定义,即当平面波入射到波带片上时,将在焦点处得到一个很强的光点. 按(4.13a)式,此波带片在 b 距离处光强增加很多倍,这个距离就是焦距,即

$$f=b=\frac{R_k^2}{k\lambda}. \tag{4.14}$$

由于 f 与 λ 有关,所以用此波带片聚焦时,将和一般透镜相同,也有色差现象. 但是波带片的焦距与波长成反比,这正好与玻璃透镜的焦距色差相反. 所以,如果两者配合使用,将有利于消除色差.

虽然菲涅耳波带片与普通透镜一样有聚光的功能,同时也有色差效应,但是两者还是不同的,除了两者色差规律不同外,最奇特的是菲涅耳波带片的焦距不只一个,而是有好几个. 如当 b 缩短到 $f/3$ 时,即将式(4.14)两边除以"3",原来 k 处变成了 $3k$,波带数增加了 3 倍.

$$\frac{f}{3}=\frac{b}{3}=\frac{R_k^2}{3k\lambda},$$

也就是原来一个波带区域,现在相当有 3 个波带. 其中 2 个相邻波带由于相位相反,正负互相抵消,所以只留一个波带. 这时此处($f/3$ 处)波带片虽然也有会聚作用(也能形成亮点),但光强比 f 处大为减弱,这个焦距一般称为次焦距. 同样 $f/5$,$f/7$,$\cdots$ 皆为其次焦距,而 f 称主焦距.

菲涅耳波带片除了次焦距外,还有一个与一般透镜不同的作用. 一个波带片既有使光会聚的作用,又有使光发散的作用,换句话说波带片既是一个会聚透镜(正透镜),又是一个发散透镜(负透镜). 其原理如图 4.21 所示. 由图 4.21(a)可知,所谓透镜的会聚作用,从波阵面来讲,能使平面波改变成球面波. 同样当平面波入射到波带片上(如图 4.21(b))时,使波带片平面上每点相位相同,如 L 与 N 同相位,由于在波带片制作时使

$$LP-NP=\lambda,$$

也就是以 P 为圆心,以 NP 为半径作圆交 LP 于 L'.

$$LP=LL'+L'P=LL'+NP.$$

已知　$LP-NP=LL'+NP-NP=\lambda,$
得　　$LL'=\lambda.$

相距一个波长的两点相位相同,由此推得 L 与 L' 的相位相同. 已知 L 与 N 相位相同,所以 L' 与 N 相位相同. 相同的分析,可以知道在波带片后面产生了一个以 P 点为中心同相位的

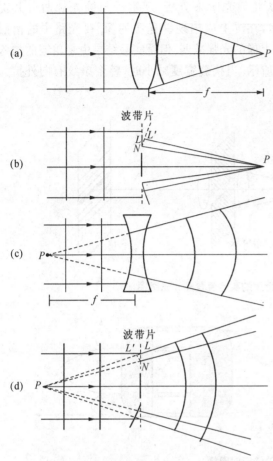

图 4.21 会聚透镜、发散透镜和波带片的会聚、发散作用

球面,换句话说出射波就有一个以 P 点(焦点)为中心的球面波,在物理上相当于一平面波经过波带片以后就形成一会聚的球面波,这也就相当于几何光学中所说正透镜的会聚作用. 发散透镜的作用是将平面波改造成发散的球面波(如图 4.21(c)). 同理在图 4.21(d)中,在入射光的方向,可找到一个 P 点(波带片的左边)使 $PL-NP=\lambda$(波带片制法中保证的). 如果以 P 点为圆心,以 NP 为半径作圆交 PL 于 L',则 L' 与 N 也是同相(与前相同讨论)的. 这样就形成了一个以 P 点为球心的同相位球面,即形成一个发散的球面波,从而使此波带片有发散透镜的作用.

同理,当平面波经过波带片后,仍保留平面波. 综上所述,菲涅耳波带片的作用可用图 4.22 表示,可相当于一平面平行板、许多会聚透镜和许多发散透镜的组合.

这里值得注意的是:波带片的会聚作用和发散作用,相当于平面波经过波带片的黑白相间同心圆条纹的空间调制后,改变成曲率不同的球面波. 这是脉冲调制技

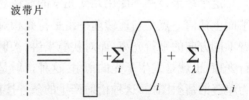

图 4.22 菲涅耳波带片的等效元件

术在光学中的一种应用,只是这种脉冲是空间脉冲(条纹). 脉冲宽度和脉冲位置在这里就是波带片中圆条纹的宽度和圆条纹的位置. 通过上面的分析,可以知道,这种二元光学元件(振幅型或相位型)可以将平面波改造成不同曲率的球面波. 完全可以联想到,用这种二元技术使入射的平面波改造成任意形状的波面. 这也就是新兴的二元光学引人入胜之处.

 4.5   夫琅和费衍射

4.5.1 平行光照明时的单缝衍射

现在,让我们根据惠更斯-菲涅耳原理来讨论单缝所产生的衍射现象. 图 4.23 为实验装置图. 缝光源放在透镜 L_1 的前焦面上,使入射到开有狭缝的衍射屏上的光为平行光. 这组平行

光经过狭缝后会聚在 L_2 的第二焦平面处.从几何光学来分析,观察屏与缝光源两者共轭(物像关系),观察屏是缝光源像的位置.显然,在屏上应出现缝光源的像.在光路中的衍射单缝,仅使参加成像的光束减小,其结果使屏上像的光强减弱.但是实验结果由于单缝的加入在屏上看到有明暗相间的条纹,如图 4.24(a)所示.当狭缝宽度减小时,整个条纹有向外扩大的现象,如图 4.24(b)所示.

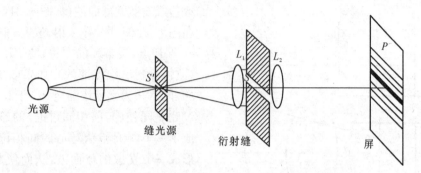

图 4.23　夫琅和费单缝衍射的实验装置图和光路图

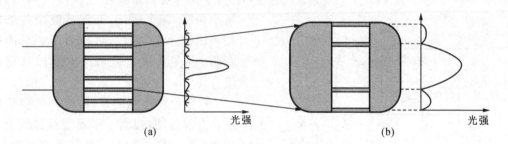

图 4.24　单缝衍射图样

　　这个结果显然不能用几何光学的成像规律来说明.根据观察屏是 L_2 的第二焦平面,而焦平面上任何一点是与透镜前一组平行光相对应的,所以现在的实验结果说明 L_2 前狭缝后存在着不同方向的平行光束.而对狭缝来讲,入射的是一束平行光,在狭缝后出现了不同方向的平行光束,也就是发生了光的衍射.这种衍射是由于单缝引起的,所以在观察屏上出现的图样称为单缝的衍射图样.这种衍射产生的条件按前面的分类是属于夫琅和费衍射.

　　现在根据惠更斯-菲涅耳原理计算单缝衍射的强度分布.由于狭缝长度比光波波长大得多,所以我们可以不考虑沿缝长方向(垂直于图平面)的衍射,而只考虑沿缝宽方向(图平面内)的衍射(见后讨论).这就是说,我们只需要讨论图平面内的各个子波源所发的次波在 P 点的干涉.在夫琅和费衍射情况下,P 点在透镜 L_2 的焦平面上,设它和透镜中心的连线与透镜光轴的夹角为 θ,则由图 4.25 可知

$$y' = f_2\tan\theta, \tag{4.15}$$

式中 y' 是 P 点到光屏中心 O' 的距离,f_2 为透镜 L_2 的焦距.这样 P 点的位置可由 θ 决定,θ 角一般叫做衍射角.射向 P 点的光在没有被透镜 L_2 会聚之前是相互平行的,和光轴的夹角必定也是 θ.

　　为了计算这些光在 P 点的干涉强度,我们把狭缝处的波前分成很多很小的段元 dy,也就

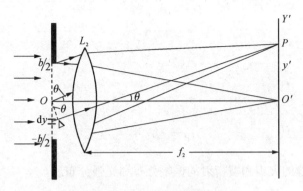

图 4.25　单缝衍射的原理图

是狭缝处的波前可看成很多小波源,然后讨论这些小波源发出的次波在 P 点的合振动.

设 b 为单缝的宽度,$\mathrm{d}y$ 代表在缝平面内任一小段波阵面的宽度,它到中心 O 的距离为 y,位于中心 O 点的一小段 $\mathrm{d}y$ 在 P 点所产生的振动复数表达式为:

$$\mathrm{d}E_0=\frac{A\mathrm{d}y}{r_0}\mathrm{e}^{\mathrm{i}2\pi(\frac{t}{T}-\frac{r_0}{\lambda})}.$$

同样,其他各小段 $\mathrm{d}y$ 在 P 点所产生的振动复数表达式为:

$$\mathrm{d}E_P=\frac{A\mathrm{d}y}{r}\mathrm{e}^{\mathrm{i}2\pi(\frac{t}{T}-\frac{r_0+\Delta}{\lambda})}=\frac{A\mathrm{d}y}{r_0+y\sin\theta}\mathrm{e}^{\mathrm{i}2\pi(\frac{t}{T}-\frac{r_0}{\lambda}-\frac{y\sin\theta}{\lambda})},$$

根据惠更斯-菲涅耳原理,P 点的合振动应是这些小波源所发的次波在 P 点的叠加,即

$$E_P=\int_{-\frac{b}{2}}^{\frac{b}{2}}\frac{A\mathrm{d}y}{r_0+y\sin\theta}\mathrm{e}^{\mathrm{i}(\omega t-\frac{2\pi}{\lambda}r_0-\frac{2\pi}{\lambda}y\sin\theta)},$$

对出现在分母上的 $y\sin\theta+r_0$,变化部分 $y\sin\theta$ 相对 r_0 比较小,可以忽略,所以可以当作常数 $(1/r_0)$ 移出积分号.而指数函数内 $y\sin\theta$ 是相对波长而言的,变化比较敏感,不可忽略,更不可当作常数移出积分号外,所以

$$E_P=\frac{A}{r_0}\mathrm{e}^{\mathrm{i}(\omega t-\frac{2\pi}{\lambda}r_0)}\int_{-\frac{b}{2}}^{\frac{b}{2}}\mathrm{e}^{-\mathrm{i}\frac{2\pi}{\lambda}y\sin\theta}\mathrm{d}y$$

$$=\frac{A}{r_0}\mathrm{e}^{\mathrm{i}(\omega t-\frac{2\pi}{\lambda}r_0)}\frac{1}{-\mathrm{i}\frac{2\pi}{\lambda}\sin\theta}\mathrm{e}^{-\mathrm{i}\frac{2\pi}{\lambda}y\sin\theta}\Big|_{-\frac{b}{2}}^{\frac{b}{2}}$$

$$=cb\frac{\sin\left(\frac{\pi}{\lambda}b\sin\theta\right)}{\frac{\pi}{\lambda}b\sin\theta}\mathrm{e}^{\mathrm{i}(\omega t-\frac{2\pi}{\lambda}r_0)},$$

其中 $c=\dfrac{A}{r_0}$.P 点的振幅为

$$A(\theta)=cb\frac{\sin\left(\frac{\pi}{\lambda}b\sin\theta\right)}{\frac{\pi}{\lambda}b\sin\theta},$$

令 $\beta = \dfrac{\pi b \sin\theta}{\lambda}$，则

$$A(\theta) = cb\,\frac{\sin\beta}{\beta}. \tag{4.16}$$

P 点的光强：

$$I_P = c^2 b^2\,\frac{\sin^2\beta}{\beta^2}. \tag{4.17}$$

图 4.26 表示单缝的夫琅和费衍射的振幅分布和光强分布.

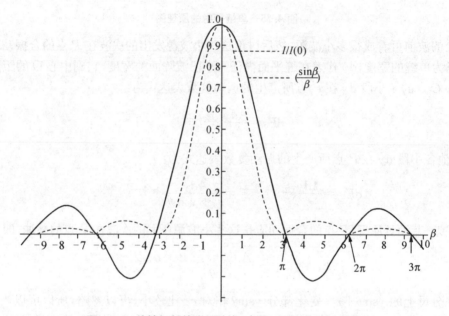

图 4.26　单缝衍射的光强分布（虚线）和振幅分布（实线）

为了进一步讨论衍射图样的光强分布规律，让我们首先弄清光强公式（4.17）每一项的物理意义.

（1）β 的物理意义

$$\beta = \frac{\pi b \sin\theta}{\lambda} = \frac{1}{2}\,\frac{2\pi}{\lambda}b\sin\theta, \tag{4.18}$$

$b\sin\theta$ 为缝上边和缝下边子波源所发的次波到达 P 点的光程差，如图 4.27 所示. $\dfrac{2\pi}{\lambda}b\sin\theta$ 代表两子波源所发的次波到达 P 点的相位差. 根据公式（4.18），β 的物理意义为缝的两端所发的次波到达 P 点相位差的一半.

（2）$c^2 b^2$ 的物理意义

如果用 $A(0)$ 表示 θ（入射光束方向）$\to 0$ 的合振幅，当 $\theta \to 0$，$\beta = \dfrac{\pi b \sin\theta}{\lambda}$

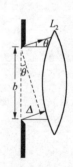

图 4.27　单缝衍射的光程差

0,此时 $\frac{\sin\beta}{\beta}\to 1$.[1]代入(4.16)式,得 $A(0)=cb$. 代入(4.17)式,得 $I(0)=c^2b^2$,所以 c^2b^2 代表原来方向($\theta\to 0$)的光强. 将此结论代入(4.17)式,单缝衍射的强度公式可改写成:

$$I(\theta)=I(0)\frac{\sin^2\beta}{\beta^2}. \tag{4.19}$$

在这里,值得注意的是:

(i) 当 $b\gg\lambda$,即缝很宽时,只要 $\theta>0$,$\beta=\frac{\pi b\sin\theta}{\lambda}$ 就是比较大的数,$\frac{\sin\beta}{\beta}\to 0$. 所以屏上强度主要发生在 $\theta=0$,即原来入射光的方向. 其他方向强度很小,这就相当于衍射不明显的情况,这也就是前面不考虑缝长方向衍射的原因.

(ii) 当 b 接近 λ,即缝很窄时,不论什么 θ 角,β 值总是很小. $\sin\beta\to\beta$,$\frac{\sin\beta}{\beta}\to 1$,$I(\theta)\approx I(0)$,对所有 θ 角,光强相同,这时衍射效应很明显.

为了进一步说明光强分布情况,下面对强度的极值进行讨论. 按数学中求极值的方法:

$$\frac{\mathrm{d}I}{\mathrm{d}\beta}=0\Rightarrow\frac{\beta^2 2\sin\beta\cos\beta-2\beta\sin^2\beta}{\beta^4}=0,$$

其极值各为

(i) $\beta=0$,极大条件,说明光沿原来方向光强最大.

(ii) $\sin\beta=0$,$\beta=\pm k\pi$,$k\neq 0$,极小条件.

(iii) $\beta=\tan\beta$,次极大条件.

图 4.26 中虚线代表单缝衍射的强度分布曲线,从图像可以看出一束平行光线传播过程中遇到单缝,光能要重新分布,但是主要还是集中在 $\theta=\arcsin\left(\frac{\lambda}{b}\right)$ 和 $\theta=\arcsin\left(-\frac{\lambda}{b}\right)$ 之间,或近似在 $\frac{\lambda}{b}$ 和 $-\frac{\lambda}{b}$ 之间 $\left(\text{将 }\beta=\pm\pi\text{ 代入 }\beta=\frac{\pi b\sin\theta}{\lambda}\text{,可得第一极小衍射角 }\theta=\arcsin\frac{\lambda}{b}\right)$. 从衍射角度来考虑,一束平行光经过狭缝后出来的光束要扩散,不但有原来方向的平行光束,还有其他方向(θ)的平行光束,即角宽度由 0 变为 $2\frac{\lambda}{b}$. 图 4.28 用极坐标表示衍射光束的强度分布. 其中任意一角度的径矢长度代表此方向平行光束的强度.

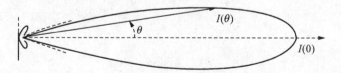

图 4.28 用极坐标表示单缝衍射的强度分布

---

[1] $\dfrac{\sin x}{x}=\dfrac{x-\frac{1}{6}x^3+\cdots}{x}=1-\frac{1}{6}x^2+\cdots$

当 $x\to 0$,$\dfrac{\sin x}{x}\to 1$.

同样,单缝强度分布公式可用振幅矢量作图法推得. 假设单缝平面的波阵面(即露出的波面)分成很多的等份,例如 9 份,因为每一等份宽度相等,它们对屏上某一点的距离相差很小,所以每一等份在屏上 P 点所引起的振幅 a 相等. 至于振动的相位,则对每个等份来说是不同的,但两相邻等份在屏上 P 点所引起振动的相位差 δ 是一定的. 如 $\beta=0$,即单缝两端的小段波面到达 O' 点(如图 4.25)的振动相位差为零,则振幅矢量合成如图 4.29(a)所示. A_0 代表此时的合振幅,光强最大(即主最大). 如 $\beta=\dfrac{\pi}{4}$,即由单缝两端的小段波面到达 P 点的振动位相差 2β 为 $\pi/2$,则合振动的振幅为 A',如图 4.29(b)所示. 如果把波阵面分成无限多等份,则矢量图为一圆弧,其长仍是 A_0,且合振幅 A' 等于此圆弧的弦长,如图 4.29(c)所示. 从图中可以看出,这段弧对圆心所张的角应为 2β,因为首末两矢量的相位差就是 2β. 设弧的半径为 q(如图 4.29(c)),并从圆心作 A' 的垂线,则由几何关系,我们得到

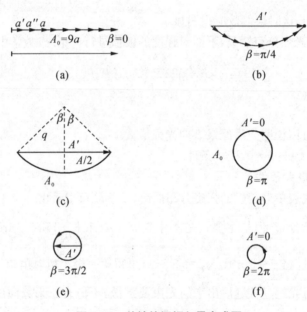

图 4.29　单缝的振幅矢量合成图

$$\sin\beta=\frac{\frac{1}{2}A'}{q},\quad A'=2q\sin\beta,$$

因而

$$\frac{A'}{A_0}=\frac{弦}{弧}=\frac{2q\sin\beta}{q\cdot 2\beta}=\frac{\sin\beta}{\beta},$$

$$A'=A_0\,\frac{\sin\beta}{\beta},\quad I=I(0)\frac{\sin^2\beta}{\beta^2},$$

这与(4.19)式的结果相同.

图 4.29(d),(e),(f)各代表 $\beta=\pi,\dfrac{3\pi}{2},2\pi$ 时的振幅矢量合成图. 各图中曲线的弧长不变,总是 A_0. 随着 β 增大,曲线将逐渐卷起来,曲线越卷越小,合矢量 A' 也越来越小,相应的光强也

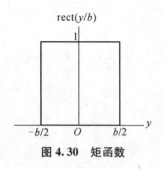

图 4.30 矩函数

越来越小. 这和图 4.26 中 β 越大、光强越小的实验结果也是一致的.

最后让我们来看一下,推导过程中所用到的积分

$$\int_{-\frac{b}{2}}^{\frac{b}{2}} e^{i\frac{2\pi}{\lambda}y\sin\theta}dy$$

的物理意义. 如果引进矩函数(如图 4.30)

$$\text{rect}\left(\frac{y}{b}\right)=\begin{cases} 0, & |y|>\dfrac{b}{2}, \\ 1, & |y|<\dfrac{b}{2}, \end{cases}$$

且因 $\sin\theta=\dfrac{y'}{f}$(参见图 4.25),上述积分可改写为

$$\int_{-\frac{b}{2}}^{\frac{b}{2}} e^{-i\left(\frac{2\pi}{\lambda}y\sin\theta\right)}dy = \int_{-\infty}^{\infty} \text{rect}\left(\frac{y}{b}\right)e^{-i(2\pi\nu_y y)}dy,$$

其中 $\nu_y=\dfrac{y'}{\lambda f}$,有空间频率的量纲. 上式具有傅里叶积分形式,所以夫琅和费衍射图样可看作是衍射孔径(在此为单缝)振幅分布的傅里叶变换.

4.5.2 圆孔衍射

如果把单缝衍射装置(如图 4.23)中的衍射狭缝换成一小圆孔,把光源换成一个点光源,如图 4.31(a)所示,则在光屏上产生的就是圆孔的衍射图样,如图 4.31(b)所示.

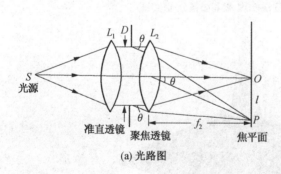

(a) 光路图

(b) 衍射图样

图 4.31 圆孔的夫琅和费衍射

按照几何光学,图 4.31 中屏上的像应该是一光点(点光源的像). 但是由于光的衍射效应,这个像变成了一个圆斑,外面围着一圈暗、一圈亮的圆环. 亮环(次极大)的强度很快地减弱,一般只能看到一个或两个. 有的书中把这种圆孔衍射花样叫做爱里(Airy)斑.

圆孔衍射和单缝衍射在原理上完全一样,是由圆孔上各点所发次波在光屏上的干涉造成的. 但是,在具体关系上,由于圆孔对系统的光轴具有对称性质,它所产生的衍射花样是以光轴为对称轴的圆形衍射图样. 如图 4.31(b)所示,中心圆斑是主极大,它外边的暗圈是第一极小,第二个暗圈是第二极小,……正像单缝衍射一样,比值 $\dfrac{\lambda}{D}$ 决定着各个圆环的间隔(条纹间距).

此处 D 为圆孔直径.

通过具体计算可以得到,夫琅和费圆孔衍射强度为:

$$I(\theta)=I(0)\left[\frac{2J_1\left(\frac{\pi D\sin\theta}{\lambda}\right)}{\frac{\pi D\sin\theta}{\lambda}}\right]^2,\qquad(4.20)$$

J_1 为第一类一阶贝塞尔函数,其数值可在大多数的数学手册中查得.

如用 $u=\frac{\pi D\sin\theta}{\lambda}$,上式可改写为

$$I(\theta)=I(0)\left[\frac{2J_1(u)}{u}\right]^2.$$

图 4.32 为此公式所代表的强度分布曲线和振幅分布曲线.

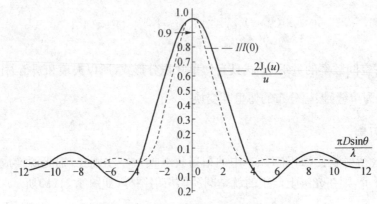

(a) 圆孔衍射光强分布(虚线)和振幅分布(实线)

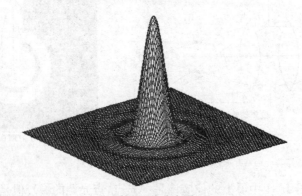

(b) 光强二维分布图

图 4.32

当 $u=0$,$\frac{J_1(u)}{u}=\frac{1}{2}$ 时,此衍射花样的主极大发生在 $\theta=0$. 当 $u=3.83$ 时,$J_1(u)=0$(由贝塞尔函数表查得),光强最小,也就是爱里斑的第一个暗环发生在

$$\frac{\pi D\sin\theta}{\lambda}=3.83,\quad D\sin\theta=1.22\lambda.$$

而在图 4.31(a)中,暗环离中心距离 l 可由下式决定:

$$l = 1.22 \frac{f\lambda}{D}. \tag{4.21}$$

(4.21)式正好和单缝中第一极小的公式相对应.

在单缝中,第一极小的衍射角为

$$\theta_{\min} = \arcsin \frac{\lambda}{D},$$

其中 D 为单缝的宽度. 在圆孔中,第一极小的衍射角为

$$\theta_{\min} = \arcsin\left(1.22 \frac{\lambda}{D}\right),$$

此处 D 为圆孔的直径. 从衍射角度来看,圆孔衍射所产生的中央极大的宽度比单缝衍射所产生的中央极大的宽度要大. 但从能量角度来看,圆孔衍射中能量的大部分是集中在中央极大区域(84%)和开始几个圆条纹之间,如在第二个暗条纹以内就集中了 91% 的能量. 从能量下降趋势看单缝的第一个、第二个、第三个极大相对中央主极大的比例分别为 4.7%,1.6% 和 0.8%(如图 4.26),而圆孔则分别为 1.70%,0.04% 和 0.02%(如图 4.32). 所以从能量分布看,圆孔衍射后的能量比单缝更集中些,透镜采用圆形比方形的要好.

4.5.3　远区场衍射和近区场衍射

在上面单缝的讨论中,已经看到夫琅和费衍射图样和衍射屏的傅里叶变换密切相关,所以确定夫琅和费衍射的位置是很有实际意义的. 在前面我们已经把夫琅和费衍射或远区场衍射规定为当光源和观察屏离开衍射屏很远时观察到的一种衍射. 如果光源或观察屏靠近衍射屏时,则可观察到菲涅耳衍射.

如果从另一角度来分析,一个直径为 D 的圆孔衍射屏,当光源放在无穷远处,相当于照明光是平行光. 如果观察点距衍射屏为 $\frac{D^2}{4\lambda}$,可以算出此时衍射屏对观察点正好露出一个半周期带. 如果观察点到衍射屏的距离小于 $\frac{D^2}{4\lambda}$,那么衍射屏对观察点露出多于一个半周期带. 以此为界,在此以内就是菲涅耳衍射区,或近区场衍射. 同样,如果观察点移到 $\frac{D^2}{4\lambda}$ 之外,衍射屏露出不足一个半周期带,就进入远区场衍射或夫琅和费衍射区. 在前面介绍的观察夫琅和费衍射装置中,观察屏在衍射屏后透镜的焦平面处,就相当于观察屏离衍射屏无穷远,此时衍射屏对观察点露出的半周期带数就趋近于零,因此是夫琅和费衍射. 根据衍射屏露出半周期带的数目来确定衍射是近场(菲涅耳)衍射还是远场(夫琅和费)衍射的方法,同样可用于衍射屏在非平面波照明的情况,特别可确定夫琅和费衍射的位置. 图 4.33 表示了几种照明情况下,衍射屏的夫琅和费衍射图样出现的位置. 图 4.33(a)是前面讨论过的夫琅和费衍射出现的位置,也就是光源的共轭位置(光源像的位置). 以此类推(b),(c)图中衍射物的照明,一个是会聚照明,另一个是发散照明,其观察夫琅和费衍射屏的位置,都是在光源的共轭位置上.

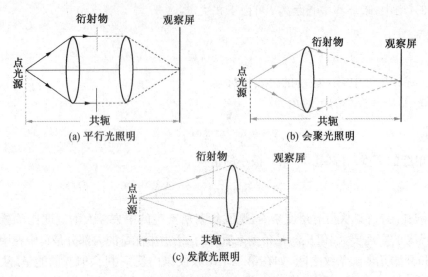

图 4.33　观察衍射物夫琅和费衍射的三种光路

4.6　分辨本领

上面我们主要讨论分析了光的衍射现象.但这些讨论分析,究竟对实践有什么指导意义?现在仅举一个例子来说明.一般情况下,为了扩大视力,我们采用了望远镜与显微镜.在几何光学中已经知道望远镜主要通过角放大使我们能看清远处的物体,显微镜主要通过线放大和角放大的结合使我们能看清原来看不清的东西.那么,望远镜的角放大率和显微镜的放大率是否越大越好呢? 这两个放大率是否是这两类仪器性能的唯一参数呢? 情况并不是这样.在显微镜中除了放大率外,往往还有另一个重要参数——数值孔径.望远镜中一般用另一参数——物镜口径的大小来标志望远镜的性能,而望远镜的角放大率往往并不标出.这说明放大率并不是这两类仪器的唯一参数.这是什么原因? 原来,圆孔衍射在光学仪器(如望远镜、显微镜)里有很重要的影响.因为这些仪器的结构一般包括圆孔光阑,就是没有圆孔光阑,至少也包括透镜,而透镜的边缘在光路中起着圆孔光阑的作用.根据光的衍射理论,一个物点经过成像系统后,即使是没有任何像差的理想系统,所产生的像也不是一个点,而是一个衍射花样(中央一个极大,边上有明暗相间的圆环,中央极大还有一定宽度).这样就有可能在某种情况下,两个点的像虽然放大了,但因衍射图样相互重叠,以至看不清,这时放大率就失去实际意义了.

4.6.1　望远镜的分辨本领

按照几何光学成像原理,遥远的星体将在望远镜物镜 L 的后焦面上成像,如图 4.34(a)所示.图中 S_1' 是 S_1 的像,S_2' 是 S_2 的像.

但是,物镜 L 本身的边缘就相当于一个直径为 D 的圆孔光阑,它对来自远方的平行光要产生衍射(夫琅和费衍射).因此 S_1' 和 S_2' 实际上都不是一个"点",而是"像",是图 4.34 的屏上

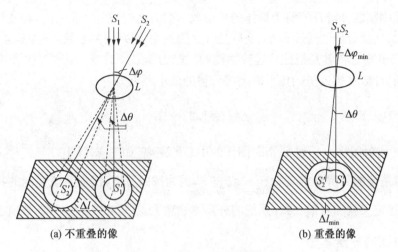

图 4.34　两个衍射图像的叠加

的衍射花样——衍射像.不过由于物镜 L 的直径比波长 λ 大得多,所以衍射对成像的影响并不严重,但它总是存在的.当两个星体或物点 S_1,S_2 靠得很近的时候,它们的衍射像 S_1',S_2' 就要发生交叠.一般认为,当一个衍射像的主极大和另一个衍射像的第一极小重合时,这两个像算刚刚分开,如图 4.35(b)所示,再近就分辨不清是两个像还是一个像,如图 4.35(c)所示.

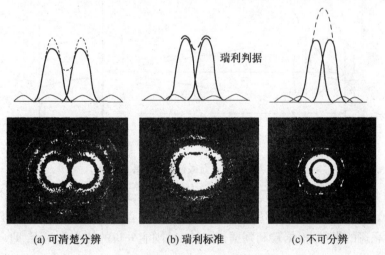

(a) 可清楚分辨　　(b) 瑞利标准　　(c) 不可分辨

图 4.35　两星点的强度分布

在光学上,分辨极限的这种定义叫做**瑞利（Rayleigh）判据**或**瑞利标准**.当然它不是绝对的,而是带有一点主观性的.

按照瑞利判据,望远镜物镜刚刚能分辨开的两个星体的角距离 $\Delta\varphi_{\min}$ 应等于它的第一级衍射极小的衍射角 $(\Delta\theta)_{\min}$.由公式(4.21)可知

$$\Delta\varphi_{\min}=(\Delta\theta)_{\min}=\arcsin\left(1.22\frac{\lambda}{D}\right).$$

由于物镜直径 D 比波长大得多,在光学中当 $\Delta\theta$ 很小时,因为 $\sin\Delta\theta$ 可以用 $\Delta\theta$ 代替,于是得到

$$\Delta\varphi_{\min}=1.22\frac{\lambda}{D}. \tag{4.22}$$

这就是望远镜刚刚能分辨开的两个星体的角距离. 它和物镜直径 D 成反比, 和波长成正比. 物镜的直径越大, 它能分辨的角度愈小, 这就是天文工作中常以物镜直径大小来标志望远镜的原因. 如一般称 5m 望远镜就是指此望远镜物镜的口径为 5m.

按照瑞利标准, 在望远镜的焦平面上可分辨的最小距离为

$$\Delta l_{\min}=1.22\frac{f\lambda}{D},$$

$\Delta l_{\min}$ 即指 S_1' 的衍射图样中心到 S_2' 衍射图样的中心的距离 (如图 4.34(b)).

一般成像系统的分辨率定义为 $\dfrac{1}{\Delta\varphi_{\min}}$ 或 $\dfrac{1}{\Delta l_{\min}}$, 因为按照习惯, 代表系统性能的物理量愈大, 性能愈好, 上述定义就和习惯一致. 系统的分辨本领愈大, 这样定义的分辨率数值也愈大.

4.6.2　显微镜的分辨本领

对于显微镜来说, 同样有分辨率的问题, 不过通常用来表示细节分辨本领的不是角度的大小, 而是能够分辨最小细节的线度, 也就是显微镜所能分辨的两物点间的最小的距离.

图 4.36 中 O 为显微镜的物镜, AA' 和 BB' 分别为物平面和像平面, D 为物镜的孔径光阑

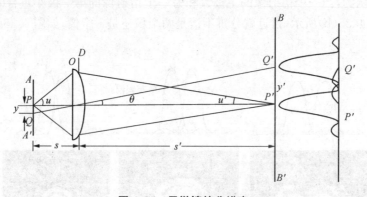

图 4.36　显微镜的分辨率

(又是入瞳) 的直径, AA' 上某一点 P 在 BB' 上对应有一个 P' (因圆孔衍射, 是一个以 P' 为中心的爱里斑), AA' 上另一点 Q 则在 BB' 上有另一以 Q' 为中心的爱里斑. 如果 $P'Q'$ 距离 y' 恰好等于爱里斑中央亮斑的半径, 根据瑞利判据, 此时 y' 是刚能分辨的最小像间距. 即

$$y'=s'\cdot\theta=s'\cdot1.22\frac{\lambda}{D}=0.61\frac{\lambda}{\sin u'},\tag{4.23}$$

其中 $\sin u'=\dfrac{D}{2s'}$. 但是对显微镜来说, 关心的是能分辨的最小物间距, 所以上式还得变换. 在显微镜设计中, 为了消除像差, 物镜要满足阿贝正弦条件

$$yn\sin u=y'n'\sin u',\quad(见式(1.57))$$

n,n' 分别为物镜的物空间和像空间的折射率, u,u' 为物方和像方的孔径角. 一般 $n'=1$, 所以代入 (4.23) 式, 可得物镜所能分辨的最小物点间距为:

$$y=0.61\frac{\lambda}{n\sin u}=0.61\frac{\lambda}{\mathrm{N.A.}},\tag{4.24}$$

式中 N. A. $=n\sin u$ 为显微镜的数值孔径. N. A. 愈大，y 愈小，显微镜的分辨本领也愈高. 这也就是在一般显微镜的物镜上除标出倍数外，还标出数值孔径的原因.

式(4.24)提供了提高显微镜分辨本领的方向：增加数值孔径 N. A. 和减小照明光波波长 λ. 加大 N. A. 的途径有两方面：一是增加 u 角使之接近 90°，一是增大物方的折射率 n（可达 1.50 左右）. 总之 N. A. 不会超过 1.50. 减小波长指用波长较短的光波照明，比如用 250nm～200nm 的紫外光照明得到的分辨本领比用紫光(450nm)照明提高一倍. 当然，波长也不能无限制地缩短，因波长太短的光波将被玻璃吸收，并且也不能直接观察，所以进一步缩短波长也有很多困难. 由于分辨本领的原因，普通光学显微镜的放大倍数没有必要太高，现在一般是 1 500 倍左右. 上述情况在发现了物质粒子的波动性以后有所改变. 由于电子的波长比光波长短得多，例如，加速电压为 400kV 时，电子波长仅为 0.0016nm，约为可见光波长的 10^{-6}，所以电子显微镜的分辨率可远远超过光学显微镜的分辨率极限. 为了看清非常小的可分辨的点像，电子显微镜的放大率比光学显微镜的放大率也大得多. 譬如波长为 0.0016nm 的电子束，相应电子显微镜的可分辨间距为 0.2nm，其放大率为 120 万倍.

4.6.3　衍射受限光学系统

根据上面的讨论，可以知道，由于光的衍射，一个点物的像不再是一个点. 说得更确切一些，它是一个称为爱里斑的小斑点. 斑点的大小，依赖于光学系统的相对孔径. 一个圆对称的光学元件，根据瑞利判据，像平面上的理论分辨极限 R' 是

$$R' = 1.22\lambda \frac{s'}{D},$$

其中 s' 是像距，D 是孔径的直径，λ 是光的波长. 凡是能够达到这一分辨率的光学系统称为受衍射限制的，或者将此系统称为衍射受限的光学系统. 实际上，大多数光学系统的分辨率达不到此种理论分辨率. 所以此种衍射受限的光学系统是考虑了衍射后的理想光学系统.

4.7　衍射光栅

4.7.1　结构与作用

图 4.37　光栅的断面图
d 为光栅常数　b 为缝宽

光栅是一种具有高分辨本领的精密光学元件. 它是由大量等间距等宽度的狭缝组成的，其断面如图 4.37 所示. 狭缝的数目一般在每毫米几百条以上.

光栅的作用原理可由图 4.38 说明，光从狭缝光源 S 出发，经过透镜 L_1 后变成一束平行光，平行光射到光栅上，在各个狭缝上发生衍射. 每个狭缝的各个方向的衍射光束的强度分布由式(4.19)决定，即

$$I = I_0 \frac{\sin^2\beta}{\beta^2}. \tag{4.19}$$

强度仅与 β 有关，因为 $\beta = \pi b\sin\theta/\lambda$，所以强度仅与狭缝宽度 b、衍射光束方向 θ 角有关（注意与

缝的位置无关),这就是本章第五节讨论过
的单缝衍射.这里的问题是各个狭缝产生
的衍射光束在 P 点处有无干涉?如何处
理?显然,由于各个衍射光束是由同一波
前上分划出来的小波前(波前分割)所产生
的,它们是相干的,因而在 P 点能产生干
涉.这样光栅既包含光的衍射,也包含光的
干涉,即各个缝上衍射的结果再加以多光
束干涉,多光束中每一光束的强度由单缝
衍射决定.

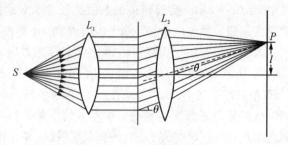

图 4.38　衍射光栅的原理图

4.7.2　光栅强度公式的推导

根据单缝衍射的结果,可以知道每一缝发的子波到达 P 点,其合振动的复数形式为

$$E_k=\frac{Ab}{r_k}\frac{\sin\beta}{\beta}\mathrm{e}^{\mathrm{i}(\omega t-\frac{2\pi}{\lambda}r_k)},$$

r_k 为 k 缝中心到达 P 点的总光程(如图 4.39).

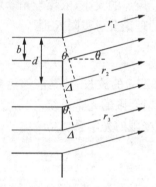

图 4.39　衍射光栅中的光程计算

N 个缝发的子波到达 P 点,根据线性叠加原理,P 点的合振动为

$$E=E_1+E_2+E_3+\cdots+E_n,$$

$$E=A'\mathrm{e}^{\mathrm{i}(\omega t-\frac{2\pi}{\lambda}r_1)}+A'\mathrm{e}^{\mathrm{i}(\omega t-\frac{2\pi}{\lambda}r_2)}+\cdots+A'\mathrm{e}^{\mathrm{i}(\omega t-\frac{2\pi}{\lambda}r_N)},$$

式中 $A'=\dfrac{Ab}{r}\dfrac{\sin\beta}{\beta}$(由于 r 改变较小,所以 $\dfrac{1}{r}$ 可看作常数).

由图 4.39 可知,

$$r_2=r_1+\Delta,r_3=r_2+\Delta=r_1+2\Delta,\cdots,r_N=r_1+(N-1)\Delta.$$

式中 $\Delta=d\sin\theta$.将这些等式代入上式,化简后得:

$$E=A'\mathrm{e}^{\mathrm{i}(\omega t-kr_1)}[1+\mathrm{e}^{-\mathrm{i}\delta}+\mathrm{e}^{-\mathrm{i}2\delta}+\cdots+\mathrm{e}^{-\mathrm{i}(N-1)\delta}],$$

$$E=A'\mathrm{e}^{\mathrm{i}(\omega t-kr_1)}(\mathrm{e}^{-\mathrm{i}N\delta}-1)/(\mathrm{e}^{-\mathrm{i}\delta}-1)$$

$$=A'\mathrm{e}^{\mathrm{i}(\omega t-kr_1)}\frac{\mathrm{e}^{-\mathrm{i}(\frac{1}{2}N\delta)}}{\mathrm{e}^{-\mathrm{i}(\frac{1}{2}\delta)}}\cdot\frac{\mathrm{e}^{-\mathrm{i}\frac{1}{2}N\delta}-\mathrm{e}^{\mathrm{i}\frac{1}{2}N\delta}}{\mathrm{e}^{-\mathrm{i}\frac{1}{2}\delta}-\mathrm{e}^{\mathrm{i}\frac{1}{2}\delta}}$$

$$=A'\frac{\sin N\frac{\delta}{2}}{\sin\frac{\delta}{2}}e^{i(\omega t-kr_1-(N-1)\frac{\delta}{2})}, \tag{4.25}$$

式中 $\delta=\frac{2\pi}{\lambda}\Delta=\frac{2\pi}{\lambda}d\sin\theta$.

P 点的合振动的振幅为 $A'\sin N\frac{\delta}{2}\Big/\sin\frac{\delta}{2}$.

P 点的光强

$$I=I_0\frac{\sin^2\beta}{\beta^2}\frac{\sin^2 N\frac{\delta}{2}}{\sin^2\frac{\delta}{2}}=I_0\frac{\sin^2\beta}{\beta^2}\frac{\sin^2 N\gamma}{\sin^2\gamma}, \tag{4.26}$$

式中 I_0 代表单缝在入射光方向的光强,β 代表每一缝的两边缘发出的子波到达 P 点相位差的一半 $\left(\frac{1}{2}\frac{2\pi}{\lambda}b\sin\theta\right)$,$N$ 代表总缝数,$\gamma=\frac{\delta}{2}=\frac{\pi}{\lambda}d\sin\theta$ 代表相邻两缝所发的光到达 P 点的相位差的一半. 式中 $\frac{\sin^2\beta}{\beta^2}$ 是单缝衍射所引起,一般称为**衍射因子**,$\frac{\sin^2 N\gamma}{\sin^2\gamma}$ 为多束光干涉所引起,一般称为**多光束干涉因子**.

图 4.40 为光栅的强度分布曲线,其中(a)曲线代表衍射因子 $\left(\frac{\sin^2\beta}{\beta^2}\right)$,(b)曲线代表多光束干涉因子 $\left(\frac{\sin^2 N\gamma}{\sin^2\gamma}\right)$,(c)曲线代表干涉因子和衍射因子两项的乘积.

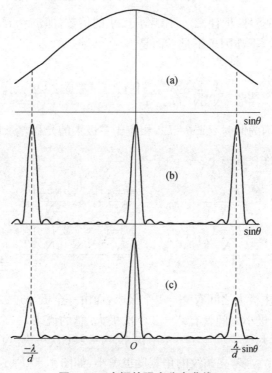

图 4.40 光栅的强度分布曲线

4.7.3　强度分布曲线的规律

为了讨论光栅强度分布的规律,将分别讨论两项因子的影响.由于衍射因子的规律在本章第五节已详细讨论过,本节将着重讨论多光束干涉因子的规律.

主极大:

当 $\gamma=0,\pi,2\pi,\cdots,\pm k\pi$,　k 为整数

$$I=I_{\max}=N^2 I_0,$$

这是因为

$$\lim_{\gamma\to k\pi}\frac{\sin N\gamma}{\sin\gamma}=\lim_{\gamma\to k\pi}\frac{N\cos N\gamma}{\cos\gamma}=\pm N,$$

相应主极大的位置,根据 $\gamma=\frac{\pi}{\lambda}d\sin\theta$,必须满足

$$d\sin\theta=k\lambda(k=0,\pm1,\pm2,\cdots). \tag{4.27}$$

上式一般称为**光栅方程式**.式中 d 为相邻两缝的间距,一般称为**光栅常数**,k 叫做光栅的**干涉级**,如 $k=1$ 就叫做一级主极大.按(4.27)式,它发生在如下方向:

$$\theta=\arcsin\frac{\lambda}{d}.$$

极小:根据干涉因子 $\sin^2 N\gamma/\sin^2\gamma$ 可知,当

$$N\gamma=\pi,2\pi,\cdots,p\pi,\quad p \text{ 为整数},$$

干涉因子为零,此为极小条件.但注意 p 不能等于 N 的倍数,即 $p\neq mN$,因为此时极小条件就转化为极大条件($\gamma=k\pi$),干涉因子不是零而是 N^2.

极小的光程差条件:

$$d\sin\theta=\frac{\lambda}{N},\frac{2\lambda}{N},\frac{3\lambda}{N},\cdots,\frac{(N-1)\lambda}{N},\frac{(N+1)\lambda}{N},\cdots,$$

其中缺 $0,\frac{N\lambda}{N},\frac{2N\lambda}{N},\cdots$,因为此时 $d\sin\theta=k\lambda$,相应于主极大的光程差条件.

现在将极大极小条件整理一下:

$$\gamma=0,\quad \frac{\pi}{N},\frac{2\pi}{N},\frac{3\pi}{N},\cdots,\frac{N-1}{N}\pi,\quad \pi,\quad \frac{N+1}{N}\pi,\cdots,\frac{2N-1}{N}\pi,\quad 2\pi,\quad \cdots$$

$$d\sin\theta=0,\quad \underbrace{\frac{\lambda}{N},\frac{2\lambda}{N},\frac{3\lambda}{N},\cdots,\frac{N-1}{N}\lambda}_{(N-1)\text{个极小}},\quad \lambda,\quad \underbrace{\frac{N+1}{N}\lambda,\cdots,\frac{2N-1}{N}\lambda}_{(N-1)\text{个极小}},\quad 2\lambda,\quad \cdots$$

主极大　　　　　　　　　　　　　　主极大　　　　　　　　　　　　　　　主极大

从上表中可以知道各个主极大之间有 $N-1$ 个极小,而由一个极小过渡到另一个极小,必有一个次极大,所以 $N-1$ 个极小之间就有 $N-2$ 个次极大.总的说来,一个由 N 个单缝组成的光栅,其光强曲线中两个主极大之间有 $N-1$ 个极小,$N-2$ 个次极大.N 愈大,主极大的光强愈大(N^2),两极大之间极小愈多,亮条纹的角宽度也愈小,如图 4.41 所示.

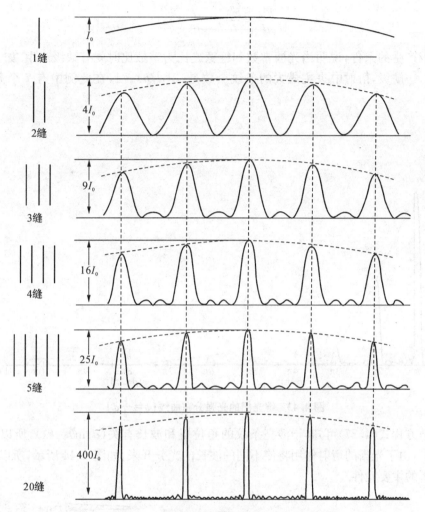

图 4.41　光栅光强分布与缝数 N 关系

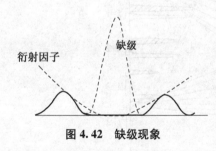

图 4.42　缺级现象

这里还需要特别指出,光栅强度公式是由两个因子决定,一项衍射因子 $\sin^2\beta/\beta^2$,一项干涉因子 $\sin^2 Nr/\sin^2 r$,两项是乘积的关系.所以两项中任一项为零时,都能使 $I=0$.这样就可能发生一个特殊情况,从干涉因子来讲在某处应该出现极大,但此处如果衍射因子($\sin^2\beta/\beta^2$)为零,结果极大就消除了,光学上把这种现象叫作**缺级**(如图4.42).

根据上面的讨论,已经知道在光栅中干涉(因子)极大发生在

$$\sin\theta=\frac{k'\lambda}{d},\quad k' \text{为整数,}$$

衍射(因子)极小发生在

$$\sin\theta'=\frac{k''\lambda}{b},\quad k'' \text{为整数,}$$

由缺级产生条件,$\theta=\theta'$,即此处干涉极大和衍射极小同时发生,即当

$$\frac{k'\lambda}{d}=\frac{k''\lambda}{b}, \quad \frac{d}{b}=\frac{k'}{k''},\tag{4.28}$$

这就是缺级产生的条件,说明当光栅常数和缝宽之比为整数比时就有缺级产生. 如 $d:b=4:1$ 时,4,8,12,…缺级,衍射中央主最大的条纹个数是:$2(d/b)-1$,在此例中有 7 个条纹,如图 4.43所示.

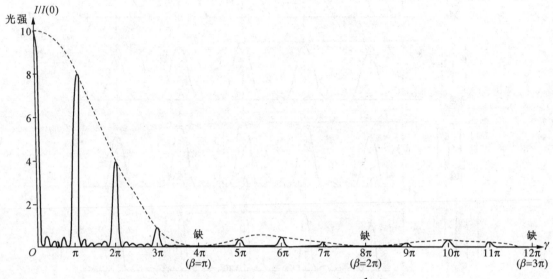

图 4.43 缝光栅的光强分布曲线 $\left(b=\dfrac{1}{4}d\right)$

由光栅方程式(4.27)可知,干涉亮条纹的角位置和波长有关($d\sin\theta=k\lambda$),所以当白光入射到光栅上,由于光栅的衍射作用将使不同的波长的光分开来,如图 4.44 所示,所以光栅常作为光谱分析的主要元件.

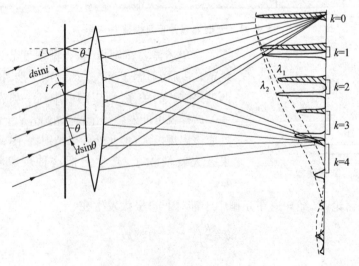

图 4.44 光栅光强分布的色散

4.7.4 光谱分析元件的三个参数

1. 色散率

根据光栅方程：

$$d\sin\theta = k\lambda,$$

有：

$$\frac{\mathrm{d}\theta}{\mathrm{d}\lambda} = \frac{k}{d\cos\theta}, \tag{4.29}$$

这个量叫作光栅的**角色散率**.

$$\frac{\mathrm{d}l}{\mathrm{d}\lambda} = f\frac{\mathrm{d}\theta}{\mathrm{d}\lambda} = \frac{kf}{d\cos\theta}, \tag{4.30}$$

l 代表谱线（干涉极大）在透镜焦平面上的线距离，所以量 $\dfrac{\mathrm{d}l}{\mathrm{d}\lambda}$ 叫作**线色散率**. 两者分别和级数 k 成正比，即不同级数的谱线互相散开程度不一样. 零级时不散开，级数愈大，散得愈开，如图 4.44 所示.

2. 分辨率

既然光栅对不同波长的光有散开的现象（色散），是否两波长相差任意小的光都能利用光栅来散开并加以分辨呢？这个问题反映光栅除了角色散率以外，还有一个重要的性能指标，这就是它的分辨本领. 从光栅的强度分布曲线来看，任何一级主极大是分布在一定的角度范围内的，从极大到极小有一定的角宽度，使每一条谱线都有一定的宽度.

根据光栅方程式（4.27），k 级极大的角位置 θ 应满足：

$$\sin\theta = \frac{k\lambda}{d},$$

k 级旁边第一个极小的角位置为 $\theta + \Delta\theta$，根据干涉因子极小条件，应满足：

$$d\sin(\theta + \Delta\theta) = k\lambda + \frac{\lambda}{N}, \tag{4.31}$$

将上式展开：

$$d\sin(\theta + \Delta\theta) = d\sin\theta\cos\Delta\theta + d\cos\theta\sin\Delta\theta,$$

由于 $\Delta\theta$ 很小，$\cos\Delta\theta \rightarrow 1$，$\sin\Delta\theta \rightarrow \Delta\theta$，代入上式得：

$$d\sin(\theta + \Delta\theta) = d\sin\theta + d\Delta\theta\cos\theta,$$

代入（4.31）式后化简得：

$$\Delta\theta = \frac{\lambda}{Nd\cos\theta}. \tag{4.32}$$

这就是**谱线的角宽度（半宽度）**.

由于谱线有一定的宽度，当光栅用作光谱分析时，就有分辨率的问题. 在光栅中这个量的定义为 $\dfrac{\lambda}{\Delta\lambda}$. 其中 λ 是刚刚能分辨的两条谱线的平均波长，$\Delta\lambda$ 是这两条谱线的波长差. 如果刚刚能分开的标准还是采用瑞利判据，那么在光栅情况下，当波长 $\lambda + \Delta\lambda$ 的主极大刚刚落在波长 λ 的第一个极小时,则这两个波长刚刚被分开,如图 4.45 所示.

根据上面推导可知,中央极大到第一个极小的角宽度

$$\Delta\theta=\frac{\lambda}{Nd\cos\theta},$$

按照角色散率的定义,可求相应的波长差为:

$$\Delta\lambda=\frac{\mathrm{d}\lambda}{\mathrm{d}\theta}\Delta\theta=\frac{d\cos\theta}{k}\cdot\frac{\lambda}{Nd\cos\theta},$$

化简后得:

$$\frac{\lambda}{\Delta\lambda}=kN. \tag{4.33}$$

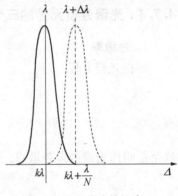

图 4.45　分辨率的概念

这就是光栅的**分辨本领**.由公式可知光栅的分辨本领不但与总缝数 N 有关,还与级数 k 有关.

综合角色散率和分辨率的公式,可以知道为什么光栅上的单缝要又细又密.

3. 自由光谱程

在干涉和衍射中,如果光源包括 λ 到 $\lambda+\Delta\lambda$ 的一个连续波段,那么产生的条纹在干涉级较高时,就要发生重叠现象,那时就分不清条纹了.在上一章光的干涉中我们知道,能观察到条纹的最高干涉级 $k=\frac{\lambda}{\Delta\lambda}$(见式(3.15)).显然 $\Delta\lambda$ 不同,能观察到条纹的干涉级也不同.在一个分光仪器中,我们把这个公式中的 $\Delta\lambda$ 称为仪器的**自由光谱程**.该式对光栅当然也适用,即

$$\Delta\lambda=\frac{\lambda}{k}.$$

自由光谱程表示一个仪器能够分析的光谱区域的大小.在干涉仪器中由于 k 较大,所以自由光谱程较小,它只能分析某一谱线附近的情形,即分析单色性较好、$\Delta\lambda$ 较小的光.而在光栅中 k 比较小,所以 $\Delta\lambda$ 较大,可以作为大段光谱的分析仪器.

4.7.5　其他形式的光栅方程式和闪耀光栅

上面所有讨论都是假定入射光束在光栅上的入射角为零.但在实际情况中,入射角不一定是零,也就是入射光束不一定垂直于光栅平面.这时,上面的讨论还是适用,只是光栅方程式有些改变.下面将介绍光栅方程式的其他两种形式.

1. 透射光栅中当入射光束为斜入射情况

以 i 代表入射角,θ 代表衍射角.如果衍射光和入射光在法线的两侧,如图 4.46 所示,则相邻两光束的光程差为

$$\Delta=AB-CD=d\sin\theta-d\sin i,$$

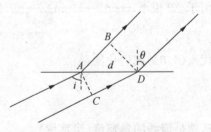

图 4.46　倾斜入射透射光栅的光程

同理,如衍射光束和入射光束在法线的同侧,

$$\Delta=d\sin\theta+d\sin i.$$

于是得极大条件:

$$d(\sin\theta\pm\sin i)=k\lambda,(同侧取正,异侧取负) \tag{4.34}$$

由上式可知,不管入射光的方向如何变,零级总是发生在 $\theta=i$ 方向上,也就是发生在入射光方向上.

2. 反射光栅中的光栅方程式

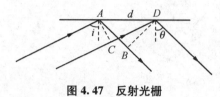

图 4.47 反射光栅

图 4.47 中 i 为入射角,θ 为衍射角. 在此情况下相邻两光束的光程差为:

$$\Delta=AB-CD=d\sin\theta-d\sin i,$$

极大条件:$\Delta=d(\sin\theta-\sin i)=k\lambda.$

同理,当入射光束和反射光束在法线同一侧时,

极大条件: $d(\sin\theta+\sin i)=k\lambda.$

将以上两条件合起来,反射光栅的方程式为:

$$d(\sin\theta\pm\sin i)=k\lambda.(同侧取正,异侧取负) \tag{4.34}$$

对零级 $k=0$ 来讲,$\theta=i$,也就是零级发生在满足反射定律的方向,此时零级光最强. 在光谱分析中常利用这种镜向反射特性,以控制光栅表面的形状,使最大的光强落到某一特殊级上,此种光栅又称闪耀光栅(如图 4.48). 如入射光垂直地入射到光栅表面(AB),即 $i=0$,如图 4.48(b)所示. 由于光栅的表面形状倾斜,使镜向反射发生在 2φ 方向,使绝大多数衍射能量集中在 $\theta=2\varphi$ 处. 由公式(4.34)可知,若

$$d\sin2\varphi=k\lambda,$$

可使特定波长 λ 的 k 级光强最大.

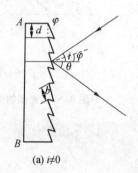
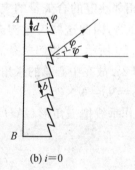

(a) $i\neq0$ (b) $i=0$

图 4.48 闪耀光栅

4.7.6 振幅矢量图

光栅的强度公式同样可以用振幅矢量作图法简单地导出. 整个光栅可看作是一个缝宽等于光栅宽度的大狭缝,不过在这个大狭缝中存在着许多不透光的细窄条,见图 4.49(a)中 BC,DE,FG,HI,JK 等. 根据单缝的振幅矢量图,可以推得光栅这个大单缝的振幅矢量图仍然是一个圆弧,但是在矢量合成时要去除这些细窄条的贡献. 图 4.49(b),(c),(d)中虚线部分就代表这些不透光窄条的贡献. 在作合矢量时,虚线部分就不参加合成. 去掉虚线部分,光栅中小

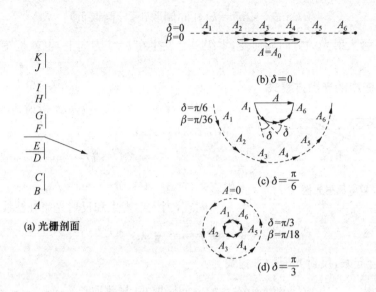

(a) 光栅剖面

图 4.49 多缝光栅的振幅矢量合成图

缝,对应在振幅矢量图的曲线上就是几段等长的弧,每一小缝的合矢量就是这些等长的小圆弧的弦. 根据前面的讨论,已知(如图 4.29(c))弦长 A_n 和弧长 A_0 的关系为

$$A_n = \frac{\sin\beta}{\beta} A_0 ,$$

式中 β 为缝两端相位差的一半. 由此公式可见,代表合矢量的弦,在弧长 A_0 不变时会因 β 的增大而减小. 每一狭缝的合矢量与相邻狭缝的合矢量的夹角,即相邻狭缝间的相位差 $\delta = 2\gamma$,因此这些矢量构成了正多边形的一部分,如图 4.50 所示. 每相邻两条虚线之间的夹角也是恒定的,即 2γ. 故在中心总的张角是

$$\varphi = N\delta = N \times 2\gamma ,$$

再从中心 O 向 AH 作垂线把三角形 OAH 分为两半,由此可知

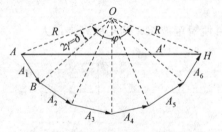

图 4.50 光栅的光强公式推导

$$A' = 2R\sin\frac{\varphi}{2} ,$$

其中 R 代表 OA 或 OH. 同样,用一垂直于 A_1 的直线把三角形 OAB 分成两半,得

$$A_1 = 2R\sin\gamma ,$$

又从图 4.50 可知 $A_1 = A_2 = \cdots = A_n$,故得:

$$\frac{A'}{A_n} = \frac{2R\sin(\varphi/2)}{2R\sin\gamma} = \frac{\sin N\gamma}{\sin\gamma} ,$$

再用 A_n 之值代入,则得振幅

$$A' = A_0 \frac{\sin\beta}{\beta} \frac{\sin N\gamma}{\sin\gamma} .$$

将此式平方后,即得与(4.26)式相同的强度公式.

振幅矢量图有助于理解强度公式的许多特点,例如像主极大的宽度这样的重要问题.从图 4.48(d)可以看到当这些矢量第一次形成闭合多边形时,就得到了极大旁边第一个极小.显然,缝数 N 愈多,出现这种情况的 δ 愈小,这正表示主极大愈细.从图上也可以看到,对于这个极小,$\delta = \dfrac{2\pi}{N}$ 或 $\gamma = \dfrac{\pi}{N}$,这也就是 4.7.3 节提出的条件.

如果把图 4.49(d)继续画下去,还可确定除零级外,出现其他几个主极大的情况.当一个狭缝和一个不透光的窄带的振幅矢量圆弧形成一整圆时($\delta = 2\pi$)就出现第一级主极大,在这种情形下,各个弦都互相平行大小相同,如图 4.51 一级,但比零级短一些(和图 4.51 零级相比).

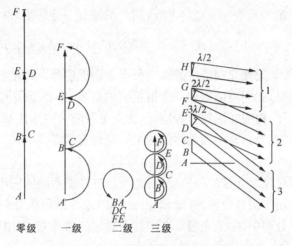

图 4.51 不同衍射级的振幅矢量图

同理,如果此圆弧转了个圆圈,因而各弦再一次排成直线,这就形成了第 k 级主极大.图 4.51 表示了光栅常数 $d = 2b$ 时,发生零级到三级主极大的振幅矢量图.

从图 4.51 中可以看到,各级主极大的光强还可以大为提高.图 4.51 显示了提高 1 级主极大光强的两种方法.一种是相位光栅方法(如图 4.52(b)),使挡住光部分也参与合振动.振幅

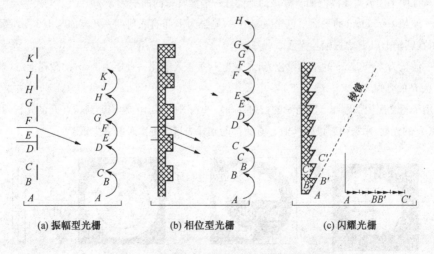

图 4.52 各种不同光栅的振幅矢量图(2 级)

矢量合成图中不但有原来透光部分,如图中 AB,CD 等,还有原来不透光部分 BC,DE 等. 由于在光栅中原来不透光部分变成具有 π 相位的透明部分,在作合矢量时,此部分不起抵消作用反而加大. 另一种方法是闪耀光栅方法,各小段加上线性相位(加小棱镜后获得),使振幅矢量图中曲线变成直线,这样使合成矢量大大加大,如图 4.52(c)所示.

4.7.7 光栅的应用

光栅作为一种色散元件,在光谱分析中起着关键作用,其原理特性已在前面进行了详细讨论. 光栅的这种特性在物理学其他部门,也有比较广泛的应用. 例如,无线电中的阵列天线,其结构和原理几乎完全与光栅相同. 在这里再介绍此种原理的另一方面的应用. 在光栅方程式的讨论中,可以知道对一定的光栅(d 一定),如所用光的波长一定,则产生极大的位置也是一定的,因为 $\sin\theta=\dfrac{k\lambda}{d}$. 反过来,如果知道光的波长和极大的分布位置,那么光栅的结构(光栅常数)也可以求得. 另外,如果知道此光栅产生的强度分布,我们还可以知道光栅刻痕的形状是线状的还是锯齿状的. 从这里,我们可以得到一个很重要的启发,是否能用同样方法去研究一些微观结构和晶体中的原子结构呢? 回答是肯定的,这正是目前研究晶体结构中的 X 射线结构分析. 其原理与衍射光栅相同,只是因为晶体结构中周期性常数很小,所以不用通常的可见光而用波长更短的 X 射线.

事实上,光谱分析仅仅是光栅的一种应用,光栅还有许多不同的应用. 譬如,光栅可以作为一标尺,在计量学中可用于测量位移、外形和应力. 光栅还可以用作分束器、偏振器、光波导中的光耦合器. 在光信息处理中,由于光栅具有搬移空间频谱的功能,应用更是多种多样的.

习　题

4.1　若波带片第五环的半径为 1.5mm. (1) 求在波长为 $0.5\mu m$ 的光照明时波带片的焦距 f;(2) 求波带片第一环的半径 r_1;(3) 若在波带片与屏间充以折射系数 $n>1$ 的媒质,问将发生何变化?

4.2　试证明平面波对于离波面 p 处该面上的任一菲涅耳带的面积为 $\pi p\lambda$.

4.3　一波长 $\lambda=500nm$ 的平面单色光振幅为 A,光强为 I,垂直入射到一开有如题 4.3 图所示的孔上,计算离屏 2m,在圆轴上点 P 之振幅与光强.

4.4　一波长为 $\lambda=500nm$ 的平面单色光,光强为 I,垂直入射到一直径为 1mm 的圆孔上. 求孔后 30cm 处,轴上一点 P 的光强.

4.5　用平行光照明如题 4.5 图所示的衍射屏(a),(b),图中标出的是该屏到场点 P 的光程,其中 r_0 是屏中心到场点 P 的光程,用振幅矢量图求轴上场点 P 的光强为自由传播时的多少倍?

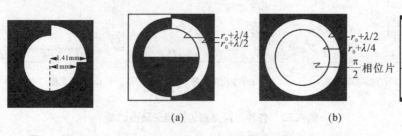

(a)　　　　　　　　　(b)

题 4.3 图　　　　　　　　　题 4.5 图

4.6 将单色的平面波,通过一具有圆孔的板,孔半径为 0.6mm,当屏与板的距离为 30cm 时,在屏的中心为暗点,求单色光的波长.

4.7 证明波带片的成像公式为

$$\frac{1}{s}+\frac{1}{s'}=\frac{1}{f}=\frac{\lambda}{R_1^2},$$

其中 s 为物距,s' 为像距,λ 为所用波长,R_1 为波带片的第一环半径.

4.8 用波长 $\lambda=500nm$ 的平行光垂直入射到直径为 1cm 的圆孔.当观察者离圆孔 0.5m 时能看到多少个半周期带.

4.9 一波带板最中间带的直径为 0.425mm,当波长为 447.1nm 的平行光入射到此波带板上,求:(1) 此波带板的焦距;(2) 第一次焦距.

4.10 一波带板装在一光具架上,作为一放大透镜使用,此波带板最中间带的直径为 0.225mm,光的波长为 480nm,如放大倍数为 8.求:(1) 此波带板的焦距;(2) 物距;(3)像距.

4.11 一波长为 1.5cm 平行微波束,经过一圆形可变光阑,一检波器放在离光阑 2.50m 处,逐渐增大光阑直径,问当在什么直径时,检波器的响应为:(1) 第一次极大;(2) 第二次极大;(3) 第三次极大;(4) 在(3)直径时给出沿轴极大和极小的位置方程式.

4.12 在焦距为 1m 透镜的焦平面处观察单缝衍射条纹,缝宽为 0.4mm.如果入射光含有两个波长 λ_1 和 λ_2,在离开中央极大 5mm 处发现 λ_1 的 4 级极小和 λ_2 的 5 级极小重合,试求 λ_1 和 λ_2.

4.13 为了使声波扩大到较大的范围,有时也应用单缝衍射的方法,如果从扩大器来的声波经过一宽度为 2.5cm 的狭缝,问什么频率在 45° 处为极小? 此频率是否属于音频? 比此频率还低的声波衍射到更大的范围还是更小的范围?

(设声速为 300m/s)

4.14 一直径为 6.50m 的抛物面天线发射频率为 6×10^{10} Hz 的微波,问在什么距离处衍射属于夫琅和费衍射,中央极大的角宽度为多少? 该波速为 3.0×10^8 m/s.

4.15 一束直径为 2mm 的氦氖激光($\lambda=632.8$nm)自地面发向月球,已知月球与地面的距离为 3.8×10^5 km,问在月球上得到的光斑有多大? 假定大气的影响不计,如果先把这样的激光束经过扩束器扩大成直径为 2m 和 5m 的光束,再发向月球,问在月球上的光斑各多大?

4.16 试由几何投影和衍射效应决定针孔照相机中针孔的最佳尺寸.

4.17 汽车的两车灯相距 140cm,问离车多大距离时人眼还能分辨两灯.设波长为 550nm,瞳孔直径为 5mm.

4.18 用口径为 5m 的望远镜观察月球,试决定刚能分辨月球上两点的距离.设地球到月球的距离为 3.8×10^5 km,波长为 550nm. 如用人眼观察,刚能分辨月球上两点的距离又为多少? 设人眼的瞳孔为 5mm.

4.19 夜间,一颗人造卫星拍地球的照片.如果所用照相机镜头的焦距为 50mm,f 数为 2,试问在 100km 以外能否分辨出汽车上的两盏车灯? 假设汽车车灯间距为 1m.

4.20 在夫琅和费双缝衍射装置中,d 为双缝中心的距离,入射光的波长为 λ,b 为缝宽,且 $d/b=3$,$b/\lambda=300$.设透镜 L_2 的焦距为 1m,画出下述情形下 L_2 焦平面上的光强分布曲线.(1) 仅 O_1 打开;(2) 仅 O_2 打开;(3) O_1,O_2 同时打开.

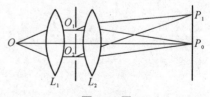

题 4.20 图

4.21 讨论由宽度不等的两狭缝所产生的夫琅和费衍射图样.若 a,b 分别为两狭缝的宽度,c 为两狭缝的中心距.(1) 试导出任意衍射角 θ 的光强表达式.设平行光波长为 λ,且垂直照射于狭缝上.(2) 应用由(1)中得出的公式,推导以下特殊情况衍射光强的表达式,并绘出草图. (i) $a=b$;(ii) $c=\frac{1}{2}(a+b)$.

4.22 (1) 试画出三缝的夫琅和费衍射的强度分布图.缝宽 b,缝间距为 d,且 $d/b=4$.(2) 讨论 b 的改变和 d 的改变对光强分布有什么影响.

4.23 可见光垂直照射到一个有 250 条/mm 的透射型平面光栅上.试求在衍射角为 30°处出现的光的波长和颜色.

4.24 根据下述数据决定各个光栅的性质:

	总宽度	线间距离(d)	缝宽(b)
①	5cm	10^{-3} cm	3×10^{-4} cm
②	5cm	10^{-2} cm	5×10^{-4} cm
③	2cm	10^{-2} cm	5×10^{-4} cm

计算各个光栅:(1) 第一级的分辨本领;(2) 第一级的角色散率;(3) 1 级极大与 3 级极大的强度比;(4) 色散范围(自定波长和级数).

4.25 计算下述光栅的强度分布曲线,此光栅共有 $3N+1$ 条缝,而逢 3 的缝是挡住的(共 $N+1$ 条),并决定极大位置以及相对强度.假定缝宽比间距小很多,所以衍射因子可看作常数.

4.26 光线垂直入射于衍射光栅刻纹的一面,而在另一面观察所得的光谱,并测量波长.光线是在光栅的玻璃中衍射,并透过玻璃片而进入空气中.问这样测量所得的会不会是在玻璃中的波长?说明其理由.

4.27 一束平行光垂直地射在光栅上,此光含有紫色光(400nm)与红色光(760nm).用焦距为 1.5m 的透镜在屏上得其光谱,该光栅宽为 5cm,每厘米 1 000 条栅纹.问(1) 对第二级的线色散率(nm/mm)为何?(2) 第一级红线与第二级紫线间的距离是多少?(3) 光栅的色分辨率如何?

(提示:nm/mm 表示光谱照片上 1mm 所包含的波长间隔)

4.28 光栅常数 $d=0.15$mm,缝宽 $b=0.030$mm,试决定此光栅强度分布曲线中,(1) 中央部分主极大的个数;(2) 零级条纹和第 3 级条纹的强度比.如果常数 $d=2b$ 时又如何?

4.29 一光栅每毫米刻 1 000 条线,问多宽的光栅才能分辨 He-Ne 激光器的谱线内容?He-Ne 激光器发射三条很窄的谱线,一条是 632.8nm,另外两条和 632.8nm 谱线频率相差 ±450MHz.

4.30 为了在第一级中能分辨钠光的双线(589.592nm 和 588.995nm),光栅至少应有多少刻线?

5

光 的 偏 振

本章首先介绍有关偏振光的一些概念,然后介绍由非偏振光产生直线偏振光和产生椭圆偏振光的方法.其中重点介绍在各向异性介质——晶体中的双折射现象,并讨论由这些晶体制成的各种偏光器件是如何改变和检验光的偏振状态的.最后简单介绍各种感应光效应及其在科学技术中的应用.

5.1　有关偏振光的一些概念

5.1.1　光的偏振性

在上两章——光的干涉和光的衍射中,我们主要讨论了光的波动性质.从光的干涉现象和衍射现象,证明了光是以波动形式来传播的.但是,波是振动的传播过程,如果以振动形式来分,波还可分为纵波和横波两种.那么,光到底是横波还是纵波呢? 这个问题,在光的干涉、衍射现象中不能得到结论,因为不论是横波还是纵波,只要是波动,都可以产生干涉和衍射现象.

为了说明这个问题,让我们先来看看横波和纵波的差别.

大家知道,若波的振动方向和波的传播方向相互垂直,这种波称为**横波**.如将绳索的一端固定在物体上,然后用手抖动另一端,绳上所形成的绳波就是横波的一个简单例子,如图5.1(a)所示.又如电磁学中的电磁波,电场强度矢量 E 和磁场强度矢量 H 和电磁波传播方向

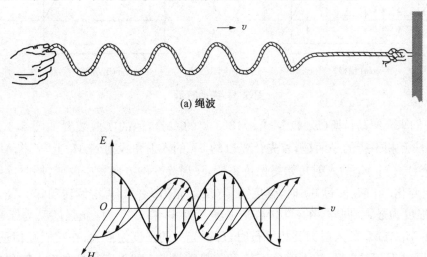

(a) 绳波

(b) 电磁波

图 5.1　横波

互相垂直,如图 5.1(b)所示,所以电磁波是横波.

若波的振动方向和波的传播方向一致,这种波称为纵波.如螺旋弹簧的压缩波(如图 5.2(a))和眼睛看不见的声波(如图 5.2(b)).

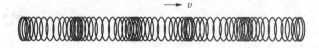

(a) 螺旋弹簧压缩波

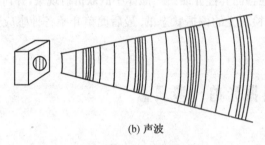

(b) 声波

图 5.2 纵波

对于横波来说,振动方向是和传播方向垂直的.在任何时刻,横波中振动总是在垂直于波传播方向的固定平面内,并有个确定的取向.如果通过波的传播方向作很多平面,有的平面就包含此振动方向,有的平面就不包含此振动方向,如图 5.3(a)所示.也就是说,振动分布对光传播方向是不对称的,这就是横波有偏振性的问题(振动的取向);而对纵波来说,由于振动方向和波的传播方向一致,如果通过波的传播方向作很多平面,振动方向总是包含在这些平面内,如图 5.3(b)所示,因此就没有偏振性的问题.所以,要区分是横波还是纵波,主要看是否有偏振现象.

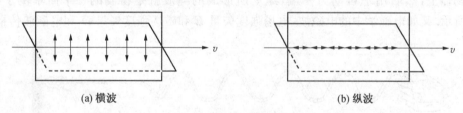

(a) 横波　　　　　　　　　　　　　　　(b) 纵波

图 5.3 振动图示

现在我们来介绍马吕斯(E.-L. Malus)1808 年的实验,他的实验装置如图 5.4 所示. M_1 和 M_2 是两块互相平行的平面镜,首先让光以约 57° 的入射角投射到 M_1 上,若将 M_2 绕光线 2 旋转,即光线 2 对 M_2 的入射角始终保持不变,反射光 3 的方向发生改变,同时反射光 3 的强度也发生变化.当 M_2 转过 90° 时,强度为零(反射光消失),如再继续转动,光又出现,转到 180° 时,光强度为最大.同样,在 270° 时,光强度又为零,在 360° 时,光强度又为原来的最大值.因此,在 M_1 与 M_2 的入射面互相平行时,反射光 3 的强度为最大;在它们互相垂直时,强度为零.如果对于 M_1 或 M_2 的入射角不是 57°,则反射光 3 的强度只是在最大值和最小值之间改变,但不可能减小到零.在这个实验中, M_2 绕光线 2 旋转时,也就是 M_2 的法线(虚线表示)绕光线 2 旋转,对 M_2 来讲,相当于对光线 2 作了许多平面(光线 2 和 M_1 的法线构成的入射面），反射光 3 的强度大小反映了光线 2 对这些平面的性质. 根据实验结果，可以说明，经过反射后的光线具有不对称性（通过这光线的各个平面上光强度不同），从而也证明了光具有偏振性质.

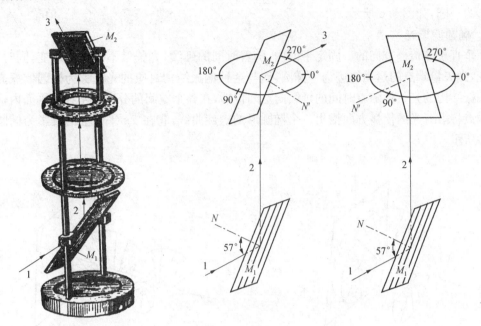

图 5.4　马吕斯实验

5.1.2　光的偏振结构

在第三章光的干涉中已经指出光波是电磁波，因此，光波中应含有电振动矢量 E 和磁振动矢量 H，它们两者互相是垂直的. 但实验事实表明，产生感光作用和生理作用的是光波中的电振动矢量 E，因此，为了简单起见，一般图中只画电场强度. 讨论时，总以电场的振动方向作为光波的振动方向，因此 E 又称光矢量，E 的振动又称光振动. 因为光是横波，光波电场矢量 E 一定在垂直于光传播方向的一个固定平面内，随着时间的延续（不同的时间），电矢量要发生变化. 但是，到底怎样变化，就是所谓"光的偏振结构"问题.

那么，光有哪些偏振结构呢？关于这个问题，我们将在下面分别介绍：

1. 直线偏振光或平面偏振光

在垂直光线传播方向的任一固定平面内光振动随着时间的延续，只改变大小，不改变方向，也就是光振动矢量的端点运动轨迹是一直线，与这种偏振结构相对应的光波，称为**直线偏振光**. 其光振动矢量和光的传播方向构成的平面，习惯上称为光的振动平面. 对直线偏振光来说，光的振动平面在传播过程中始终保持同一方位不变. 因此，直线偏振光又称为**平面偏振光**，如图 5.5 所示.

2. 圆偏振光

在垂直于波传播方向的一固定平面内，随着时间的延

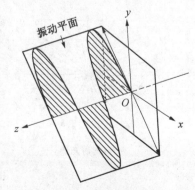

图 5.5　直线偏振光

续,光矢量只改变方向,不改变大小,也就是光矢量端点的运动轨迹为一圆,与这种偏振结构相对应的光波称为**圆偏振光**.而这种偏振结构的光矢量在整个空间的分布不在同一平面内(光矢量在空间传播),光矢量的端点将沿着光的传播方向描出一圆形螺旋线曲线,它在 xy 平面上的投影为一圆,如图 5.6 所示.

3. 椭圆偏振光

在垂直于波传播方向的一固定平面内,随着时间的延续,光矢量不但大小改变,同时方向也改变,光矢量端点的运动轨迹为一椭圆,而与这种偏振结构对应的光波称为**椭圆偏振光**.而这种偏振结构的光矢量随着时间的延续向空间传播,在整个空间的分布也不在一平面内,光矢量的端点将沿着光的传播方向描出一个椭圆形的螺旋曲线,它在 xy 平面上的投影为椭圆,如图 5.7 所示.

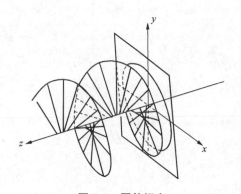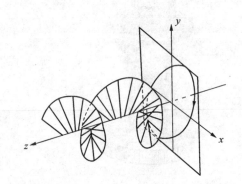

图 5.6　圆偏振光　　　　　　　　　图 5.7　椭圆偏振光

5.1.3　自然光

既然光有三种偏振结构——直线偏振、圆偏振、椭圆偏振,那么,一般光源(太阳、白炽灯)所发的光属于哪一种偏振结构呢? 哪一种也不是. 大家知道,普通光源包含着大量的排列得毫无规则的辐射原子或分子,虽然每个辐射原子每次所发射的是一列平面偏振的电磁波,但每次发射的时间很短,大约 10^{-8} s,比宏观观察时间短暂得多. 在每一次发射之后,第二次发射又将以新的初相位和新的振动方向重新发光,每次辐射过程是彼此无关、完全独立的. 因此,在观察时间里,实际接收到的光其光矢量在极其迅速而无规则地变化. 在垂直于波传播方向的平面里,振动方向可以取一切可能的方位,没有一个方向较其他方向更占优势,光矢量的振幅也可

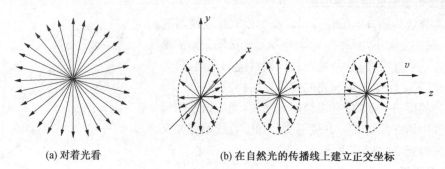

(a) 对着光看　　　　　　　　　(b) 在自然光的传播线上建立正交坐标

图 5.8　自然光的振动分布

以看成是完全相等的.这种光矢量对于光的传播方向是对称而又均匀分布的光一般称为**自然光**,又称非偏振光,如图 5.8(a)所示.

上面所述的自然光特点,我们可以加以简化.把一正交坐标轴放到图 5.8(b)的光传播线上,则自然光中任一光矢量 E 与正交坐标轴构成 θ 角,如图 5.9 所示.在 x,y 轴上分矢量 E_x,E_y 等于

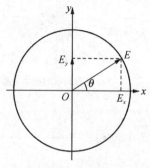

图 5.9　自然光的分解

$$E_x = E\cos\theta, \quad E_y = E\sin\theta.$$

根据自然光中光矢量作极其迅速而无规则的变化,以及可以取所有可能的方向等特征,反映在上两式中,也就是 θ 变化得很快,而且毫无规则地可以由一方向跳到另一方向,而 θ 的值可以取 $0\sim2\pi$ 中任何值,这样使 E_x,E_y 的变化在观察时间内可以是 $+E\sim-E$ 之间一切值.这样,在效果上就相当于两个振动方向相互垂直的直线偏振光.一个是沿 x 轴振动,一个是沿 y 轴振动.也就是说,自然光可以看成两个振动方向互相垂直、振幅相等的两直线偏振光的组合.注意这两个垂直方向是任意取的,这两个直线偏振光是互相独立的,没有固定相位关系,所以也是不相干的.因此,这两个分振动的强度必然为入射自然光强度的一半.一般我们就用图 5.10(a)表示沿 z 方向传播的自然光,(b)为对着自然光看的图示.

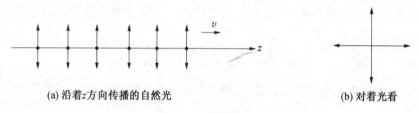

(a) 沿着 z 方向传播的自然光　　　　　　　(b) 对着光看

图 5.10　自然光的图示

5.1.4　部分偏振光

经常遇到的光,除了自然光和偏振光外,还有一种偏振态介于两者之间的部分偏振光.这种光在垂直光线的平面上,光矢量分布失去了对称性,沿着某个方向强些,和它正交的方向弱些,如图 5.11(a)所示.类似于自然光,部分偏振光同样可以看成是两个振动方向互相垂直、相位无一定关系的直线偏振光的组合,但两者振幅不相等,如图 5.11(b)所示.另外,部分偏振光也可以看成是一定比例的自然光和直线偏振光的混合体.一般我们用图 5.11(c)表示图面内电矢量较强的部分偏振光,(d)表示在垂直于图面方向电矢量较强的部分偏振光.

设 $I_{\max}$ 为部分偏振光沿着某一方向上所具有的强度最大值,$I_{\min}$ 为其垂直方向上所具有的强度最小值,通常用

$$P = \frac{I_{\max} - I_{\min}}{I_{\max} + I_{\min}} \tag{5.1}$$

来量度偏振的程度,P 称为偏振度.当 $I_{\min}=0$ 时,则 $P=1$,振动被限制在一个平面内,这就是平面偏振光;当 $I_{\min}\neq0$ 时,则 $P<1$,这就可能是部分偏振光;当 $I_{\max}=I_{\min}$ 时,则 $P=0$,就可能是自然光.

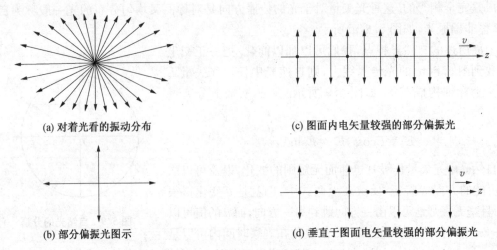

(a) 对着光看的振动分布   (c) 图面内电矢量较强的部分偏振光

(b) 部分偏振光图示   (d) 垂直于图面电矢量较强的部分偏振光

图 5.11   部分偏振光

5.2   各种偏振状态的数学表达式

在与光波传播方向垂直的平面内,光矢量的任意一个振动状态都可以表示为两个互相垂直的振动状态的线性组合,即

$$\boldsymbol{E}(z,t)=\boldsymbol{E}_x(z,t)+\boldsymbol{E}_y(z,t), \tag{5.2}$$

$\boldsymbol{E}_x(z,t),\boldsymbol{E}_y(z,t)$分别为在选定的 x,y 方向两个直线偏振波的振动矢量. 它们分别由以下表达式表示:

$$\boldsymbol{E}_x(z,t)=\boldsymbol{i}E_{0x}\cos(\omega t-kz),$$
$$\boldsymbol{E}_y(z,t)=\boldsymbol{j}E_{0y}\cos(\omega t-kz-\varepsilon),$$

$\boldsymbol{i},\boldsymbol{j}$ 分别代表 x 和 y 方向的单位矢量,ω 为光振动的圆频率,k 为波矢,$k=\dfrac{2\pi}{\lambda}$,ε 为两波之间的相位差,z 为其传播方向. 按(5.2)式光的合振动为

$$\boldsymbol{E}(z,t)=\boldsymbol{i}E_{0x}\cos(\omega t-kz)+\boldsymbol{j}E_{0y}\cos(\omega t-kz-\varepsilon).$$

5.2.1   直线偏振光

在与光波传播方向垂直的平面内,$\boldsymbol{E}_x(z,t),\boldsymbol{E}_y(z,t)$这两个正交的直线偏振波其相对相位差 $\varepsilon=0$ 或 2π 整数倍时,此两个波被称为同相的. 在此特殊情况下,上式变成

$$\boldsymbol{E}(z,t)=(\boldsymbol{i}E_{0x}+\boldsymbol{j}E_{0y})\cos(\omega t-kz), \tag{5.3}$$

$(\boldsymbol{i}E_{0x}+\boldsymbol{j}E_{0y})$代表合成波的振幅矢量,其方向由下式决定:

$$\tan\theta=\frac{E_{0y}}{E_{0x}}, \tag{5.4}$$

振幅绝对值

$$E_0 = \sqrt{E_{0x}^2 + E_{0y}^2}. \tag{5.5}$$

这说明两个振动方向互相正交,同相位的直线偏振光可以合成任意方向(θ)的直线偏振光,如图 5.12 所示.

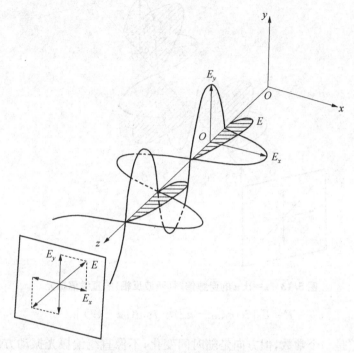

图 5.12 $\varepsilon = 0$ 或 2π 整数倍时(两波同相)的直线偏振光

反过来,一个任意方向振动的直线偏振光可以分解成两个振动方向互相正交的直线偏振光.也就是说,一个任意方向振动的直线偏振光可以由两个互相正交的直线偏振光来表示.

如两个正交直线偏振波其相对相位差 $\varepsilon = \pm\pi$ 的奇数倍时,这两个波反相.在此情况下,(5.2)式变成

$$\boldsymbol{E} = (\boldsymbol{i}E_{0x} - \boldsymbol{j}E_{0y})\cos(\omega t - kz), \tag{5.6}$$

这还是一直线偏振光,只是振动平面如图 5.13 所示,与图 5.12 不同的是振动方向发生了转动.

5.2.2 圆偏振光

如两个正交的直线偏振光具有相同的振幅,即 $E_{0x} = E_{0y} = E_0$,其相对相位差 $\varepsilon = -\dfrac{\pi}{2} + 2m\pi, m = 0, \pm 1, \pm 2, \cdots$,因此

$$\left. \begin{array}{l} \boldsymbol{E}_x(z,t) = \boldsymbol{i}E_0 \cos(\omega t - kz), \\ \boldsymbol{E}_y(z,t) = -\boldsymbol{j}E_0 \sin(\omega t - kz), \end{array} \right\} \tag{5.7}$$

合成波

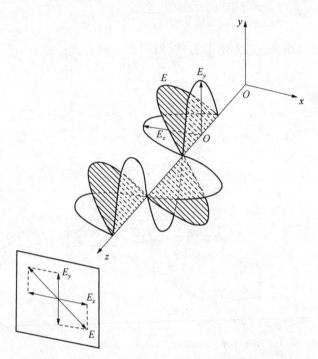

图 5.13 $\varepsilon=\pm\pi$ 的奇数倍时(两波反相)的直线偏振光

$$\boldsymbol{E}=E_0[\boldsymbol{i}\cos(\omega t-kz)-\boldsymbol{j}\sin(\omega t-kz)].\tag{5.8}$$

注意 $\boldsymbol{E}$ 的振幅 E_0 是一个常数,但方向是随时间变化,不像直线偏振光振动方向不变. 图 5.14 说明此种光的传播情况.

对任意固定点,例如 $z=0$ 处,$\boldsymbol{E}=E_0(\boldsymbol{i}\cos\omega t-\boldsymbol{j}\sin\omega t)$,当 $t=0$ 时,$\boldsymbol{E}$ 在 x 轴($\boldsymbol{i}$)方向,在以

后一个时间 $t=\dfrac{\pi}{2\omega}$ 时,$\boldsymbol{E}$ 在负 y 轴方向($\boldsymbol{j}$). 迎着光的传播方向看,即对着 z 轴看,光矢量顺时

针转过了 $\dfrac{\pi}{2}$ 角. 此种光矢量按顺时针方向旋转的光称为**右旋圆偏振光**或简称右旋圆偏光. 可以

看出,圆偏振光不同于直线偏振光,它的振动方向是随时间以角速度 ω 而旋转着的.

若在某确定时刻沿传播路径各点观察光矢量的分布,当迎着传播方向向前逐点观察右旋圆偏振光时,看到的光矢量大小不变,其方向作顺时针旋转,如图 5.14 所示.

同样,当 $\varepsilon=\dfrac{\pi}{2}+2m\pi$ 时,$m=0,\pm1,\pm2,\cdots$

$$\boldsymbol{E}=E_0[\boldsymbol{i}\cos(\omega t-kz)+\boldsymbol{j}\sin(\omega t-kz)].\tag{5.9}$$

对每一固定点,$\boldsymbol{E}$ 振幅大小不变,而方向逆时针旋转,此种波称为**左旋圆偏振光**. 如在某一时刻迎着传播方向向前逐点观察此种光时,沿着传播路径各点的光矢量是逆时针旋转的.

如果我们将两个振幅相同、旋转方向相反的圆偏振光加以叠加,即将(5.8)和(5.9)式相加得:

$$\boldsymbol{E}=2E_0\boldsymbol{i}\cos(\omega t-kz).\tag{5.10}$$

合振动矢量不但振幅是常数($2E_0$),并且方向恒定($\boldsymbol{i}$ 方向),所以是直线偏振光. 由此可以得出结论:任一直线偏振光可以看成是由两个振幅相同、旋向相反的圆偏振光的合成.

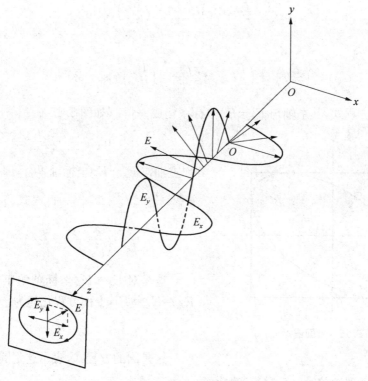

图 5.14 右旋圆偏振光

5.2.3 椭圆偏振光

上面我们讨论了直线偏振光和圆偏振光,而这两种偏振光都可以认为是椭圆偏振光的特殊情况. 从这个意义来看,一般合成的电场矢量 E 不但方向在变,并且大小也在变. 也就是 E 矢量端点的轨迹在垂直于传播方向的平面内为一椭圆,在数学上表示为:

$$E_x = E_{0x}\cos(\omega t - kz), \tag{5.11}$$
$$E_y = E_{0y}\cos(\omega t - kz - \varepsilon). \tag{5.12}$$

现在来求 E 矢量端点在 xy 平面上投影的轨迹方程. 它应与时间 (t) 和地点 (z) 无关,即与 $(\omega t - kz)$ 无关.

将 E_y 的方程展开:

$$\frac{E_y}{E_{0y}} = \cos(\omega t - kz)\cos\varepsilon + \sin(\omega t - kz)\sin\varepsilon,$$

和 E_x/E_{0x} 综合起来得:

$$\frac{E_y}{E_{0y}} - \frac{E_x}{E_{0x}}\cos\varepsilon = \sin(\omega t - kz)\sin\varepsilon, \tag{5.13}$$

根据(5.11)式,得

$$\sin(\omega t - kz) = \left[1 - (E_x/E_{0x})^2\right]^{\frac{1}{2}},$$

代入(5.13)式得

$$\left(\frac{E_y}{E_{0y}}-\frac{E_x}{E_{0x}}\cos\varepsilon\right)^2=\left[1-\left(\frac{E_x}{E_{0x}}\right)^2\right]\sin^2\varepsilon,$$

化简后得

$$\left(\frac{E_y}{E_{0y}}\right)^2+\left(\frac{E_x}{E_{0x}}\right)^2-2\left(\frac{E_x}{E_{0x}}\right)\left(\frac{E_y}{E_{0y}}\right)\cos\varepsilon=\sin^2\varepsilon. \qquad (5.14)$$

这是一个椭圆方程式,其主轴与 E_x-E_y 坐标系构成一角 α(如图 5.15).

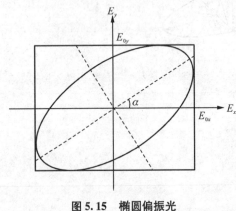

$$\tan2\alpha=\frac{2E_{0x}E_{0y}\cos\varepsilon}{E_{0x}^2-E_{0y}^2}, \qquad (5.15)$$

如主轴与 E_x-E_y 坐标轴重合,即 $\alpha=0$,或等价为 $\varepsilon=\pm\dfrac{\pi}{2},\pm\dfrac{3\pi}{2},\pm\dfrac{5\pi}{2},\cdots$ 此时式(5.14)变成

$$\left(\frac{E_y}{E_{0y}}\right)^2+\left(\frac{E_x}{E_{0x}}\right)^2=1. \qquad (5.16)$$

这是对 E_x-E_y 坐标轴的正椭圆方程式.如 $E_{0x}=E_{0y}=E_0$,上面方程化简为

$$E_x^2+E_y^2=E_0^2. \qquad (5.17)$$

图 5.15 椭圆偏振光

这是圆的方程式,表示这是圆偏振光.

如 ε 为 π 的偶数倍时,(5.14)式退化成

$$E_y=\frac{E_{0y}}{E_{0x}}E_x. \qquad (5.18)$$

这是直线方程式,方向在 E_x-E_y 坐标系中为第一、三象限,直线斜率为 E_{0y}/E_{0x}.

如 ε 为 π 的奇数倍时,(5.14)式退化成

$$E_y=-\frac{E_{0y}}{E_{0x}}E_x. \qquad (5.19)$$

这是方向在二、四象限,直线斜率为 $-E_{0y}/E_{0x}$ 的直线方程式.

综上所述,两个正交的直线偏振光可合成各种不同的偏振态,其取向和旋向与振幅 E_{0x},E_{0y} 和相位差 ε 有关,其中更主要是取决于相位差 ε.因此,适当控制相位差 ε,可以得到各种不同的偏振光.图 5.16 是 ε 为各种特殊值时的偏振结构,这里,设 $E_{0x}>E_{0y}$,ε 为 E_x 超前 E_y 的相位值.如 $E_{0x}=E_{0y}$,当 $\varepsilon=\dfrac{\pi}{2}$ 或 $\dfrac{3\pi}{2}$ 时,为圆偏振光.值得注意,由图可以看到,在相位差 ε 的值相差 π 的两处,偏振态的取向、旋向将会同时改变.见图 5.16 中 $\varepsilon=0°$ 和 $\varepsilon=180°$;$\varepsilon=45°$ 和 $\varepsilon=225°$;…….掌握这一规律,对理解偏振态的转变是很有用处的.

同理,根据 $E_x(z,t)$ 和 $E_y(z,t)$ 这两个振动矢量之间的相位关系,可以将光波的偏振状态分为三类.若 E_x 和 E_y 之间的相位差是时间的无规迅变函数,这类光波为自然光或非偏振光;若 E_x 和 E_y 之间的相位差恒定,这类光波就是上面讨论的偏振光;若 E_x 和 E_y 相位关系介于上述两者情况之间,这类光波为部分偏振光.

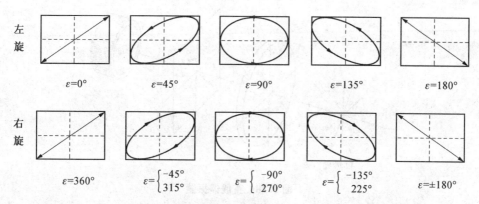

图 5.16 对应于 ε 的各个特殊值的各种偏振态. 此处 ε 为 E_x 超前 E_y 的相位值

5.3 偏振光的强度

5.3.1 偏振器

通过上面的讨论, 我们已经了解了偏振光的基本概念. 下一步就是要了解偏振光是怎样产生的. 普通光源如太阳、电灯等发出的光都是自然光, 因此为了获得偏振光必须从自然光着手.

如图 5.17 所示, 如果自然光经过某种光学元件后出射的是偏振光, 那么这一光学元件称为**偏振器**. 如果自然光的两个振幅相同、互相正交的不相干的直线偏振光经过偏振器后被分离, 并且能挡住一个分量让另一个分量通过, 此种偏振器称为直线偏振器. 例如偏振片就是常用的直线偏振器. 一般根据输出偏振光的状态不同, 除直线偏振器外, 还有圆偏振器和椭圆偏振器.

偏振器有很多不同的结构, 但是它们都是以下面四个物理机构为基础的, 即反射、折射、二向色性(选择性吸收)、散射和晶体的双折射. 它们的结构虽然不同, 但都有一个很简单的共性, 也就是都必须有某种形式的非对称性(如偏振器本身的各向异性). 下面将分别进行讨论.

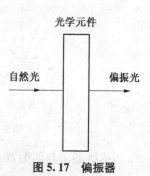

图 5.17 偏振器

5.3.2 马吕斯定律

在介绍偏振器的具体结构以前, 我们需要解决这样的问题, 采用什么实验方法去判断某一光学元件是否为偏振器.

按照定义, 如果自然光入射到一个理想直线偏振器上, 如图 5.18 所示, 仅有一种直线偏振光出射, 此种直线偏振光的振动方向平行于一特定方向, 此特定方向被称为此偏振器的透射轴(见图中偏振器中虚线方向). 换句话说, 只有和透射轴平行的光振动可以通过此光学元件.

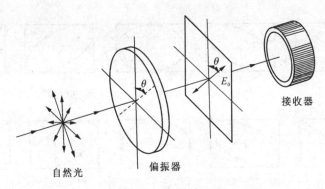

自然光　　　　　　偏振器

图 5.18　直线偏振器

如果我们在上图偏振器后再放一偏振器 2,其透射轴为竖直方向,与偏振器 1 透射轴之间夹角为 θ,如图 5.19 所示. 自然光由偏振器 1 出射的是沿着偏振器 1 透射轴方向,振幅为 E_0 的直线偏振光. 当通过偏振器 2 时,仅分量 $E_0\cos\theta$ 由于平行于偏振器 2 的透射轴,可以通过偏振器 2 而到达接收器(假定无吸收),其光强为

$$I(\theta)=E_0^2\cos^2\theta.$$

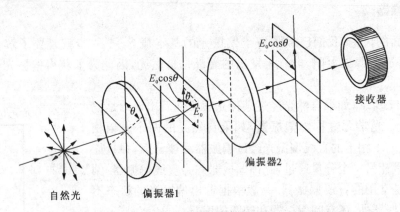

自然光　　　偏振器1　　　　　偏振器2

图 5.19　自然光穿越两块偏振器的光强——马吕斯定律

当偏振器 1 与偏振器 2 的透射轴之间夹角 θ 为零时,出射光强最大:

$$I(0)=E_0^2.$$

显然,它是透过偏振器 1 的直线偏振光的强度,也是入射到偏振器 1 上自然光强度的一半,所以上式可写成

$$I(\theta)=I(0)\cos^2\theta, \tag{5.20}$$

即穿越两个偏振器的光强随两个偏振器透射轴间夹角余弦的平方而变化,这称为**马吕斯定律**.

根据马吕斯定律,当 $\theta=90°$ 时,$I(90°)=0$,通过偏振器 1 的光振动垂直于偏振器 2 的透射轴(这两个器件一般称为正交). 这时在偏振器 2 的透射轴方向没有分量,所以透射光光强为零(称为消光). 显然,我们可以利用这样的实验装置和马吕斯定律来判断某一器件是不是线偏振器. 从实验可以得到,只有当前面偏振器出来的光为直线偏振光时,后面的偏振器转一圈会出现两次全暗. 反过来讲,当后面的偏振器转一圈时,会出现全暗的情况,那么可以判定进来的光是直线偏振光.因此后面的偏振器是起着分析作用的,称为**分析器**,又称**检偏器**.而前面的偏振器是产生直线偏振光的,所以称为**起偏器**.从结构上来讲,后面的偏振器与前面的偏振器是完全一样的.也可以说,凡是产生偏振光的元件都可以用来检查偏振光,即用作分析器.

5.4　反射、折射产生偏振光

光在两介质分界面上发生的反射和折射,实质上是光波的电磁场与物质的相互作用.光在两种媒质界面上的行为除了传播方向可能改变外,还有能流分配、相位突变和偏振态的变化等问题.这些问题可以根据光的电磁理论,由电磁场的边界条件求得全面解决.由于具体推导超出本书范围,所以,我们将直接给出理论结果——菲涅耳公式.然后简要讨论一系列由菲涅耳公式得到的有关光在介质表面反射和折射的主要性质.如反射率、布儒斯特角、半波损失等.

5.4.1　菲涅耳公式

在折射率为 n_1 和 n_2 的透明介质的分界面上,选取坐标如图 5.20 所示,界面法线从介质 1 指向介质 2 为 z 轴,x 轴取在入射面内,y 轴与入射面垂直指向纸外.设入射光是自然光,入射角为 i_1,反射角为 i_1',折射角为 i_2,它们之间满足反射定律 $i_1 = i_1'$ 和折射定律 $n_1 \sin i_1 = n_2 \sin i_2$.因为自然光可以看成是两个振动方向互相垂直的直线偏振光的组合,因此入射的自然光可以这样来分解:一个振动方向和入射面垂直,即振动方向和图平面垂直,称为垂直振动(以"⊥"表示)或 s 振动;另一个振动方向和入射面平行,即振动方向和图平面平行,这种振动称为平行振动(以"//"表示)或 p 振动.为了描述各光束中电矢量的分量,我们引进三组单位矢量.第一组代表光波传播方向的单位矢量 $\hat{k}_i$,第二组单位矢量 $\hat{s}_i$ 的方向与入射面垂直,第三组单位矢量 $\hat{p}_i$ 的方向与入射面平行.并且规定:s 的正方向沿

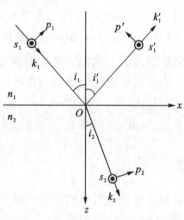

图 5.20　入射光、反射光和折射光中单位矢量 $\hat{s}, \hat{k}, \hat{p}$ 右手螺旋正交系的选取

$+y$ 方向(图 5.20 中垂直纸面向外,以"·"表示),p 的正方向由下式规定:$\hat{p}_i = \hat{s}_i \times \hat{k}_i$,即对于每一个光束要求按 $\hat{s}, \hat{k}, \hat{p}$ 的顺序组成右手螺旋正交系.这样我们就可把入射光束、反射光束、折射光束的光矢量 E_1, E_1', E_2 分别分解成 p 分量和 s 分量,它们的正方向都由上述规定来决定,如图 5.20 所示.

根据电磁场的边界条件可以导出,在界面两侧邻近点入射场、反射场和折射场各分量满足关系式

$$r_s = \frac{E_{1s}'}{E_{1s}} = -\frac{\sin(i_1 - i_2)}{\sin(i_1 + i_2)}, \tag{5.21a}$$

$$t_s = \frac{E_{2s}}{E_{1s}} = \frac{2 \sin i_2 \cos i_1}{\sin(i_1 + i_2)}, \tag{5.21b}$$

$$r_p = \frac{E_{1p}{}'}{E_{1p}} = \frac{\tan(i_1-i_2)}{\tan(i_1+i_2)}, \qquad (5.21c)$$

$$t_p = \frac{E_{2p}}{E_{1p}} = \frac{2\sin i_2 \cos i_1}{\sin(i_1+i_2)\cos(i_1-i_2)}, \qquad (5.21d)$$

这四个式子称为**菲涅耳公式**. 式中 r_s 和 t_s 为垂直于入射面的 s 振动的振幅反射系数和振幅透射系数, r_p 和 t_p 为平行于入射面的 p 振动的振幅反射系数和振幅透射系数, 而 E_{1s}, $E_{1s}{}'$, E_{2s} 分别为入射波、反射波、折射波 s 振动的振幅, E_{1p}, $E_{1p}{}'$, $E_{2p}{}'$ 分别为入射波、反射波、折射波 p 振动的振幅. 由菲涅耳公式可以看出, 反射光和折射光的 p 分量和 s 分量各自只与入射光的 p 分量和 s 分量有关.

5.4.2　反射率和透射率

利用菲涅耳公式可以得到入射波、反射波和折射波在界面上的能量关系. 由电磁场理论知道, 波动的传播伴随着能量的传递, 这可以用平均能流密度来描述, 也就是乌莫夫-坡印廷矢量来描述. 它表示在单位时间里通过与波的传播方向垂直的单位面积的能量. 如果能量传递时所通过的垂直面积为 S, 那么在单位时间里, 传递的总能量 W 与振幅平方(E^2)、波的传播速度(v)以及垂直面积(S)成正比, 即 $W \propto E^2 vS$. 设入射波的能量为 W_1, 反射波的能量为 $W_1{}'$, 折射波的能量为 W_2. 我们定义反射波与入射波的能量 $W_1{}'$ 与 W_1 之比为**反射率**, 通常用 R 表示. 由于入射波与反射波处于同一介质中, 且 $i_1=i_1{}'$, 因此, 反射波的传播速度及能量传递通过的垂直截面与入射波完全相同, 故反射率 R 等于反射波和入射波振幅平方之比. 因为振幅平方就是光强, 因此, 反射率 R 又等于反射光波和入射光波的光强之比, 即

$$R = \frac{W_1{}'}{W_1} = \left(\frac{E_1{}'}{E_1}\right)^2 = \frac{I_1{}'}{I_1}, \qquad (5.22)$$

于是对于垂直入射面的 s 振动和平行入射面的 p 振动分别有

$$R_s = \frac{W_{1s}{}'}{W_{1s}} = \left(\frac{E_{1s}{}'}{E_{1s}}\right)^2 = \frac{I_{1s}{}'}{I_{1s}}, \qquad (5.23)$$

$$R_p = \frac{W_{1p}{}'}{W_{1p}} = \left(\frac{E_{1p}{}'}{E_{1p}}\right)^2 = \frac{I_{1p}{}'}{I_{1p}}. \qquad (5.24)$$

由(5.21(a))和(5.21(c))式, 分别得到

$$R_s = r_s^2 = \frac{\sin^2(i_1-i_2)}{\sin^2(i_1+i_2)}, \qquad (5.25)$$

$$R_p = r_p^2 = \frac{\tan^2(i_1-i_2)}{\tan^2(i_1+i_2)}. \qquad (5.26)$$

对于自然光而言, $I_{1s}=I_{1p}=\frac{1}{2}I_1$, 即自然光的一半能量可以认为是属于垂直入射面振动的 s 分量, 它的另一半能量属于平行入射面振动的 p 分量. 因此自然光在界面反射时, 其反射率为

$$R_n = \frac{W_1{}'}{W_1} = \frac{W_{1s}{}' + W_{1p}{}'}{W_{1s} + W_{1p}} = \frac{1}{2}\left(\frac{W_{1s}{}'}{W_{1s}} + \frac{W_{1p}{}'}{W_{1p}}\right) = \frac{1}{2}(R_s + R_p)$$

$$= \frac{1}{2}\left[\frac{\sin^2(i_1-i_2)}{\sin^2(i_1+i_2)} + \frac{\tan^2(i_1-i_2)}{\tan^2(i_1+i_2)}\right]. \tag{5.27}$$

图 5.21 绘出了光在空气和玻璃界面反射时，R_s，R_n，R_p 随入射角 i_1 变化的关系曲线. 可以看出，对于自然光不论其入射角如何，其反射率 R 恒不为零. 对于入射角很小（$i_1 < 30°$）或等于零时，可以证明：不论其 s 振动还是 p 振动，反射率对于给定的分界面都得到同一关系式$\left(\frac{n_2-n_1}{n_2+n_1}\right)^2$. 对于空气（$n_1 = 1$）与玻璃（$n_2 = 1.52$）界面这个反射率约为 4%.

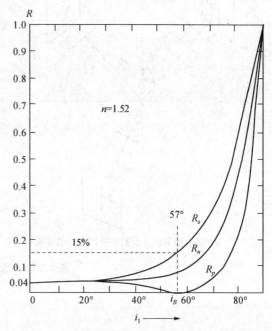

图 5.21 从空气到玻璃（$n=1.52$）的反射率曲线

对于界面上的折射波，定义折射波与入射波的能量之比为**透射率**，通常用 T 表示. 如果界面没有吸收，根据能量守恒定律，反射波、折射波的能量之和应为入射波的能量

$$W_1{}' + W_2 = W_1, \tag{5.28}$$

将 W_1 除以两边得

$$\frac{W_1{}'}{W_1} + \frac{W_2}{W_1} = 1,$$

即

$$R + T = 1,$$
$$T = 1 - R. \tag{5.29}$$

5.4.3 反射、折射时的偏振现象

图 5.21 的曲线告诉我们：

（1）R_s 曲线高于 R_p 曲线，也就是 s 振动（垂直振动）的反射率大于 p 振动（平行振动）的反射率. 反过来，p 振动的透射率大于 s 振动的透射率. 因此，反射光是部分偏振状态，以垂直振动为主，而折射光（透射光）也是部分偏振光，它的偏振状态以平行振动为主（如图 5.22a）.

（2）R_p 曲线有一明显为零的极小值，极小值的位置在 $i_1 = i_B = 57°$，此时 $R_p = 0$，平行振动完全没有反射，全部折射，这个条件从（5.21c）式来看，即满足

$$\tan(i_1 + i_2) = \infty,$$

$$i_1 + i_2 = \frac{\pi}{2},$$

此时反射光和折射光互相垂直. 将此结果代入折射定律

$$n_1 \sin i_1 = n_2 \sin i_2,$$

$$n_1 \sin i_1 = n_2 \sin\left(\frac{\pi}{2} - i_1\right) = n_2 \cos i_1,$$

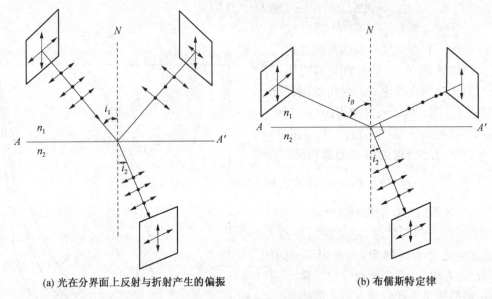

(a) 光在分界面上反射与折射产生的偏振   (b) 布儒斯特定律

图 5.22 反射产生偏振

$$\tan i_1 = \frac{n_2}{n_1}, \tag{5.30}$$

也就是 $i_1 = i_B = \tan^{-1}\frac{n_2}{n_1}$ 时，平行振动的反射率为零，反射光是一垂直于入射面的直线偏振光，如图 5.22(b) 所示. 从图 5.21 可以看出，此时 $R_s = 15\%$ ($n_2 = 1.52$). 满足 (5.30) 式的入射角 i_B 称为**起偏振角**或布儒斯特 (Brewster) 角，式 (5.30) 称为**布儒斯特定律**. 当已知介质的折射率时，由上式可计算出起偏振角. 例如，$n_2 = 1.52$，$n_1 = 1$，相应的起偏振角 $i_B = 57°$. 上式也提供了一种测量折射率的简易方法.

由于掌握了这个规律，我们获得了一种产生偏振光的简单方法. 例如，我们可以利用一块平板玻璃产生偏振光，只要控制入射光的方向使入射角满足布儒斯特定律，反射光是一直线偏振光. 同样道理，利用一碗水、一张纸或一个塑料容器的光滑表面都可以产生直线偏振光.

对于一个玻璃面，利用反射产生直线偏振光的同时，其折射光是偏振度很低的部分偏振光. 如果使光线以布儒斯特角入射到由多片玻璃叠合而成的片堆上，经过多次反射和折射，折射光将逐次失去 s 振动，而 p 振动的光 100% 透过. 所以当玻璃片足够多时，透射光几乎成为 p 振动的直线偏振光，如图 5.23(a) 所示. 实验室常用一堆玻璃片斜装在镜筒中，使玻璃片平面的法线与镜筒壁相交成 57° 角，这样构成一个极简单的利用折射获得直线偏振光的装置，如图 5.23(b) 所示.

激光中的布儒斯特窗也是布儒斯特角的有趣应用. 为了稳定激光的频率，激光中两个反射镜往往是和工作物质分开，如图 5.24 所示. 这样就发生了一个问题：为了产生振荡，光要多次透过工作物质的窗，在两面反射镜中间来回振荡. 根据反射率曲线的讨论，光每次经过工作物质的两端面时，总要反射一部分，如用玻璃做端面 (窗)，反射率最小也要 4% (如图 5.21)，这样经过一玻璃窗的两面只透过 92% 的光 (每次反射 4%，透过 96%，当光经过窗的第二面时，相当于 96% 中的 96%，所以总的透过率为原来的 $0.96 \times 0.96 \approx 0.92$). 如果经过窗的次数为 100

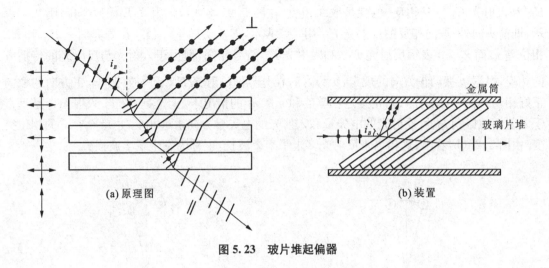

图 5.23 玻片堆起偏器

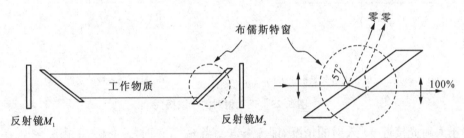

图 5.24 激光器布儒斯特窗的作用

时,最后透过光只有原来的 0.000 3,这样由于反射引起的损失太大,就根本振荡不起来.

怎样才能解决这个问题呢? 方法很简单,只要将窗平面(端平面)倾斜,使光束以布儒斯特角入射到窗上. 这样,虽然对 s 振动(振动方向垂直于入射面)光来讲,入射到窗上时反射率很高(15%),使这部分光在来回路程中很快因反射而损失完了,但是对 p 振动(振动方向在入射面内)的光来讲是畅通无阻(完全透射——在布儒斯特角反射率为零). 这样,虽然多次来回经过窗口,光减弱(由于吸收)很小. 这样的窗其净效果是使一半光完全报废,而另一半光几乎完全保留了下来,在腔内形成稳定的振荡,从而产生激光,而且这种激光是 100% 的直线偏振光.

光在媒质界面上反射时的偏振,是历史上揭示光的横波特性的一个重要现象. 有名的马吕斯实验(如图 5.4)就是利用这个原理,以起偏振角 57° 入射到反射镜 M_1 上,得到的反射光线 2 是垂直入射面振动的直线偏振光,所以反射镜 M_1 就是起偏镜. 当反射镜 M_2 绕光线 2 旋转时,出射光线的光强发生变化,所以反射镜 M_2 是检偏镜,这是很显然的.

5.4.4 半波损失的解释

利用菲涅耳公式,可以圆满地解释反射光相位改变(半波损失)的问题. 当入射光所在介质折射率 n_1 小于折射光所在介质折射率 n_2 时,我们分别讨论入射光接近于正入射($i_1 \approx 0$)和掠入射($i_1 = 90°$)的两种极限情况.

对于入射光接近正入射的情况,即入射角 $i_1 \approx 0$. 当 $n_1 < n_2$ 时,$i_1 > i_2$. 由(5.21a)式知道,$r_s < 0$,反射光 E_{1s}' 和入射光 E_{1s} 的符号相反;由(5.21c)式知道,$r_p > 0$,反射光 E_{1p}' 和入射光 E_{1p} 符号相同. 根据前面对 s 振动正方向的规定(各矢量的正方向见图 5.25(a)),$r_s < 0$ 表示反射光

$E_{1s}{}'$和入射光 E_{1s} 符号相反,也就是取向相反. 在图 5.25(b)中,入射光 E_{1s} 正方向是用"·"表示,即箭头向外;取向相反的反射光 $E_{1s}{}'$ 用"×"表示,即箭头向里. 显然,在分界面上 $E_{1s}{}'$ 和 E_{1s} 相位差 π. 而 $r_p > 0$ 表示反射光 $E_{1p}{}'$ 和入射光 E_{1p} 符号相同,但由于入射光与反射光的传播方向相反,根据 p 振动正方向的规定,$\hat{p} = \hat{s} \times \hat{k}$,在分界面反射光 $E_{1p}{}'$ 和入射光 E_{1p} 正方向的取向正好相反. 由上可见,在入射角接近于零度和 $n_1 < n_2$ 的情况下,无论是平行于入射面还是垂直于入射面的振动矢量,反射光的电矢量和入射光的电矢量方向永远相反,也就是有 π 的相位突变. 由图 5.25(b)看出,这相当于反射光多走了半个波长,也称为发生了**半波损失**.

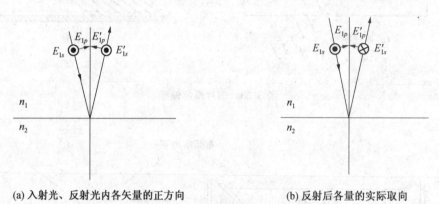

(a) 入射光、反射光内各矢量的正方向   (b) 反射后各量的实际取向

图 5.25 正入射时的半波损失

对于入射光接近 90° 入射的情况,即 $i_1 \approx 90°$. 当 $n_1 < n_2$ 时,$i_1 > i_2$. 由于 $i_1 \approx 90°$,$i_1 - i_2 < 90°$,$i_1 + i_2 > 90°$. 由(5.21a)式知道,$r_s < 0$,$E_{1s}{}'$ 和 E_{1s} 符号相反;由(5.21c)式知道,$\tan(i_1 + i_2) < 0$,所以 $r_p < 0$,$E_{1p}{}'$ 和 E_{1p} 符号也相反. 对 $E_{1s}{}'$ 的取向,由于 $r_s < 0$,情况与上相同,就不重复讨论,结果见图 5.26(b). 图中 s 振动的取向与图 5.25(b)中 s 振动的取向是相同的. 对于 $E_{1p}{}'$ 的取向,由于在 $i_1 \approx 90°$ 的掠入射情况下,入射光和反射光的传播方向几乎相同,反射光 $E_{1p}{}'$ 和入射光 E_{1p} 正方向取向应该相同,如图 5.26(a)所示. 但符号相反的 $E_{1p}{}'$ 和 E_{1p} 取向应相反,如图 5.26(b)所示. 因此,在入射点处,反射光的所有场分量和入射光的所有场分量方向相反,故反射光和入射光的相位差 π. 这种情况正好解释了罗埃镜中光线掠入射时,由于反射光产生 π 相位改变,致使干涉零级出现暗纹.

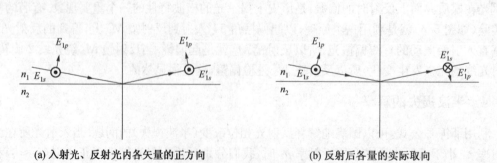

(a) 入射光、反射光内各矢量的正方向   (b) 反射后各量的实际取向

图 5.26 掠入射时的半波损失

当光从光密介质向光疏介质入射时,即 $n_1 > n_2$,此时 $i_1 < i_2$. 用同样的方法分析,可以得出反射光中 p,s 分量方向与入射光中 p,s 分量方向相同,没有相位差发生.

对于折射光,由公式(5.21b)和(5.21d)可以得到,在任何情况下,t_p 和 t_s 都大于零,折射光 E_{2p},E_{2s} 分别和入射光 E_{1p},E_{1s} 符号相同. 它们的振动方向相同,因此均不发生相位改变.

总结前面可以得到:当入射光从光疏介质以接近正射($i_1 \approx 0$)或掠射($i_1 \approx 90°$)的方向入射到光密介质的界面反射时,反射光要产生 π 的相位改变,也即半波损失. 当入射光从光密介质入射到光疏介质的界面反射时,反射光不产生半波损失. 对于折射光,不论在正射或掠射时,折射光永远不产生半波损失.

以上讨论的是一束光在接近正入射和掠入射的两个极限情况下,反射光相对于入射光的半波损失问题. 如果光以任意角度入射(包括大于或小于起偏振角)时,可以看出,虽然反射光、折射光和入射光的 s 分量是平行或是反平行,但是 p 分量互相成一定的角度,情况就比较复杂. 但实际情况往往是比较来自两个不同界面反射光束间的相位突变,从而处理光的干涉问题. 例如薄膜干涉,我们可以根据菲涅耳公式来分别判断每束反射光 p 和 s 分量的符号改变,从而比较两束光是否存在相位突变,最后确定参与干涉的两束光之间的光程差中是否需要增减 $\frac{\lambda}{2}$ 的半波损失. 图 5.27 是折射率为 n_2 的介质薄膜放在折射率为 n_1 的介质中,光以各种不同的角度入射(不论是大于还是小于布儒斯特角 i_B)时,介质层上、下表面反射光之间的半波损失. 由图可以看出,只要薄膜处在同一介质中,不论 $n_2 > n_1$ 还是 $n_2 < n_1$,也就是说,不论薄膜两边相同的介质是光疏还是光密,它们在上下表面反射时,必然物理性质相反(从光疏到光密或从光密到光疏),因此,两束反射光间存在 π 的相位突变而引进半波损失.

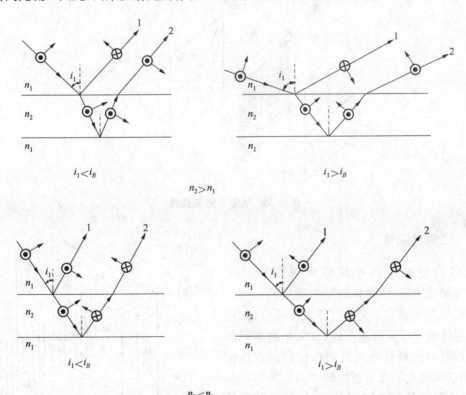

图 5.27 介质层上、下表面反射光之间的半波损失

5.5　二向色性物质产生偏振光

从广义来讲,二向色性是指对入射光的两正交分量中的一个分量有选择性地吸收.二向色性偏振器本身,在物理上是各向异性的,能选择吸收一个方向的光振动,而让另一方向振动的光顺利通过.

5.5.1　线型光栅偏振器

平行导线所组成的光栅是这种偏振器的最简单的元件,如图 5.28 所示,当非偏振的电磁波从右边入射到光栅上,电场通常可以分解成两个正交分量.在这里,一个分量平行于导线,另一个分量垂直于导线.平行于导线的分量(y 分量)使每根导线中的自由电子沿导线方向运动,因而产生一个电流.由于电子与晶格原子碰撞,将能量传递给晶格原子而使导线加热,使能量由电磁场传给光栅的导线,使 y 方向的电场很小或没有透射.相反,电子不能在 x 方向运动,所以与 x 分量相应的光波将无改变地通过光栅.这种光栅偏振器的透射轴是垂直于光栅直线的,换句话说,其出射的偏振光振动方向垂直于光栅直线.这里值得指出的是:通常错误地认为光栅的直线方向是透射轴方向.

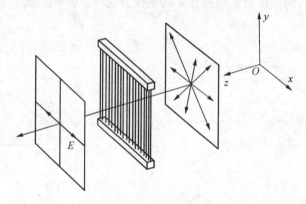

图 5.28　线型光栅偏振器

5.5.2　二色性晶体

在自然界发现有些晶体有一个特殊方向——光轴或主轴(由晶体的结构决定的),当入射光的电场方向垂直于光轴时将发生吸收(如图5.29).晶体愈厚吸收得愈彻底,如几个毫米厚的电气石因具有此种性质可以当作很好的直线偏振器(而晶体的光轴就是透射轴方向).虽然从原理上讲,这种晶体是很理想的偏振元件,可惜的是这种晶体一般都比较小,而且对不同波长的透射光有不同的吸收,所以通过这种偏振元件所产

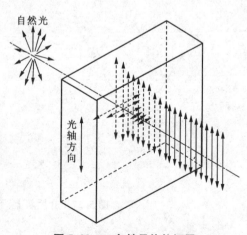

图 5.29　二色性晶体偏振器

生的偏振光是有颜色的,如电气石是蓝绿色的偏振光.另外,如果沿着光轴方向看此晶体,将什么也看不见,几乎是黑的.这是因为入射光电矢量 E 垂直于光轴(光的横波性)而全部被吸收,这也就是二色性晶体的名字来源(在两个方向看,此晶体有两种颜色).

5.5.3 人造偏振片

上面介绍了二色性晶体产生偏振光的情况.现在的问题是:根据同样原理,能否用人工的方法来产生适用于可见光的大面积偏振元件? 有,这就是市面上能买到的偏振片.有一种偏振片是用在碘溶液中浸过的聚乙烯醇薄膜拉伸而成的.这种浸碘的有机分子薄膜,经拉伸后,每个长链的分子都被拉直而规则地排列在拉伸方向上,与链结合的碘原子的导电电子能沿着直线方向运动,这就形成了一个线型光栅.它也具有极强的二色性,使振动方向垂直于拉伸方向的光通过,平行于拉伸方向的光吸收.当自然光入射到此种人造偏振片时,出来的光是直线偏振光.这种人造偏振片具有工艺简单、轻便(相当于一薄的照相软片)、面积大等优点,在我国市场上可买到这种较大面积的偏振片,它已作为实际工作中产生偏振光的常用元件.

人造偏振片的应用很广泛.如果汽车的前窗玻璃和车头灯前的玻璃罩都装上人造偏振片,使它们的光轴沿着同一方向倾斜,和水平面成 $45°$ 夹角,这样汽车在夜间行驶时,驾驶员经车窗看自己的车灯发出的光,相当于通过两个平行偏振片,光强并不减弱。但对面车灯射来的光,却是通过两块正交偏振片,仅有微量紫红光透过车窗,因此,驾驶员的眼睛不会因迎面驶来的汽车前灯发出的炫光而感到刺眼,保证了驾驶员行车安全.另外,人造偏振片还可做成偏振太阳眼镜,火车、轮船、飞机上的窗玻璃,以消除令人厌恶的反射炫光.

5.6 散射产生偏振

5.6.1 散射的分类

当一束光通过浑浊物质时(如雾、含有悬浮微粒的液体、胶体溶液等),从侧向可以清晰地观察到这个光束,这种现象称为光的散射现象.它完全是由于媒质中光学性质的不均匀性使光射向四面八方的结果.在任何物质内部都存在着由于原子结构所引起的不均匀性.但是在以光波波长(10^{-5}cm)为尺度的范围内来衡量,密度的统计平均认为是均匀的.所谓媒质中的光学性质不均匀性指的是在均匀物质中散布着不同折射率的物质微粒.这些微粒在介质中作无规则的排列或在波长尺度范围内有不均匀的密度,或者是组成物质本身的分子、原子(粒子)的不规则聚集,也即有密度的涨落起伏,因而破坏了介质的光学性质(如折射率)的均匀性,这时就能观察到明显的光的散射现象.

根据散射粒子线度的大小,光散射大致可分为两类:一类是当散射粒子线度远小于入射光波长时,如一束光通过十分纯净的液体和气体,也能产生微弱的散射.这是由于分子热运动造成密度的局部涨落起伏而引起的散射,叫做**分子散射**.另一类是当散射粒子线度可以与入射光波长相比拟或比入射光波长更大时的散射,如烟雾、雨滴、胶体溶液等的散射,称为**细粒散射**.

5.6.2 瑞利散射定律

对散射粒子线度小于入射光波长的散射,1871 年首先由瑞利(T. B. Rayleigh)作了定量研究.瑞利认为散射光的强度除了和入射光的强度、散射粒子体积的平方成正比外,还与入射光的波长有关.对一定大小的微粒,长波长的光比短波长的光散射得少,定量关系为

$$I_s \propto \frac{1}{\lambda^4}, \tag{5.31}$$

即散射光的强度 I_s 和波长的四次方成反比,这就是有名的**瑞利散射定律**.

对散射粒子线度大于光波波长的散射,上述规律不复成立.对于线度可以和入射光波长相

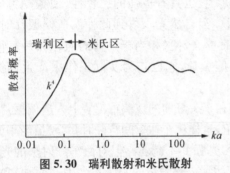

图 5.30 瑞利散射和米氏散射

比拟的散射粒子,米(G. Mie,1908)和德拜(P. Debye,1909)把散射粒子看成球形的连续介质,以半径为 a 的球形均匀导体为模型详细计算了电磁波的散射,图 5.30 给出了散射概率与散射粒子线度的关系.这个计算结果适用于任何大小的球体.由图可以看出,以球半径 a 与波长 λ 之比表征的参量 ka $\left(k = \frac{2\pi}{\lambda}\right)$,当 $ka < 0.3$ 时,由米氏理论得到散射光强与波长四次方成反比的瑞利散射定律.当 $ka > 0.3$ 时,散射几乎与波长无关.

利用以上的理论,可以解释自然界中很多有趣的现象,例如天空中大气分子对太阳光的散射.根据瑞利 λ^4 反比律,浅蓝色和蓝色光比黄色和红色的光散射得厉害,故散射光中以波长较短的蓝光占优势,因此天空呈蔚蓝色.如果大气中含有水滴组成的云雾,由于水滴线度大于光波波长,散射光强几乎与波长无关,散射光呈白色,所以天空中看到白色的云雾.用同样的原理,还可以解释旭日和夕阳为什么呈红色,受污染城市的天空为什么呈苍白色等现象.

5.6.3 散射光的偏振状态

如果用偏振片加以观察,发现散射光有偏振性.那么由散射产生的偏振光有什么规律呢?下面将讨论空气分子对光的散射,如图 5.31 所示.设 P 为线度比波长小的空气分子,其本身是各向同性的.自然光自左向右沿着 z 轴方向入射到 P 点,为了分析方便起见,将自然光分解成沿 x 轴和沿 y 轴振动的两个不相干的直线偏振光,分别讨论每一个状态的偏振光被分子散射后的偏振性.最后空气分子对自然光的散射即为这两个分振动散射结果的叠加.

先考虑沿着 z 方向传播,在 y 轴方向振动的直线偏振光入射到 P 点.此时空气分子在光线电场作用下发生强迫振动,并以 P 点为中心向各个方向散射光波.因为光波是横波,光的振动方向总是垂直于传播方向,因此在各个方向上散射光都是直线偏振光.但散射光的振幅是随不同方向而改变,在某一方向上散射的光振幅与振子的振幅在垂直于该方向上的投影成正比.从图中可看出,在 xz 平面 $ABA'B'$ 内的各个方向上,散射光有最大振幅;偏离 xz 平面向两侧,散射光振幅越来越小,直到两极 C,C' 处,振幅等于零.

如果入射光为沿着 x 方向振动的直线偏振光,与前面讨论相同,在 yz 平面 $ACA'C'$ 内各

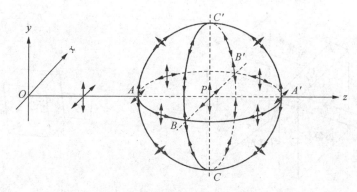

图 5.31　自然光经质点散射所产生的偏振光

个方向有最大散射光振幅;偏离此平面向两侧,散射光振幅越来越小,直到 B,B' 处,散射光振幅为零.

　　显然,将上述两个正交的不相干的直线偏振光所产生的相应光散射结果进行叠加,从图中可看出,沿着 z 轴前进方向的散射光是完全非偏振的自然光,离开 z 轴的散射光是部分偏振光,当观察方向垂直于原来光的传播方向,散射光是直线偏振光.

　　上面的结论很容易用实验证明.用一偏振片观察天空,当观察方向垂直于太阳的光线,将发现散射光具有偏振性质.由于空气分子分布是随机的,这种光的散射,往往引起偏振光的退化,这可用一张蜡糖纸放在正交的偏振片中来验证.由于蜡糖纸引起偏振光的退化,将有光通过第二偏振片,使原来暗的变亮.

5.7　利用双折射产生偏振光

5.7.1　双折射现象的基本概念

1. 寻常光和非常光

　　当一束光入射到物质(玻璃、水)的表面时,它的折射光只有一束,这就是一般熟悉的折射现象,而这类物质称为各向同性的介质.然而自然界还有另一类的物质,它的光学性质(折射率和吸收系数)与物质内的方向有关,这一类物质称为各向异性介质.当一束光射到这类物质(方解石、石英)上时,一般讲,它的折射光就不是一束,而是两束.这种一束入射光产生两束折射光的现象称作为双折射现象,如图 5.32(a)所示.如果拿这种介质如方解石去看一个字,结果看到的不是一个字,而是两个字,如图 5.32(b)所示.如将图中的方解石稍微转动一下,就可看到一个字(一个光束)不动,另一个字(或另一光束)绕着不动的字(光束)转动,因为在转动方解石时,入射光的方向没有变,一个字动、一个字不动的现象就说明有一束光是服从折射定律的(入射光方向不变,折射光方向也不变,即字不动的那束光),另一束光不服从折射定律(字动的那束光).服从折射定律的光称作**寻常光**(简称 o 光),不服从折射定律的光称作**非常光**(简称 e 光).

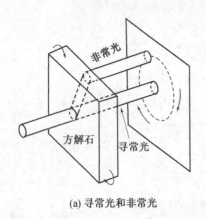

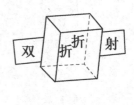

(a) 寻常光和非常光　　　　　　　　(b) 方解石形成的双字

图 5.32　方解石的双折射现象

如果进一步用偏振器来加以检查,就会发现 o 光和 e 光都是平面偏振光,但它们的振动方向是不一样的.

应该注意,所谓 o 光和 e 光只在双折射晶体内才有意义,射出晶体以后,就无所谓 o 光和 e 光了.

2. 晶体的光轴

为了确定 o 光和 e 光的振动方向,必须首先介绍晶体中光轴的概念.以方解石晶体为

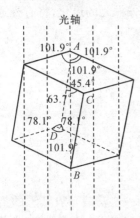

图 5.33　方解石晶体

例,天然方解石晶体外形为平行六面体.如图 5.33 所示,每个表面都是锐角为 78.1°、钝角为 101.9° 的平行四边形.六面体有八个顶角,其中两个是三个钝角面会合而成的(如图中 A, B),称为钝隅,其余六个顶角都由一个钝角、两个锐角组成.可以发现方解石晶体内存在一个特殊的方向,当光在晶体中沿着这个方向传播时,没有双折射现象发生,晶体内的这个特殊方向叫做**晶体的光轴**.实验表明,方解石晶体的光轴方向是从它的钝隅所作的面等分角线的方向.当方解石晶体的各棱都等长时,钝隅的面等分角线刚好就是两个相对钝隅的连线.图 5.33 中的 AB 线就代表它的光轴.

必须指出,光轴并不是经过晶体内的某一特定的直线,而是一个固定的方向.由于光轴的这个特点,在晶体中任何一点都可以作出一个光轴.

方解石、石英这类晶体只有一个光轴,称为单轴晶体;还有一类晶体如云母、蓝宝石等具有两个光轴,称为双轴晶体.光在双轴晶体内传播规律比较复杂,这里只讨论单轴晶体.

3. 主截面

由光轴与晶面法线所组成的面叫做**主截面**,如图 5.34 所示.每个点(如 A 点)由于是三个晶面的交点,有三个晶面法线,因而有三个主截面.方解石的主截面永远和晶面交成一个 71° 及 109° 角的平行四边形.在晶体中平行于这些面的平面都叫主截面.当入射光线在主截面内,即入射面与主截面重合时,o 光和 e 光也在主截面内,否则 e 光可能不在主截面内.

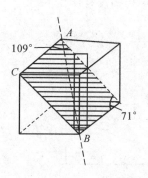 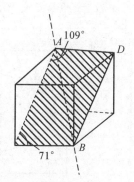 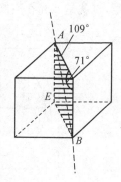

图 5.34 方解石晶体主截面

4. 主平面,o 光和 e 光偏振态

在晶体内任一折射光线与光轴组成的平面称为该光线的主平面. 因此,o 光和 e 光各有一个主平面. o 光和光轴组成的平面称为 o 光主平面,e 光和光轴组成的平面称为 e 光主平面. 用检偏器来研究 o 光和 e 光的偏振状态,发现 o 光和 e 光都是平面偏振光. o 光的振动矢量垂直于 o 光的主平面,e 光的振动矢量平行于 e 光的主平面. 如果入射光线在主截面内,o 光和 e 光也都在主截面内,因此,o 光和 e 光主平面互相重合. 在此特殊情况下,主平面就是主截面,o 光与 e 光的振动方向相互垂直. 一般情况下,o 光和 e 光主平面间存在一微小夹角,因此,o 光和 e 光的振动方向只是接近于相互垂直. 为了简单起见,在有些教科书中,往往忽略这一微小夹角,认为主截面就是主平面,不加区别.

5.7.2 单轴晶体中双折射现象的解释

在讨论了双折射中两束折射光的性质后,我们就可以来讨论光波在各向异性晶体内为什么会发生双折射? 光波又是怎样双折射的?

根据惠更斯原理的子波概念可以知道,在各向同性介质中,光的传播速度是和光的传播方向、光矢量振动方向无关的常数. 在各向同性介质里子波波阵面是球面,那么在各向异性的晶体中子波波阵面是什么形状? 用子波概念如何解释各向异性晶体的双折射现象呢?

1. 单轴晶体中 o 光和 e 光的波面

在各向异性的晶体中,光的传播速度与光的传播方向、光矢量振动方向有关. 实验证明:当光的振动方向与光轴垂直时,速度为 v_o;当光的振动方向与光轴平行时,速度为另一值 v_e;当光的振动矢量与光轴夹以任意角度时,光速的数值在 v_o 和 v_e 之间,所以速度 v_o,v_e 是速度的两个极值. 凡 v_o 大于 v_e 的晶体,一般称为正晶体,如石英;凡 v_o 小于 v_e 的晶体,称为负晶体,如方解石.

基于这个事实,我们以负晶体方解石为例,具体地分析子波的波阵面具有什么形状. 设在晶体内有一点光源 S,必然有一光轴通过光源 S,作一平面包含光轴和 S 光源,现在就来考虑光源 S 在此平面内发出的光的传播情况. 根据定义,此平面是这些光线的主平面. 我们先来看 o 光的情况. 从 S 点向各方向传播的 o 光,它的振动方向都垂直其主平面(即图平面),也即垂直于光轴,因而传播速度相同,都等于 v_o,与方向无关. 所以经过 Δt 时间后,由 S 发出的 o 光子波在这平面内将是一个圆,如图 5.35(a)所示,空间图形就相当于此平面绕通过 S 的光轴转一圈,也就是 o 光在空间的波面为一球面,这和光在各向同性媒质中传播没有什么不同.

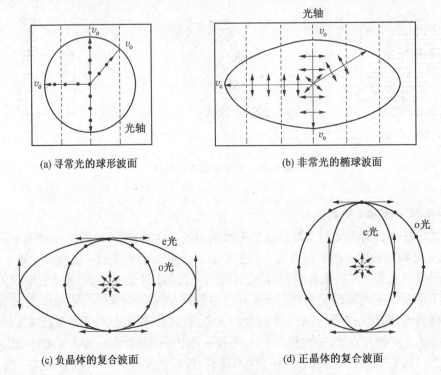

(a) 寻常光的球形波面   (b) 非常光的椭球波面

(c) 负晶体的复合波面   (d) 正晶体的复合波面

图 5.35   单轴晶体内两种波面

我们再来看 e 光的波面.从 S 点向各方向传播的 e 光,它的振动方向平行于它的主平面,从图 5.35(b)中可以看出,不同方向传播的光,传播速度不同.振动方向和光轴垂直时,它的速度等于 v_o;振动矢量和光轴平行时,它的速度等于 v_e;在其他方向,e 光的速度介于 v_o 和 v_e 之间.所以经过 Δt 时间后,由光源 S 发出的 e 光子波在这平面上将为一椭圆,同 o 光的讨论一样,由点光源 S 向空间发出的光线就相当于此平面绕通过 S 的光轴转一圈,也就是 e 光在空间的波面为旋转椭球,旋转轴为光轴.

图 5.35(c)为 o 光和 e 光的复合波面,图中 o 光的波面在光轴方向与 e 光的波面相切.这是因为沿着光轴方向传播的光,不管 o 光或 e 光,它们的振动矢量都垂直于光轴,两者在这方向上的传播速度是相等的,都等于 v_o,所以两波面在光轴方向相切.

同样的讨论可适用于正晶体,结果如图 5.35(d)所示.

根据上面的讨论,可以知道,在各向异性的晶体中,如晶体内有一点光源,在时刻 t 开始向周围发出子波,经过 Δt 时间后,晶体内的子波面将是一个双层曲面,其中一个是 o 光的子波面(球面),另一个是 e 光的子波面(旋转的对称椭球),两者在光轴处相切,至于哪一个面在外面,就要看 v_o,v_e 哪一个大. v_o 大于 v_e,球面在外面,就是正晶体的情况;若 v_o 小于 v_e,球面就在里面,就是负晶体的情况,如图 5.36 所示.

2. 用波面概念解释双折射现象——惠更斯波面作图法

知道了晶体中 o 光和 e 光的波面形状以后,就可以用惠更斯原理直观地说明双折射现象.

如图 5.37 所示,光轴在入射面内,并与晶体表面成一倾斜夹角(用虚线表示),一束平行光束倾斜入射,在实际使用中都有意选择入射光位于主截面内,这时主截面就是 o 光和 e 光的主

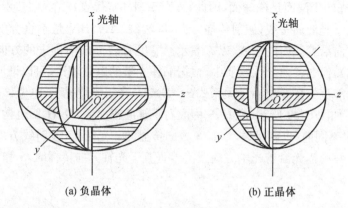

(a) 负晶体　　　　　　　　(b) 正晶体

图 5.36　复合曲面立体图

平面,这样使所研究的双折射现象大为简化.
以方解石为例,具体分析这个实例. 根据惠更
斯原理,在波面上的任意点看作新的子波源.
现在只在平面波到达晶体边界时,取分界面
上边缘两点作为子波源,其作图步骤如下:

(i) 画出与界面相交于 A,B 的两条平行
的光线(代表入射光线).

(ii) 由先到界面的 A 点作另一入射线的
垂线 AB',即为入射线的波面. 求出 B' 到 B
的时间 $t = B'B/c$(c 为真空或空气中的光
速).

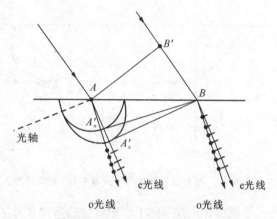

图 5.37　惠更斯波面作图法求折射线　光波倾斜入射

(iii) 以 A 为中心,在折射媒质内分别作
o 光和 e 光的子波面. 当另一边缘光线到达 B 点时,o 光的子波面是以 $v_o t$(v_o 为 o 光在媒质中
的传播速度)为半径的半圆(空间为半球面);e 光的子波面为在光轴方向与 o 光波面相切的半
椭圆面(空间为半椭球面),此半椭圆面在垂直于光轴方向的轴长为 $v_e t$(v_e 为 e 光在媒质中的
传播速度).

(iv) 通过 B 点作上述半圆和半椭圆的切线,它们的切点分别为 A_o' 和 A_e'. BA_o',BA_e' 分
别是 o 光和 e 光的新波面,也就是界面 AB 上所有各点所发子波面的包络面.

(v) 从 A 点连接切点,连线 AA_o',AA_e' 的方向分别是 o 光和 e 光折射线的方向. 由于光轴
在图平面内,图平面就是 o 光和 e 光的主平面. 所以 o 光振动垂直于图面,e 光振动在图面内,
这就解释了双折射现象.

当平行光线垂直入射时,两平行光线同时到达界面上的 A,B 点. 如图 5.38 所示,我们需
要同时作 A,B 两点发出的子波波面(它们的大小一样),得到两个新波面. 一个是寻常光波面
oo',它与球面相切点为 A_o,B_o;另一个是非常光波面 ee',它与椭球波面相切点为 A_e,B_e. oo' 和
ee' 互相平行,并平行于原入射光波面. 连线 AA_o 和 BB_o 代表寻常光方向,它与入射光方向相
同;AA_e 和 BB_e 代表非常光方向,它与入射光、寻常光的方向不一致.

应该指出,e光的子波面是椭球面,因此,在图5.38中,代表e光光线(或称波射线)的传播方向 AA_e,BB_e 与e光波面法线(波前传播方向,即波线) AN,BN' 是不重合的.在各向同性媒质中,波的传播方向沿着波面的法线(以 k 表示),它既是波面向前推进的方向,也是波的能流方向(波射线方向).但在各向异性媒质中,根据晶体光学的电磁理论,可以证明:能流是沿着波射线方向传播的,能流矢量 S 仍满足关系式 $S=E\times H$.在一般情况下,电位移矢量 D 与电场强度 E 是不同向的,如图5.39所示. E,H,S 构成右手螺旋正交系, D,H,k 也构成右手螺旋正交系,所以, k 和 S 也不同向.也就是说,沿着 S 方向传播的e光能流(波射线方向)与e光波面法线 k 是不同向的.只有当光沿着光轴方向或沿着垂直于光轴方向传播时, S 和 k 是重合的.

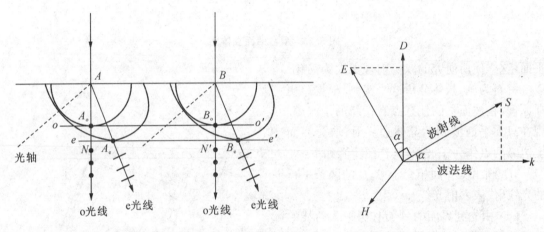

图5.38　惠更斯波面作图法求折射线,光波垂直入射　　　**图5.39　 D,E,H,k,S 各矢量的方向**

下面将介绍在实际工作中常用的几种有意义的特殊情况.仍以负晶体方解石为例,它的光轴与界面平行或垂直.当平行光束垂直入射到界面时,根据上面介绍的惠更斯波面作图法,寻常光与非常光在折射媒质中的传播方向如图5.40所示.

图5.40(a)为光轴垂直于晶体表面,并平行于入射面.平行光束沿光轴传播,o光和e光不分开,且传播速度相等,不发生双折射现象,它说明了光轴的特性.

图5.40(b)(c)(d)为光轴平行于晶体表面,但(b)为光轴同时平行于入射面,(c)为光轴同时垂直于入射面.当平行光束正入射时,晶体内的寻常光和非常光沿着同一方向传播,并不分开.但o光和e光的速度不等,因而o光和e光的波面不重合.在负晶体中,e光的波面总是超前o光的波面.当通过一定厚度的晶体后,o光和e光有一固定相位差.它的用途将在以后讨论.

图5.40(d)为平行光束倾斜入射,光轴垂直于入射面(即纸面).这时由 A 点发出的子波波面在纸平面内的截线是同心圆.o光、e光分别以波速 v_o 和 v_e 传播.在这种特殊情况下,两折射线都服从普通的折射定律,只不过折射率分别为 n_o 和 n_e .

5.7.3　寻常光和非常光的相对光强

前面讨论的都是自然光入射在单轴晶体的界面上,由于其入射面和晶体主截面重合,o光和e光主平面与主截面三者重合.此时自然光进入晶体后分解为振动方向平行于主截面的非常光和振动方向垂直于主截面的寻常光,这是两个振动方向互相垂直、完全独立的振动.假如

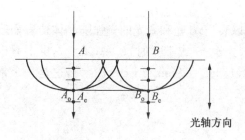

(a) 光波正入射,光轴垂直晶面

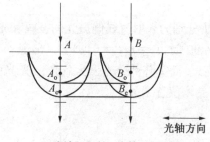

(b) 光波正入射,光轴平行晶面

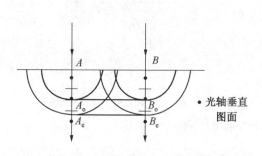

(c) 光波正入射,光轴平行晶面

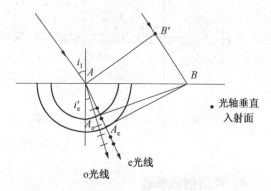

(d) 光波斜入射,光轴平行晶面

图 5.40 几种特殊情况

晶体完全不吸收能量,那么寻常光和非常光具有相同的光强度,它们都为自然光强度的一半. 如果用直线偏振光照射单轴晶体,同样也会产生双折射,但是寻常光和非常光的强度是不相等的,它们随着晶体位置的改变而改变,如图 5.41 所示. 当晶体绕着寻常光线方向旋转时,屏上 o 光亮斑不动,而 e 光亮斑绕着 o 光亮斑做圆周运动,同时它们的光强也在发生变化. 当晶体主截面与入射偏振光的振动方向垂直时,o 光亮斑强度最大,e 光完全消失. 继续旋转晶体时,e 光亮斑又出现,当转过 90° 时,e 光亮斑光强最大,o 光亮斑消失. 这样每转过 90°,o 光和 e 光亮斑光强变化情况互换. 如果入射光束比较粗,o 光和 e 光亮斑在屏上将略有重叠,则重叠部分的光强并不因晶体的转动而改变.

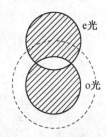

图 5.41 直线偏振光产生的寻常光和非常光强度随晶体位置改变

这些现象可以这样来解释:如图 5.42(a) 所示,OO' 为晶体界面,图平面为晶体主截面,虚线为光轴,直线偏振光垂直入射,其振动方向不在图平面里,与图平面成 θ 角. 若在垂直于传播方向的平面里画投影图,如图 5.42(b) 所示,OO' 代表主截面,AA' 为入射直线偏振光的振动平面,其间夹角为 θ. 寻常光的振动垂直于主截面,非常光的振动平行于主截面,所以它们的振幅分别为

$$A_o = A\sin\theta, \quad A_e = A\cos\theta,$$

它们的光强分别为

$$I_o = I\sin^2\theta, \quad I_e = I\cos^2\theta,$$

其中 A, I 分别为入射直线偏振光的振幅和光强. 可以看出, o 光和 e 光的光强随晶体位置而改变. 当 $\theta = 90°$ 时, $I_o = I, I_e = 0$, 屏上只出现 o 光亮斑; 当 $\theta = 0°$ 或 $180°$ 时, $I_o = 0, I_e = I$, 屏上只出现 e 光亮斑. 而重叠部分光强为 o 光、e 光光强之和, $I_o + I_e = I(\sin^2\theta + \cos^2\theta) = I$, 这是一个常量, 它与晶体位置无关.

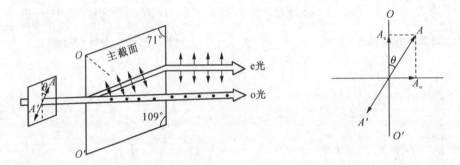

(a) 线偏振光通过晶体产生o光、e光示意图   (b) 垂直传播方向平面内电矢量的投影图

图 5.42 寻常光和非常光的相对光强

5.7.4 双折射偏振器

双折射现象的重要应用之一是制作偏振器件. 这是因为 o 光和 e 光都是 100% 的直线偏振光, 而且双折射晶体在可见和紫外区域有很高的透明度, 因此符合实际需要, 有较大的实用价值. 但是由于两束光靠得很近, 应用起来不很方便, 所以实际的双折射偏振器都是将天然晶体进行加工改造, 从而获得一束直线偏振光. 种类很多, 下面将以几种为例加以说明.

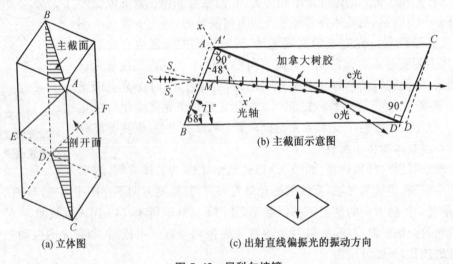

(a) 立体图   (b) 主截面示意图   (c) 出射直线偏振光的振动方向

图 5.43 尼科尔棱镜

1. 尼科尔(Nicol)棱镜

如图 5.43(a)所示, 取一块长度约为宽度三倍的优质方解石晶体, 将其两端面磨去约 3°, 使其主截面的对角由 71° 变为 68°, 如图 5.43(b)(图为尼科尔棱镜主截面)所示. 然后将晶体沿

垂直主截面由 A 端向 D 端剖开、磨平，再用加拿大树胶黏合，并将周围涂黑，便制成一个尼科尔棱镜.

加拿大树胶是一种折射率 n 介于方解石的 n_o 和 n_e 之间的透明物质（对于钠黄光，$n=1.55$，而 $n_o=1.65836$，$n_e=1.48641$). 按照上述设计，平行于棱边的入射线 SM 进入晶体后，o 光将以大于临界角 $\arcsin\dfrac{n}{n_o}\approx 69°$ 的入射角投射在剖面（加拿大树胶层）上，它将因全反射而偏折到棱镜的侧面，被黑色涂料吸收. 至于 e 光，由于它与光轴的夹角足够大，它在晶体内的折射率仍小于加拿大树胶折射率，从而不发生全反射. 于是从尼科尔棱镜另一端射出的将是单一线偏振光，它的振动方向是沿着尼科尔棱镜出射面的短对角线方向，如图 5.43(c) 所示.

尼科尔棱镜虽然能产生一束较完善的平面偏振光，但必须满足一定的条件，即 o 光入射到树胶层的角度要大于临界角. 计算表明，入射光线上、下两方的极限角 $\angle S_o MS \approx \angle SMS_e = 14°$，使用尼科尔棱镜时，入射光束的会聚角或发散角不能超过此限.

2. 格兰-汤姆生（Glan-Thompson）棱镜

这是一种尼科尔棱镜的改进型，也是用方解石制成的. 不同之处是端面和底面垂直，光轴平行于两端面，也平行于胶合面，如图 5.44 所示. 当光垂直入射到端面时，寻常光线和非常光线均不会发生折射，寻常光和非常光在胶合面上的入射角也就是胶合面与棱镜端面的夹角 θ. 胶合层物质的选择使得对于寻常光来说入射角 θ 大于临界角，寻常光发生全反射被底面吸收层吸收；对于非常光来说，则能透过胶合层成为直线偏振光. 若底面无吸收层，寻常光将从底边射出. 显然，此种棱镜亦可用作偏振分束器. 这种棱镜的优点在于端面不是斜的，所以入射光线的孔径角较尼科尔棱镜大. 有时为了适用于大功率的激光光路中，防止胶合层的烧坏，用空气作为棱镜的胶合层，这样的棱镜又称为格兰-傅科（Glan-Foucault）棱镜.

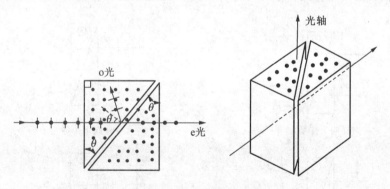

图 5.44 格兰-汤姆生棱镜

3. 渥拉斯顿（Wollaston）棱镜

渥拉斯顿棱镜是用方解石或石英做成，其结构如图 5.45 所示. 它是由两个直角棱镜组成的，两棱镜的光轴互相垂直. 自然光垂直入射到晶面 AB，沿与光轴相垂直的方向前进. o 光和 e 光虽不分开，但以不同的速度前进. 在界面 AC 处，由于光轴转过 $90°$，o 光和 e 光的传播速度发生变化. o 光变成 e 光，e 光变成 o 光. 对于方解石 $n_o > n_e$，振动平行于图面的光经过 AC 面后折射较小，而振动方向垂直于图面的光折射较大，两者就分开. 所以，再从渥拉斯顿棱镜射出的是两条夹有一定角度、振动方向相互垂直的直线偏振光.

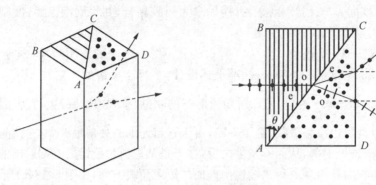

图 5.45　　渥拉斯顿棱镜

* 渥拉斯顿棱镜除了可以产生直线偏振光外,还可以将偏振状态不同的光转换成传播方向不同的光. 例如,振动方向平行于图面的直线偏振光正入射到渥拉斯顿棱镜第一个直角棱镜时,其振动方向与光轴平行,相当于 e 光,当此光通过第一个棱镜到第二个棱镜时,由于第二个棱镜光轴与第一个棱镜光轴垂直,因此,原来的 e 光变成垂直光轴振动的 o 光. 它相当于从光疏媒质射向光密媒质,将靠近界面法线向上传播,如图 5.46(a)所示. 若让入射光的振动方向转过 90°,与光轴垂直(一般让光通过一块 λ/2 波片来实现,下节将要仔细讨论),类似上面的分析,光将偏离法线向下传播,如图 5.46(b)所示. 如果有两束振动方向与光轴平行的直线偏振光,让其中一束振动方向转过 90°,与光轴垂直,出射的将是传播方向不同、振动方向相互垂直的两束直线偏振光,如图 5.46(c)所示. 如果有 N 束(例如四束)振动方向在图平面内的直线偏振光同时正入射到渥拉斯顿棱镜,我们可以按自己的意愿改变出射光的方向,如图 5.46(d)所示. 渥拉斯顿棱镜的这个作用目前在光计算中应用较为广泛.

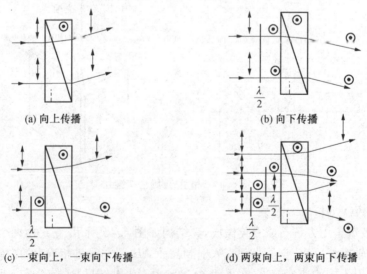

(a) 向上传播　　　　　　　　　　　　　(b) 向下传播

(c) 一束向上,一束向下传播　　　　　(d) 两束向上,两束向下传播

图 5.46　　不同偏振状态的光转换成传播方向不同的光

4. 费森(Feussner)棱镜

具有一定大小的高质量的双折射晶体,一般其价格都是很昂贵的. 为此费森对格兰-佛科棱镜作了改进,其结构如图 5.47 所示. 用两个各向同性的玻璃直角棱镜代替两个双折射晶体

棱镜,而在两个玻璃棱镜之间夹一块双折射材料薄板代替傅科棱镜的空气层.此双折射材料的光轴垂直于薄板平面.这两个直角棱镜的玻璃折射率选择得等于双折射材料中折射率较高的一个.

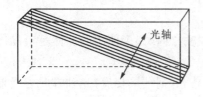 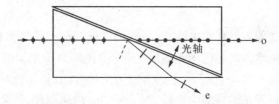

图 5.47　费森棱镜

假如双折射材料薄板是由方解石构成,在方解石晶体中 $n_o > n_e$,因此,棱镜玻璃折射率等于 o 光折射率 n_o.这样,当光线垂直入射于棱镜端面时,寻常光将没有偏折地射出棱镜,而非常光在方解石薄板界面,由光密射入光疏媒质,当入射角大于临界角时,非常光将发生全反射,而从第一个玻璃棱镜的底边射出.

5.8 **相位延迟器——波片**

5.8.1　相位延迟作用

前面我们主要讨论了自然光产生直线偏振光的方法.光的偏振态,除了直线偏振光外,还有圆偏振光和椭圆偏振光.那么圆偏振光和椭圆偏振光又是怎样产生的? 或者说,直线偏振光如何转变成圆偏振光或椭圆偏振光? 当然,也可以提出相反的问题,如何把圆偏振光或椭圆偏振光转变成直线偏振光,这些问题就是偏振光产生、转化和检验的问题.

在 5.2 节中已经知道,不论直线偏振光、圆偏振光,还是各种取向的椭圆偏振光,都可由两个沿着同一方向传播、同一频率、振动方向互相垂直的直线偏振光组成.其间的主要差别是这两个正交的直线偏振光间相对相位差的不同.另外,任一直线偏振光都可分解为两个垂直方向的直线偏振光,而在讨论双折射现象时已经知道,在光轴平行于晶体界面的特殊情况下(如图 5.40(b)和(c)),入射光在晶体内分解成两个互相垂直并沿着同一直线传播的直线偏振光.如果入射光为自然光,则因这两个互相垂直的直线偏振光没有固定的相位关系,从晶体出来以后,互相混合仍为自然光.那么,怎样才能使这两个直线偏振光间有一定的相位差呢? 那就是让直线偏振光垂直通过波片.

波片是能够使垂直入射的直线偏振光分解成沿同一方向传播,相对相位有一定延迟,振动方向相互垂直的两束直线偏振光的光学元件.它的作用如同无线电中的移相器一样,所以波片又叫相位延迟器.一般光学相位延迟器的结构就是将晶体或其他光学各向异性材料沿平行于光轴方向切割下来、有准确厚度的平行板,如图 5.48 所示.因此,相位延迟器又称相位延迟板.

当直线偏振光垂直入射到此种延迟板的表面时,由于双折射的原因,进入延迟板的光分解成 o 光和 e 光,并且沿着同一方向以不同速度传播.当光从另一端出射时,由于此相位延迟板的厚度为 d,使 e 光和 o 光的光程差为

$$\Delta=n_{\mathrm{o}}d-n_{\mathrm{e}}d=|n_{\mathrm{o}}-n_{\mathrm{e}}|d, \tag{5.32}$$

e 光和 o 光的相位差为

$$\delta=\frac{2\pi}{\lambda}\Delta=\frac{2\pi}{\lambda}|n_{\mathrm{o}}-n_{\mathrm{e}}|d, \tag{5.33}$$

上式中 λ 为真空中波长. 一般相位延迟板上往往只标出快轴方向. 如果使用的晶体是负晶体,则振动方向平行于光轴的光(e 光)比垂直于光轴振动的光(o 光)跑得快($v_{\mathrm{e}}>v_{\mathrm{o}}$),光轴方向为快轴方向,垂直于光轴的方向为慢轴方向;如果晶体是正晶体,则结果相反,光轴方向为慢轴,垂直于光轴方向为快轴. 为了使用时简化程序,我们只需知道哪个方向是快轴,就是振动方向平行于该轴的光跑得最快(简称快光),振动方向垂直于快轴的光跑得最慢(称为慢光),因此,可以不管晶体是正晶体还是负晶体,也不必知道光轴的具体方向.

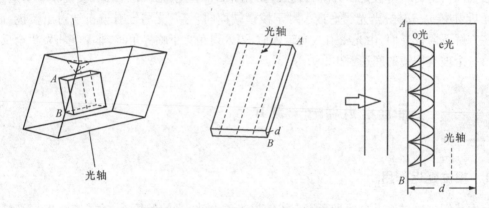

图 5.48　光学相位延迟板——波片的结构

由上式可知,只要控制相位延迟板的厚度 d,就可使 o 光和 e 光具有一定的相位差. 根据相位差的不同,相位延迟板又可分成不同的类型. 下面将讨论各种相位延迟板的作用.

5.8.2　全波片

当光学相位延迟板使 o 光和 e 光的相位差为

$$\delta_{\mathrm{o-e}}=\frac{2\pi}{\lambda}|n_{\mathrm{o}}-n_{\mathrm{e}}|d=2m\pi, \tag{5.34}$$

或

$$|n_{\mathrm{o}}-n_{\mathrm{e}}|d=m\lambda, \tag{5.35}$$

(其中 m 为整数)即此板使 o 光和 e 光的光程差为 λ 的整数倍时,此板就称为**全波片**.

如果入射光为直线偏振光,则通过全波片后出来的光仍为该方向上的直线偏振光,如图 5.49 所示,所以全波片对入射光无影响. 但要注意,一般折射系数 n 与波长有关. 但 $|n_{\mathrm{o}}-n_{\mathrm{e}}|$ 随波长改变较小,所以,由(5.34)式可知,$\delta_{\mathrm{o-e}}\propto\frac{1}{\lambda}$,即与波长成反比. 显然全波片是对某一波长而言的. 因此,图 5.49 所示的系统,将全波片以任意方位放到两正交的直线偏振器之间,若用白光照明,仅有一个波长满足(5.35)式,此波长的光可以毫无影响地经过全波片,被后一偏振器吸收. 而其他波长的光会有某些相位延迟,经过全波片后出来的光将是不同取向的椭圆偏振

光,再经检偏器,各自将有若干分量通过.

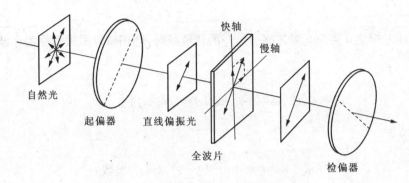

图 5.49　全波片不改变入射光的偏振方向

5.8.3　半波片

当相位延迟板在 o 光和 e 光之间引进 $180°$（或 π）的相对相位差时,此延迟板就称为**半波片**,或简写成 $\frac{\lambda}{2}$ 片.用公式表示：

$$\delta_{o-e}=\frac{2\pi}{\lambda}|n_o-n_e|d=(2m+1)\pi,\tag{5.36}$$

或

$$|n_o-n_e|d=(2m+1)\frac{\lambda}{2},m=0,1,2,\cdots.\tag{5.37}$$

若入射于半波片的直线偏振光的振动方向与半波片的快轴成 θ 角,如图 5.50(a)所示,通过半波片后由于振动方向平行于快轴的分量(快光)超前了一相位 θ,使出来的光振动方向转了 2θ 角,如图 5.50(b)所示.同理,如图 5.51 所示,半波片可以将椭圆偏振光的椭圆取向绕快轴反转,并使旋向发生改变,原来左旋的变为右旋,原来右旋的变为左旋(参见图 5.16).

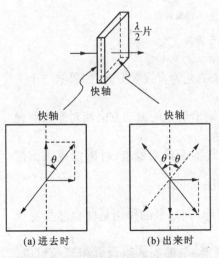

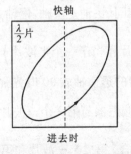

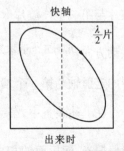

**图 5.50　直线偏振光通过半波片后
　　　　　光矢量的转动**

图 5.51　椭圆偏振光通过半波片后取向和旋向的改变

5.8.4 $\frac{1}{4}$ 波片

当相位延迟板使 o 光与 e 光之间引进 $\frac{\pi}{2}$ 的相位差时,此相位延迟板就称为 **$\frac{1}{4}$ 波片**或 $\frac{\lambda}{4}$ 片.
即

$$\delta_{\text{o-e}} = \frac{2\pi}{\lambda} |n_\text{o} - n_\text{e}| d = (4m+1)\frac{\pi}{2}, \tag{5.38}$$

或

$$|n_\text{o} - n_\text{e}| d = (4m+1)\frac{\lambda}{4}. \quad (m \text{ 为整数}) \tag{5.39}$$

$\frac{1}{4}$ 波片的作用是使快光相位超前慢光 $\frac{\pi}{2}$. 如果入射的直线偏振光的振动方向和 $\frac{1}{4}$ 波片的

快轴构成 45°时,如图 5.52 所示,进入 $\frac{1}{4}$ 波片后分解的 o 光和 e 光的振幅都是 $\frac{\sqrt{2}}{2}E$($E\cos45°=$

$E\sin45°$),当 o 光和 e 光从 $\frac{1}{4}$ 波片出来时,其间引进了 $\frac{\pi}{2}$ 的相位差,这两个振幅相同、相位差为

$\frac{\pi}{2}$ 的直线偏振光的合成为一圆偏振光.

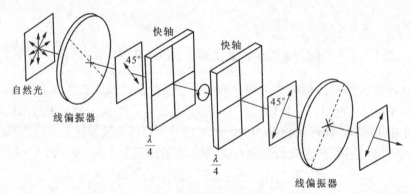

图 5.52 两个直线偏振器和两个 $\frac{1}{4}$ 波片

如果将此圆偏振光再经过一个 $\frac{1}{4}$ 波片,则从 $\frac{1}{4}$ 波片出来的光为直线偏振光. 如果第二个 $\frac{1}{4}$

波片与第一个 $\frac{1}{4}$ 波片取向相同(快轴∥快轴,慢轴∥慢轴),则出射光的振动方向相对原入射光

振动方向转了 $\frac{\pi}{2}$ $\left(\text{两个 } \frac{1}{4} \text{ 波片相当于一个半波片}\right)$,如用直线偏振器来检查,可以发现该偏振

器的透射轴与第一个偏振器的透射轴成 90°时光强最大(如图 5.52).

在上述装置中,第一个偏振器与第一个 $\frac{1}{4}$ 波片(从左算起)合起来的作用是使自然光变成

圆偏振光,而后面的相应组合 $\left(\text{第二个 } \frac{1}{4} \text{ 波片和第二个偏振器}\right)$ 与前面的组合有相同的组成,

只是排列上反了一个 180°,在光路中起着检查圆偏振光的作用. 根据 5.3 节的定义,前一组合

是圆偏振器,后一组合也是圆偏振器(只是反了 180°). 从这里也可证实前面的结论:凡是产生偏振光的器件同样也可用来检查偏振光.

如果入射的直线偏振光与 $\frac{1}{4}$ 波片快轴夹角不等于 45°,则由 $\frac{1}{4}$ 波片出来的光为椭圆偏振光. 与圆偏振光情况相似,用一 $\frac{1}{4}$ 波片也可以将椭圆偏振光转化为直线偏振光,只要将 $\frac{1}{4}$ 波片的快轴(或慢轴)与椭圆主轴之一对准即可. 这一方法可以用来检验椭圆偏振光. 各种偏振光的分析、检验见下一节. 为使大家对 $\frac{1}{4}$ 波片的作用有一系统了解,列成表 5.1 以供查阅.

表 5.1　各种偏振光通过 $\frac{1}{4}$ 波片后偏振态的变化

入　射　光	$\frac{1}{4}$ 波片方位	出射光
直线偏振光	快轴与入射光的振动方向一致或垂直时	直线偏振光
	快轴与入射光的振动方向成 45°、135°	圆偏振光
	其他方位	椭圆偏振光
圆偏振光	任何方位	直线偏振光
椭圆偏振光	快轴和慢轴与椭圆主轴一致	直线偏振光
	其他方位	椭圆偏振光

5.8.5　可变相位延迟板

前面我们介绍了几种固定相位延迟板,但在实际工作中,往往需要可变的相位延迟板,如对任意取向的椭圆偏振光的检查. 下面仅介绍两种可变的相位延迟板.

1. 巴俾涅(Babinet)补偿器

其结构如图 5.53 所示,它是由两个分离的方解石劈或更多情况下是用石英劈组成,两劈的光轴互相垂直并平行于表面. 由图可见,巴俾涅补偿器与渥拉斯顿棱镜相似:当直线偏振光垂直入射时,分成两个互相垂直的分量. 但巴俾涅补偿器的楔角很小(约 2°~3°),厚度也不大,所以这两个分量的传播方向基本上一致. 设光在第一个劈中通过的距离为 d_1,在第二个劈中通过的距离为 d_2,因在第一劈中垂直于光轴振动的分量在第二劈中相当于平行于光轴振动,所以,该光通过整个补偿器的光程为

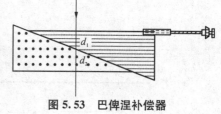

图 5.53　巴俾涅补偿器

$$n_o d_1 + n_e d_2,$$

同样,在第一劈中平行于光轴振动的分量在第二劈中相当于垂直于光轴振动,该光通过整个补偿器的光程为

$$n_e d_1 + n_o d_2,$$

两者的光程差为

$$\Delta = (n_o d_1 + n_e d_2) - (n_e d_1 + n_o d_2)$$
$$= (n_o - n_e)(d_1 - d_2), \tag{5.40}$$

相位差为

$$\delta = \frac{2\pi}{\lambda}(d_1 - d_2)|n_o - n_e|. \tag{5.41}$$

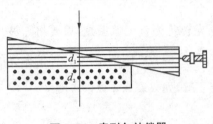

图 5.54 索列尔补偿器

在补偿器中心点 $d_1 = d_2$, $\delta = 0$. 在其他点时, δ 将因入射点的位置而改变. 显然, 使用此种补偿器的光束必须很细, 否则在一个光束中会引起不同的相位差. 为克服这一缺点, 可采用下面的结构产生可变相位延迟.

2. 索列尔(Soleil)补偿器

其结构如图 5.54 所示, 上面两个劈具有相同的光轴切割, 下面晶体块的光轴与上面两个劈的光轴互相垂直. 此种结构的补偿器, 不但能在整个表面产生均匀的相位延迟, 同时光束也不会发生发散. 而巴俾涅补偿器出射的光束有些发散.

5.9 光波偏振态的定性分析

通常的入射光有自然光、直线偏振光、圆偏振光、椭圆偏振光和部分偏振光五种. 在 5.3.3 中已经看到, 利用一块偏振片(或其他偏振器)迎着光旋转一周, 观察其光强变化, 如出现两次消光, 可以将直线偏振光区分出来, 但对于其余四种光则不能区分. 由 5.8.4 知道, 利用 $\frac{1}{4}$ 波片可以将圆和椭圆偏振光变为直线偏振光, 而不能将自然光和部分偏振光变为直线偏振光. 所以, 利用偏振片和 $\frac{1}{4}$ 波片结合起来, 可以把上述五种光完全区分开来, 偏振光的分析程序见表 5.2.

表 5.2 偏振光的分析程度

```
                    待测光波垂直通过
                        线偏振器
                           |
                        转动线偏振器
        光强度无变化        |        光强度有变化
       /              光强度有为零的       \
  在线偏振器前加一块    极小值(消光)    在线偏振器前加一块 1/4 片, 其
  1/4 片, 再转动线偏振器              光轴方向与极大或极小的透振
                                   方向重合, 再转动线偏振器
     |        |                         |         |
  光强度无变化  的极小值(消光)        的极小值(消光)  零的极小值
           光强度有为零              光强度有为零    光强度有不为
     |        |           |           |         |
   自然光    圆偏振光    直线偏振光   椭圆偏振光   部分偏振光
```

除上述情况外,圆和椭圆偏振光又可分为右旋光和左旋光,利用偏振片和 $\frac{1}{4}$ 波片同样可以进一步将它们区分开来,这作为习题留给读者思考.

* **例 5-1** 一束平行单色光依次通过 $\frac{1}{4}$ 波片和偏振片,如此单色光为右旋椭圆偏振光,长轴和短轴之比为 $4:1$,则无光通过偏振片.作图表示 $\frac{1}{4}$ 波长的光轴方向、偏振片透射轴方向和椭圆长短轴方向的相对方位,并标出 $\frac{1}{4}$ 波片快轴和偏振片透射轴 P 之间的夹角.

解 按题意用偏振片检验从 $\frac{1}{4}$ 波片出射的光有消光位置,表示出射光为直线偏振光.因此,$\frac{1}{4}$ 波片的快轴和慢轴一定与椭圆主轴重合.设椭圆长轴为 x 轴,短轴为 y 轴,如图 5.55 所示.右旋光表示 y 振动超前 x 振动 $\frac{\pi}{2}$.显然,$\frac{1}{4}$ 波片快轴和慢轴与椭圆主轴 x 和 y 重合有两种可能:

(i) $\frac{1}{4}$ 波片快轴平行于 x 轴,则右旋椭圆偏振光经 $\frac{1}{4}$ 波片后,x 振动增加相位 $\frac{\pi}{2}$,出射光的 y 振动与 x 振动同相,则从 $\frac{1}{4}$ 波片出射的光振动矢量为图中 A,它与快轴的夹角为 θ,$\tan\theta = \frac{1}{4}$,$\theta = 14°2'$.快轴与偏振片的透射轴 P 夹角 φ 为 $90° + \theta = 104°2'$.

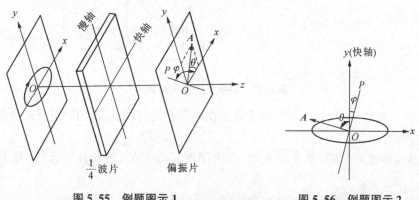

图 5.55　例题图示 1　　　　图 5.56　例题图示 2

(ii) $\frac{1}{4}$ 波片快轴平行于 y 轴,因右旋椭圆偏振光经 $\frac{1}{4}$ 波片后,y 振动又增加 $\frac{\pi}{2}$ 相位,出射光的 y 振动超前 x 振动 π 相位,则从 $\frac{1}{4}$ 波片出射的光振动矢量 A 如图 5.56 所示,它与快轴夹角 $\theta = \arctan\frac{4}{1} = 75°58'$,快轴与偏振片的透射轴夹角 φ 为 $90° - 75°58' = 14°2'$.

5.10　偏振光的干涉

前面已讨论了两个振动方向互相垂直的直线偏振光的叠加,它们虽然有固定的相位差,但因为振动方向互相垂直,不满足相干条件,所以表现不出干涉现象.但如果把这两个直线偏振光投影在某一方向上,它们将会在这个方向上发生干涉,这就是偏振光的干涉.偏振光干涉现象在实际中有许多应用.它分为两类:平行偏振光的干涉和会聚偏振光的干涉.

5.10.1　实验装置及现象

偏振光干涉的典型实验装置如图 5.57 所示.在两偏振片 1 和 2 之间插入一块厚度为 d 的晶片,三者表面互相平行.一束平行光垂直入射于这一系统上,经过偏振片 1 变成平行的直线偏振光.然后投射到厚度为 d 的晶片上,沿晶片快慢轴分解,从晶片透射出来的 o 光和 e 光是振动方向正交的且具有一定相位差的两束直线偏振光.虽然这两束光是从同一束直线偏振光分出来的,也具有一定的相位差,但它们相互垂直不能干涉.当这两束光投射到偏振片 2 时,因为它允许电矢量沿透射轴方向分量的光通过,这样从偏振片 2 透射出来的这两个光矢量的振动方向一致,在沿着该透射轴方向产生与普通光一样的干涉.

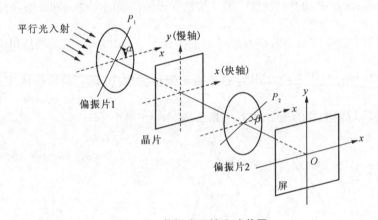

图 5.57　偏振光干涉实验装置

在上面的实验装置中,我们可以通过透镜在屏幕上观察,也可以用眼睛直接观察到偏振光干涉的一些现象:

(i) 当晶片厚度均匀时,单色光入射,幕上照度是均匀的;转动任一元件,幕上强度将会变化.

(ii) 当白光入射时,幕上出现彩色;转动任一元件,幕上颜色发生变化.

5.10.2　偏振光干涉的强度公式

为了解释以上实验观察到的现象,必须讨论屏幕上各处的强度.图 5.58 为各元件的光轴在一平面上的投影图.下面将参考图 5.57 和图 5.58 逐步分析其过程:

(i) 设入射光通过偏振片 1 后,产生沿 OP_1 透射轴方向振动的直线偏振光,光矢量为 $\boldsymbol{E}_1$,振幅为 A_1,光振动方程用复数表示为

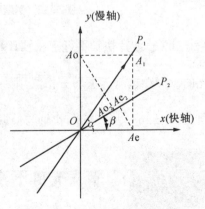

图 5.58　各元件光轴及电矢量在一平面上的投影图

$$\boldsymbol{E}_1 = A_1 e^{i\omega t}.$$

(ii) 该光进入晶片前表面,光振动沿着晶片的快轴和慢轴方向分解为快光和慢光(图中分别用"e"和"o"代表"快"和"慢"),则两光的振幅为

$$\begin{cases} A_{快}=A_1\cos\alpha, \\ A_{慢}=A_1\sin\alpha, \end{cases}$$

其振动方程为

$$\begin{cases} E_{快}{}'=A_{快}\ \mathrm{e}^{\mathrm{i}\omega t}=A_1\cos\alpha\mathrm{e}^{\mathrm{i}\omega t}, \\ E_{慢}{}'=A_{慢}\ \mathrm{e}^{\mathrm{i}\omega t}=A_1\sin\alpha\mathrm{e}^{\mathrm{i}\omega t}. \end{cases}$$

从晶片后表面出来时,产生相位差 δ,所以两光的振动方程为

$$\begin{cases} E_{快}=A_{快}\ \mathrm{e}^{\mathrm{i}(\omega t'+\delta)}=A_1\cos\alpha\mathrm{e}^{\mathrm{i}(\omega t'+\delta)}, \\ E_{慢}=A_{慢}\ \mathrm{e}^{\mathrm{i}\omega t'}=A_1\sin\alpha\mathrm{e}^{\mathrm{i}\omega t'}, \end{cases}$$

其中 $\delta=\dfrac{2\pi}{\lambda}|n_{\mathrm{o}}-n_{\mathrm{e}}|d.$

(iii) 当该两光通过偏振片 2 时,只有在 P_2 方向上的分量才能通过. 两光振幅为

$$\begin{cases} A_{快2}=A_{快}\ \cos\beta=A_1\cos\alpha\cos\beta, \\ A_{慢2}=A_{慢}\ \sin\beta=A_1\sin\alpha\sin\beta, \end{cases}$$

其振动方程为

$$\begin{cases} E_{快2}=A_{快2}\mathrm{e}^{\mathrm{i}(\omega t''+\delta)}=A_1\cos\alpha\cos\beta\mathrm{e}^{\mathrm{i}(\omega t''+\delta)}, \\ E_{慢2}=A_{慢2}\mathrm{e}^{\mathrm{i}\omega t''}=A_1\sin\alpha\sin\beta\mathrm{e}^{\mathrm{i}\omega t''}. \end{cases}$$

这两个振动都在 P_2 方向上,它们频率相同,又有固定的相位差 δ,它们是相干的. 所以,从第二偏振片出射光的总振动为

$$E_2=E_{快2}+E_{慢2}=A_1\cos\alpha\cos\beta\mathrm{e}^{\mathrm{i}(\omega t''+\delta)}+A_1\sin\alpha\sin\beta\mathrm{e}^{\mathrm{i}\omega t''},$$

出来后的光强为

$$\begin{aligned} I_2 &=E_2\cdot E_2{}^* \\ &=(A_1\cos\alpha\cos\beta\mathrm{e}^{\mathrm{i}\delta}+A_1\sin\alpha\sin\beta)\mathrm{e}^{\mathrm{i}\omega t''}\cdot(A_1\cos\alpha\cos\beta\mathrm{e}^{-\mathrm{i}\delta}+A_1\sin\alpha\sin\beta)\mathrm{e}^{-\mathrm{i}\omega t''} \\ &=A_1{}^2(\cos^2\alpha\cos^2\beta+\sin^2\alpha\sin^2\beta)+\frac{A_1{}^2}{2}\sin2\alpha\sin2\beta\cos\delta \\ &=A_1{}^2\cos^2(\alpha-\beta)-A_1{}^2\sin2\alpha\sin2\beta\sin^2\frac{\delta}{2}. \end{aligned} \tag{5.42}$$

5.10.3 实验现象的解释 显色偏振

式(5.42)给出了偏振光干涉的强度公式. 可以看出光强 I_2 不仅与两偏振片和晶片的取向 α,β 有关,还与晶片给出的相位差 δ 有关. 公式中的第一项与晶片的参数无关,相当于晶片不存在时透过两偏振片的光强,即由马吕斯定律所决定的背景光. 第二项与 δ 有关,这一项是由晶片的振幅分割所产生的两束光引起的干涉效应,它与 λ,d 和晶片的各向异性($n_{\mathrm{o}}\neq n_{\mathrm{e}}$)有关.

在偏振光干涉装置的实际使用中,往往令两偏振片平行(指 $P_1/\!/P_2$)或令两偏振片正交(指 $P_1\perp P_2$). 当两偏振片平行时,$\alpha=\beta$,

$$I_{/\!/} = A_1{}^2 - A_1{}^2 \sin^2 2\alpha \sin^2 \frac{\delta}{2}, \tag{5.43}$$

若两偏振片正交,即 $|\alpha-\beta|=\frac{\pi}{2}$ 时,得

$$I_{\perp} = A_1{}^2 \sin^2 2\alpha \sin^2 \frac{\delta}{2}, \tag{5.44}$$

由 $I_{/\!/} + I_{\perp} = A_1{}^2$,可知偏振片平行和垂直时,两者光强互补.

由于 $I_{/\!/}$ 和 $I_{\perp}$ 都取决于 α 和 δ,而 $\delta = \frac{2\pi}{\lambda}|n_o - n_e|d$,对于给定厚度的晶片(各处 d 相等),δ 与波长成反比.如果对于某一波长 λ_1(如蓝光)满足

$$\delta_1 = \frac{2\pi}{\lambda_1}|n_o - n_e|d = 2m\pi \quad (m \text{ 为整数}),$$

则由(5.43),(5.44)式得

$$P_1 \perp P_2, \quad I_{\perp} = 0, \quad (\text{消光})$$
$$P_1 /\!/ P_2, \quad I_{/\!/} = A_1{}^2. \quad (\text{极大})$$

但对于另外一种波长 λ_2(如绿光),若

$$\delta_2 = \frac{2\pi}{\lambda_2}|n_o - n_e|d = (2m+1)\pi \quad (m \text{ 为整数}),$$

且 $\alpha = 45°$ 或 $135°$ 时,

$$P_1 \perp P_2, \quad I_{\perp} = A_1{}^2, \quad (\text{极大})$$
$$P_1 /\!/ P_2, \quad I_{/\!/} = 0. \quad (\text{消光})$$

如果入射光同时包含波长 λ_1(蓝光)和 λ_2(绿光)两种波长,则 $P_1 \perp P_2$ 时,显 λ_2 的颜色(绿色);$P_1 /\!/ P_2$ 时,显 λ_1 的颜色(蓝色).如果用白光照射,因白光包含各种波长,它们对应的相位差 δ_i 是不同的,因而各种波长的干涉光强也是不同的.当 $P_1 \perp P_2$ 时,白光中波长 λ_2 的光强最大,λ_1 波长的光强为零,其他波长光强介于两者之间,这样将有不同强度的各种颜色光的混合,即显现出 λ_1 的互补色(白光中缺少 λ_1 剩下光的颜色).同理,当 $P_1 /\!/ P_2$ 时,在幕上呈现 λ_2 的互补色.如果旋转 P_2 时,将显现出各种色彩的变换,这就是上述实验描述的现象.如果晶片的厚度是不均匀的,每个区域厚度不等,每一厚度对应于幕上某一颜色,因此,在整个幕上就呈现出各种各样的颜色花样.当转动检偏器 P_2,由 $P_1 \perp P_2$ 到 $P_1 /\!/ P_2$ 将显现出各种彩色的变化.以上现象称为**显色偏振**,又称**干涉色**.干涉色不仅是晶片置于两线偏振器之间可以出现,用揉皱的玻璃纸、一块薄冰、受压的塑料等置于两线偏振器之间都会看到干涉色.只有当 $\alpha=0$ 或 $\beta=0$ 时,(5.42)式中第二项为零,出射光与晶片无关,此时出现光强与波长无关,所以没有干涉色,也就没有色偏振现象.

5.10.4 会聚偏振光的干涉

若在两个偏振片间放置等厚度的晶片,其光轴垂直于晶片表面,若用会聚偏振光照射,将能看到在各种倾角下的干涉条纹.

　　观察晶片在会聚偏振光照明下干涉条纹的实验装置如图 5.59 所示. L_1,L_2,L_3,L_4 是透镜,P_1,P_2 为偏振片,C 是厚度均匀的晶片,光轴垂直于表面. 由光源 S 发出的光经 L_1,P_1 变成平行偏振光,再经短焦距透镜 L_2 变成高度会聚的偏振光照射在晶片 C 上,然后通过放置在 L_3 后焦面前的 P_2,透射光在 L_3 后焦面上各点处发生干涉而形成较小的干涉图样.最后由 L_4 放大,在屏幕 M 上得到以光轴为中心的明暗相间的同心圆环和暗十字刷,如图 5.63 所示.

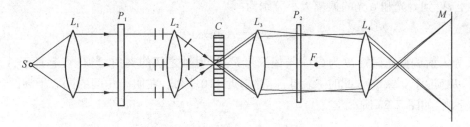

图 5.59　会聚偏振光干涉实验装置图

　　干涉图样的成因可解释如下:图 5.60 表示会聚光束经过晶片时的情况.中间光线沿着晶片光轴前进,不发生双折射.o 光和 e 光之间的相位差$\delta=$0.而与晶片光轴有一夹角的其他光线将会发生双折射,分出的 o 光和 e 光在晶片中各自沿着不同的路径、以不同的速度传播,因此,o 光和 e 光间就产生一个相位差δ,这个相位差δ随着入射角的增加而增加.对同一入射光线分出的 o 光和 e 光在射出晶片时是相互平行的,但有δ的相位差.它们经过检偏器 P_2 分别投影在 P_2 的透射轴上,其振动方向一致,因此,在 L_3 的焦平面上相交产生干涉,形成

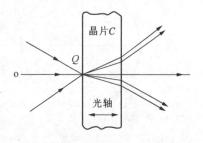

图 5.60　会聚偏振光通过晶片示意图

一点,如入射到晶片 C 上的光是与光轴有一夹角的圆锥面上的所有光线,因为以同一角度入射,在晶片中,分出的所有 o 光和所有 e 光经过的距离各自相同.因此,o 光和 e 光之间具有相同的相位差δ,这样此圆锥面上的所有光线形成同一级条纹,在屏幕上得到的轨迹是一个圆.随着入射光线角度的增大,在晶片中 o 光和 e 光各自经过的距离增大.当$\delta=2m\pi$ 时,得 m 级亮环;当$\delta=(2m+1)\pi$ 时,得 m 级暗环.在屏幕上得到从中心向外半径随之增大的明暗相间的同心圆环.但是参与干涉的 o 光和 e 光的振幅是随着入射面相对于正交的两偏振片透射轴的方位而变化的,如图 5.61 所示.经过偏振片 P_1 在晶片表面 Q 点入射的是某一倾角(入射角)的圆锥面上的所有光线,经晶片双折射后得到的是另一倾角(折射角)的圆锥面上的所有光线.假设晶片 C 厚度很薄,这些光线到达晶片后表面时,o 光和 e 光几乎不分开,它们的相位差δ相同的各点组成圆周 $ACBD$.由图看出,在同一圆周上,由光线和光

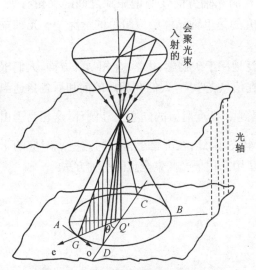

图 5.61　主平面方位沿圆周逐点改变

轴所构成的主平面(如 QGQ')的方向是沿着圆周逐点改变的,且垂直于晶片表面.图 5.62 为顺着光看各矢量在晶片后表面的投影图.可以看出,参与干涉的 o 光和 e 光的振幅是随主平面的方位而变化的.例如,透过起偏器 P_1 到达 G 点的光,它的矢量是沿着 P_1 透射轴的方向,即 GE 方向.在 A,C,B,D 各点的矢量亦沿着 P_1 透射轴的方向,如图中所示方向.在晶片中它分解为垂直于主平面振动的 o 光和平行于主平面振动的 e 光,然后经过偏振片 P_2 投影到 P_2 的透射轴上,得到 o 光和 e 光的振幅大小分别为

$$A_{o2} = A_{e2} = A\sin\theta\cos\theta, \tag{5.45}$$

其中 A 为入射偏振光振幅,θ 为 $Q'G$ 与偏振片 P_1 透射轴之间的夹角.当 G 点趋近于 $A,C,B,$ D 点时,θ 趋近于 $0°$ 或 $90°$,此时 A_{o2} 和 A_{e2} 都趋近于 0.因此,在明暗相间的同心干涉圆环上出现暗十字刷,如图 5.63 所示.

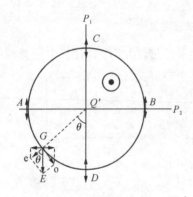

图 5.62　晶片后表面各矢量投影图

图 5.63　当两偏振光正交时,会聚偏振光通过单轴晶体时的干涉图样

同理,当 $P_1 /\!/ P_2$ 时,干涉圆环中将出现亮十字刷.它的图样与 $P_1 \perp P_2$ 时的图样是互补的.

会聚偏振光照明下所观察到的干涉图样与晶片的光轴方向及两偏振片之间的夹角有关.因此,得到的干涉图样是千变万化的.我们这里研究的是单轴晶体中最简单的情况——光轴垂直于晶面.

偏光显微镜就是根据这种需要而制成的,它广泛地用于矿物学、化学、金相学等方面,人们根据干涉图样和色彩来分析、研究各种物质.近年来,在信息光学中,人们在晶片的前和后各自适当地放一个 $\frac{1}{4}$ 波长,这样可以消除十字刷.在屏幕上得到由 Q 点对应的同心干涉圆环,这相当于由 Q 点形成的全息图(波带板).物是由许多这样的点组成,因此,在屏幕上得到与这些点对应的干涉圆环叠加的干涉图,即物的全息图.因此,它提供了用非相干光产生全息的一种方法.

5.11　旋　光　性

5.11.1　旋光现象

在晶体中沿光轴方向传播的光,像在均匀介质中传播一样,不发生双折射.但也发生了例

外的情况,如在石英晶体中,沿光轴传播的直线偏振光,它的振动面会发生旋转,在许多晶体和某些液体中(硫化汞、松节油、糖溶液)也都发现有类似现象. 这种振动面旋转现象通常称为旋光现象. 这种性质称为**旋光性**. 具有这种性质的物质称为旋光物质.

现在来做一个实验,如图 5.64 所示,光轴垂直于两表面的石英片放在两个正交偏振片之间,光沿着晶片的光轴通过,结果发现视场变亮. 但若将第二偏振片旋转某一角度,视场又重新变暗. 这说明从晶体射出的光仍然是直线偏振光,只是振动面旋转了一个角度.

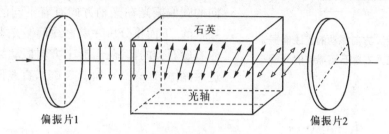

图 5.64 旋光现象

实验证明,一定波长的直线偏振光通过旋光物质时,光矢量的振动面旋转的角度 θ 与光在该物质中通过的距离 d 成正比:

$$\theta = \alpha d, \tag{5.46}$$

其中比例系数 α 称为该物质的旋光系数或旋光本领. 它等于在该物质中通过 1mm 厚度时光矢量旋转的角度. 例如,1mm 厚的石英片对钠光($\lambda = 589.3$nm)旋转 $21.7°$,1cm 厚的石英片对钠光旋转 $217.2°$. 对于具有旋光性的溶液,其旋转角除了和光经过溶液长度有关外,还和溶液浓度有关. 因此根据光矢量旋转的角度可以测定溶液的浓度. 在制糖工业中,用来测定糖溶液浓度的量糖计就是根据这个原理进行测量的.

一般旋光物质对于不同波长的光具有不同的折射率. 所以,振动面旋转的角度也因波长而异. 因此,在白光照射下,各种颜色的光不能同时消光,我们在偏振片 2 后面观察到的是色彩的变化,这种现象称为**旋光色散**.

旋光物质按振动面旋转的方向可以分为两种:当对着光线观察时,振动面顺时针旋转的物质叫做右旋物质,逆时针旋转的物质叫做左旋物质. 例如,葡萄糖溶液是右旋的;果糖溶液是左旋的;天然石英晶体有左旋和右旋之分,它们的旋光本领相同,但是旋向相反. 它们的分子组成相同,在外貌上是对称的,一个是另一个的镜像反演,如图 5.65 所示. 如果将晶片转过 $180°$ 后,振动面旋转方向仍保持不变. 若光线通过它以后,又由镜面垂直反射而反向通过该晶片,则光的振动面将恢复到原位.

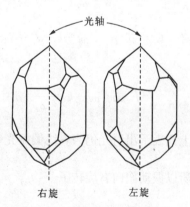

图 5.65 右旋石英和左旋石英

5.11.2 旋光性的解释

产生旋光现象的原因正如产生双折射原理一样,也必须从物质的结构上去解释. 但是菲涅耳根据振动中的一个原理,即任何一个直线简谐运动可以看作是两个相反方向旋转的同频率的圆周运动的组合,认为:沿晶体光轴方向传播的直线偏振光也可看作是由两个同频率旋向相

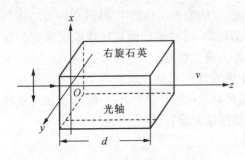

5.66 沿 x 方向振动的直线偏振光
进入右旋石英晶体的分析

反的圆偏振光组成. 在旋光晶体中,这两个圆偏振光有不同的传播速度. 在右旋物质中,右旋圆偏振光传播速度快,而在左旋物质中,左旋圆偏振光传播速度快. 这样一个假设,虽然不能说明现象的本质,但能令人信服地说明实验结果.

按菲涅耳的假设,晶体的旋光性是由于相反旋向的圆偏振光在光轴方向有着不同的传播速度所导致的. 下面将分析一束直线偏振光沿光轴方向进入右旋石英的情况:当沿 x 方向振动的直线偏振光进入晶体时($z=0$)(如图 5.66),直线偏振光的振动方程为:

$$\begin{aligned}
\boldsymbol{E} &= \boldsymbol{i} E_{\mathrm{o}} \cos\omega t \\
&= \frac{E_{\mathrm{o}}}{2}(\boldsymbol{i}\cos\omega t + \boldsymbol{j}\sin\omega t) + \frac{E_{\mathrm{o}}}{2}(\boldsymbol{i}\cos\omega t - \boldsymbol{j}\sin\omega t),
\end{aligned} \tag{5.47}$$

↑ 左旋圆偏振光 ↑ 右旋圆偏振光

由于这两个圆偏振光在晶体中传播时速度不一样,在 $z=d$ 处,这两个圆偏振光的振动方程为

$$\boldsymbol{E} = \frac{E_{\mathrm{o}}}{2}\left[\boldsymbol{i}\cos\omega\left(t-\frac{d}{v_{\mathrm{L}}}\right) + \boldsymbol{j}\sin\omega\left(t-\frac{d}{v_{\mathrm{L}}}\right)\right] + \frac{E_{\mathrm{o}}}{2}\left[\boldsymbol{i}\cos\omega\left(t-\frac{d}{v_{\mathrm{R}}}\right) - \boldsymbol{j}\sin\omega\left(t-\frac{d}{v_{\mathrm{R}}}\right)\right], \tag{5.48}$$

式中 v_{L} 代表左旋圆偏振光的传播速度,v_{R} 代表右旋圆偏振光的传播速度. 由于 $\omega\dfrac{d}{v_{\mathrm{L}}} = \dfrac{2\pi}{T}\dfrac{n_{\mathrm{L}}d}{c} = \dfrac{2\pi}{\lambda}n_{\mathrm{L}}d = kn_{\mathrm{L}}d$ 和 $\omega\dfrac{d}{v_{\mathrm{R}}} = kn_{\mathrm{R}}d$,代入(5.48)式得

$$\boldsymbol{E} = \frac{E_{\mathrm{o}}}{2}\left[\boldsymbol{i}\cos(\omega t - kn_{\mathrm{L}}d) + \boldsymbol{j}\sin(\omega t - kn_{\mathrm{L}}d)\right] + \frac{E_{\mathrm{o}}}{2}\left[\boldsymbol{i}\cos(\omega t - kn_{\mathrm{R}}d) - \boldsymbol{j}\sin(\omega t - kn_{\mathrm{R}}d)\right] \tag{5.49}$$

$$= E_{\mathrm{o}}\cos\left(\omega t - k\frac{n_{\mathrm{L}}+n_{\mathrm{R}}}{2}d\right)\left[\boldsymbol{i}\cos\left(\frac{n_{\mathrm{R}}-n_{\mathrm{L}}}{2}kd\right) + \boldsymbol{j}\sin\left(\frac{n_{\mathrm{R}}-n_{\mathrm{L}}}{2}kd\right)\right], \tag{5.50}$$

上式表示出射光仍为直线偏振光,其方向不再是 $\boldsymbol{i}$ 方向,对于右旋石英,$n_{\mathrm{R}} < n_{\mathrm{L}}$,$\dfrac{n_{\mathrm{R}}-n_{\mathrm{L}}}{2}kd < 0$,所以振动面向右旋转了 $\dfrac{\pi}{\lambda}(n_{\mathrm{L}}-n_{\mathrm{R}})d$ 角,对于左旋石英,$n_{\mathrm{R}} > n_{\mathrm{L}}$,$\dfrac{n_{\mathrm{R}}-n_{\mathrm{L}}}{2}kd > 0$,所以振动面向左旋转了 $\dfrac{\pi}{\lambda}(n_{\mathrm{R}}-n_{\mathrm{L}})d$ 角度(由上式中的第二项决定).

5.11.3 菲涅耳假设的实验证明

根据菲涅耳假设,直线偏振光进入旋光性物质后可以看作是两个不同旋向的圆偏振光组成,由于不同旋向的圆偏振光传播速度不同,因而说明存在旋光现象. 在此过程中关键在于这两个圆偏振光的假设,是否能用实验来证明这两个圆偏振光的存在? 菲涅耳利用下面的棱镜将这两个圆偏振光分离出来(如图 5.67).

当光进入右旋石英棱镜后分解成两个圆偏振光,两者仍沿着光轴方向传播,但传播速度不同. 右旋圆偏振光传播速度大, n_{R1} 小; 左旋圆偏振光的传播速度小, n_{L1} 大. 当两圆偏振光进入由左旋石英晶体构成的棱镜时,情况又反了. 因为右方为左旋物质,右旋圆偏振光相当于由传播速度大的介质进入传播速度小

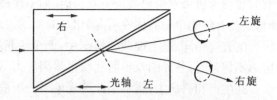

图 5.67 菲涅耳分离左右旋圆偏振光的实验

的介质,也就是由 n 小的介质进入 n 大的介质,根据折射定律,折射光将折向法线(向下);左旋圆偏振光是由 n 大的介质进入 n 小的介质,折射光将偏离法线(向上). 这两个圆偏振光就分开了,到晶体表面时,再经过一次折射,这两个圆偏振光就进一步分开了. 实验中确实证明了这两个圆偏振光的存在,从而也证明了菲涅耳假设的正确性.

利用旋光现象的规律测定溶液的浓度已在制糖工业中普遍使用. 值得一提的是在精密光学仪器中的应用,例如,在光谱仪器中,为了透过紫外光谱,常用石英制成三棱镜作为分光元件,但是石英材料存在两个不可忽视的缺点. 第一,石英具有双折射现象;第二,石英材料有旋光性,且有左、右旋之分. 因此,钠黄光以最小偏向角通过由整块石英晶体制成的 60° 棱镜时,在晶体内形成两条有 27″ 夹角的左、右旋圆偏振光,如图 5.68(a)所示. 一条光线分成两条光线,这将直接影响光谱的质量,为此科纽(M. A. Cornu)提出用左、右旋的 30° 石英棱镜组成 60° 的三棱镜,它们的光轴都与棱镜底边平行,这种棱镜称为科纽棱镜,如图 5.68(b)所示. 由于左旋部分和右旋部分速度互相交换,在最小偏向角的位置上,两部分光以相同角度从棱镜中射出,所以光谱面上无旋光双折射的影响. 同样,在精密光学仪器中,石英透镜也可由一半为左旋石英,另一半为右旋石英的两个平凸透镜组成,如图 5.68(c)所示.

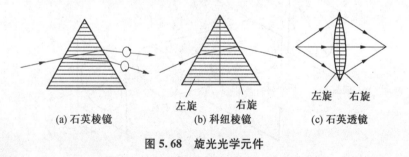

(a) 石英棱镜   (b) 科纽棱镜   (c) 石英透镜

图 5.68 旋光光学元件

5.12 感应的光效应

在外界作用下(机械力、电场和磁场),许多原来各向同性、无旋光性的介质,可以产生瞬时的双折射或旋光现象,而原来有双折射性质的晶体,它的双折射性质也要发生变化,这就是所谓感应的光效应. 下面将分别讨论各种感应的光效应以及它们的应用.

5.12.1 光弹效应

透明的各向同性介质在机械应力的作用下,会变成各向异性,这种现象被称为**光弹效应**,

有时也称为机械双折射或应力双折射.如一块玻璃或透明的塑料在其相对两面受到均匀压力时,就具有负的单轴晶体性质.如相对两面受到均匀张力时,就具有正单轴晶体性质,其光轴和应力的方向相同.在上面两种情况中,两个主折射率(n_o,n_e)之差与应力大小有关.因此,如果应力不均匀时,各处的双折射性质也将因应力不同而不同.

在生产和科研中,将利用此种现象来分析机械结构(桥、梁)中的应力分布,此种方法被称为光弹应力分析.分析时,只要将透明塑料做成此机械构件的模型(大小可按一定比例缩小),放在两个正交的直线偏振器中,由于机械构件中应力不同,在各处引起的$|n_o-n_e|$不同,从而引入不同的相位差δ,便出现反映这种差别的干涉图样.应力越集中的地方,各向异性越强,干涉条纹越细密.所以干涉条纹的分布就反映出构件中应力的分布,就可得到机械构件中应力方向和大小的信息.此种方法也经常应用于检验玻璃炼制时因退火不良而引起的内应力.

5.12.2　电光效应

第一个电光效应首先由克尔(J. Kerr)于1875年发现.当各向同性的透明介质放到电场中时,就具有单轴晶体双折射的性质,其光轴平行于电场方向.振动方向平行于电场方向的光和振动方向垂直于电场方向的光其折射率各用$n_{//}$和$n_\perp$表示,两者之差Δn与电场有下列关系:

$$\Delta n=\lambda K E^2 , \tag{5.51}$$

λ为光的波长,K为克尔常数.当K为正数时,相当于Δn是正的,此介质具有正晶体的性质;反之,当K为负数时,此介质具有负晶体的性质.由于克尔效应和场强平方成正比,所以又称为**二次电光效应**.图5.69表示研究液体(硝基苯)中电光效应(电致双折射)的简单装置.

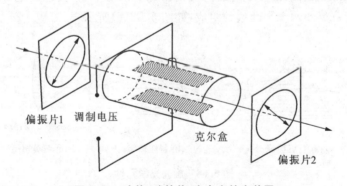

图 5.69　液体(硝基苯)中电光效应装置

液体放在玻璃盒内,外加电场是通过两个金属板间不同电压U而形成的,这种玻璃盒一般称为克尔盒.当单色的直线偏振光垂直入射时,如入射光的振动方向和电场方向构成45°角,在直线偏振光经过克尔盒后,平行和垂直于电场方向的两束光之间的相位差

$$\delta=\frac{2\pi}{\lambda}|n_{//}-n_\perp|l=2\pi K l \frac{U^2}{d^2} , \tag{5.52}$$

式中U为调制电压,d为金属板间的距离,l为金属板的长度.所以从克尔盒出来的光,它的偏振状态将发生变化.

在上述装置中,当外加电压为零时,由于两偏振片正交,所以没有光通过.当外加电压U使$\delta=\pi$时,出射光最强,这样整个装置可以作为一个电光开关.由于这种作用的响应频率可以

高到 10^{10} Hz,所以是很理想的高速开关. 它在光速测量和脉冲激光器中都有成功的应用.

另一种电光效应,由泡克耳斯(C. A. Pockels)于 1893 年发现,称为泡克耳斯效应. 图 5.70 为一泡克耳斯盒装置,图中将一无对称中心晶体如磷酸二氢铵($NH_4H_2PO_4$ 简称 ADP)或磷酸二氢钾(KH_2PO_4 简称 KDP)放在调制的电场中,由于光束要通过电极,所以电极通常做成透明的. 在不加电场时,这类晶体通常是单轴晶体,其光轴沿光束传播方向,不发生双折射. 在两偏振片正交时,没有光通

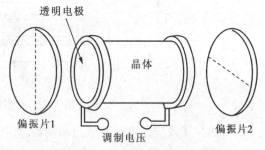

图 5.70　泡克耳斯盒调制器装置

过,视场是暗的. 当两极间加上可调电场后,此晶体变成双轴晶体,在沿着原来的光轴方向产生感应的双折射效应,使偏振片 2 的视场立即变亮. 可以发现这一种电光效应中的感应双折射和外加电场或电压的一次方成正比,因此泡克耳斯效应是一次电光效应或线性电光效应. 利用泡克耳斯效应也可制作光开关或调制器.

此种装置工作电压比较低,一般比克尔盒低 5～10 倍,其反应时间较快,如磷酸二氢钾响应时间为 10ns(纳秒),能调制的频率高达 2.5×10^{10} Hz,所以也是一个比较理想的调制器.

5. 12. 3　法拉第效应

当直线偏振光通过放在磁场中的玻璃或透明媒质时,偏振光的振动方向发生了旋转,这种效应称为**法拉第(Faraday)效应**,其旋转的角度为

$$\beta = VBd , \tag{5.53}$$

式中 B 为磁感应强度,d 为经过介质的距离,V 为比例常数,叫费尔德(Verdet)常数. 它不仅与介质材料有关,而且与材料温度和光的频率有关.

法拉第效应具有这样一个特点:当 V 为正数时,法拉第效应使沿磁场方向传播的直线偏振光振动方向向左旋转,使逆磁场方向传播的直线偏振光振动方向向右旋转. 在天然的旋光性物质中,光振动的旋向是与光的传播方向无关的. 因此直线偏振光在天然旋光性物质中来回一次振动方向没有变化,而在法拉第效应中,振动方向的旋转将增加一倍.

法拉第效应中旋光方向只与磁场方向有关,而与光的传播方向无关的这一特点,经常应用于激光技术中作为光学隔离器. 图 5.71 是光学隔离器的示意图. 它是在两个线偏振器之间插入一个磁致旋光装置——法拉第盒. 盒由通电的螺旋管和放在管中的磁致旋光物质组成. 检偏器 P_2 的透射轴方向相对于起偏器 P_1 沿磁致旋光方向转过 45°. 激光输出通过起偏器,然后通过一个法拉第盒,调节磁感应强度 B 的大小,使输出光的振动面旋转 45°,刚好完全通过检偏器. 但是从光学元件表面反射返回激光腔的光束经过法拉第盒时,其振动面又朝着同样方向磁致旋转了 45°,因而总地转过 90°,而与 P_1 偏振器正交,光束不能通过而被隔离. 这样就可以屏蔽反射光对激光器的干扰,提高激光器输出稳定性. 光学隔离器还可以用在多级放大装置中以防止反馈的发生. 如果改变螺旋管电流方向,就可以使螺旋管内磁场方向反转,光隔离器就可用作光换向开关.

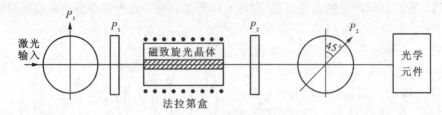

图 5.71　光学隔离器示意图

利用法拉第效应还可以制成光调制器. 如图 5.72 所示的装置,起偏器和检偏器的透射轴

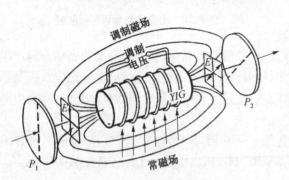

图 5.72　法拉第效应

方向相对固定,线圈内放 YIG 调制材料,沿图示方向加一稳定横向直流磁场,使晶体沿横向达到磁化饱和,再将调制电流通入绕在 YIG 晶体的线圈中,由于法拉第旋转依赖于磁场的轴向分量大小,这样稳恒磁场和调制磁场的总和——磁化强度矢量随外加调制信号改变方向,它在光的传播方向的轴向分量也随调制信号的变化而变化. 随着轴向磁场的变化,从晶体透射到偏振器 P_2 的直线偏振光的振动方向也跟着变化,因而从检偏器 P_2 出射的光强,按照马吕斯定律 $I = I_0 \cos^2\theta$ 将旋转角调制转换成振幅调制. 简而言之,输送的信号作为调制电压加到线圈中,输出激光束以振幅变化形式携带调制信息(调幅).

实际上,还有各种其他的磁光效应,如加到透明介质的外加磁场方向和光的传播方向垂直时,介质显示单轴晶体的双折射性质,此时光轴平行于磁场方向,两主折射率的差 Δn 和磁场的平方成正比.

5.12.4　液体中的各向异性——液晶

液晶是液态晶体的简称. 大部分液体在静止状态下其分子在时间、空间上是无规分布的,因而表现出各向同性. 若液体中含有某些类型的分子,特别是长链分子,其分子的排列在数个微米的范围内是有规则的,这就是液晶. 它是一种有机化合物. 由于分子排列有特定取向,分子的运动亦有特定的规律,因而产生一些奇异的现象,具有处于晶体和液体之间的特性,例如,它们具有液体的相当低的黏滞性. 由于液晶的各向异性,因此它具有双折射晶体的一些光学特性,其透明度和颜色随电场、磁场、光、温度等外界条件变化而变化. 因此,利用液晶在电流、电场和温度作用下的各种电光效应,可以制成各种黑白和彩色显示元件. 在光学仪器中利用液晶可以制成光调制器、电子光闸、光通信中的光路转换开关等,它的用途正越来越受到人们的重视.

现以扭曲向列型场效应(TN 效应)为例说明液晶显示的原理. 如图 5.73 所示,上下两玻璃板与四周胶框封接成一个几微米厚的盒子. 在盒中注入具有正介电各向异性的向列型液晶,由于上下玻璃片的内表面经特定的工艺处理,表面有水平排列的细微沟道,上下玻璃内表面沟道方向相互垂直,且表面涂有透明的二氧化锡导电层作为电极,因此,注入盒内的与电极接触的向列型棒状液晶分子将沿着沟道方向排列,并通过邻近分子影响整个液晶层,使之具有一定的排列次序.若靠上电极的分子与沟道平行,即平行于纸面排列,用"—"表示,靠下电极的分子亦与沟道平行,则垂直于纸面排列,用"·"表示.而上下电极之间的分子被逐步扭曲,"—"线段长度变化表示扭曲角度大小的变化.

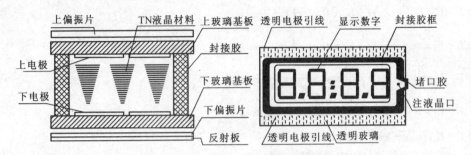

图 5.73　扭曲向列型液晶显示器结构

如图 5.74(a)所示,入射光通过透射轴方向与上电极表面液晶分子排列方向相同的上偏振片(起偏器)形成偏振光.此光通过液晶层时扭转了 90°.当到达与起偏器透射轴方向正交的下偏振片(检偏器)时,偏振光将透过下偏振片,被反射板反射回来.盒呈透亮,可以看到反射板.

当上下电极之间加上一定电压后,如图 5.74(b)所示,电极部位的液晶分子在电场作用下转变成与上下玻璃面垂直排列,这时液晶层失去旋光能力.偏振光通过液晶层没有改变方向,与下偏振片透射轴方向垂直,光被吸收,没有光反射,在电极部位出现黑色.由此可以根据需要制作成不同的电极,就可以实现不同内容的显示.

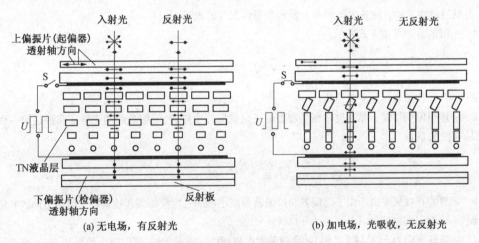

(a) 无电场, 有反射光　　　　　　　　(b) 加电场, 光吸收, 无反射光

图 5.74　液晶显示工作原理

由于液晶显示具有驱动电压低、耗电少、体积小、结构简单、价格低、显示范围可大可小等优点,所以,近十多年来,液晶显示广泛应用于诸如台式电子计算机、数字显示器、计时显示、字符播放接收机和电视等许多领域的数字和图像显示上.

习 题

5.1 决定下列方程式所表示的波的偏振状态,设波沿 x 方向传播,并用简图表示:

(1) $E=E_1\sin(\omega t-kx)j+E_2\cos\left(\omega t-kx-\frac{1}{2}\pi\right)k.$

(2) $E=E_1\sin(\omega t-kx)j+E_2\cos\left(\omega t-kx-\frac{3}{2}\pi\right)k.$

(3) $E=E_1\sin(\omega t-kx)j+E_2\cos\left(\omega t-kx-\frac{1}{4}\pi\right)k.$

(4) $E=E_1\sin(\omega t-kx)j+E_2\cos\left(\omega t-kx+\frac{1}{4}\pi\right)k.$

(5) $E=E_1\sin(\omega t-kx)j+E_2\cos(\omega t-kx)k.$

5.2 试写出下列波的方程式(设波沿 x 方向传播):

(1) 一直线偏振波其振动方向和 y 轴成 45°角.

(2) 一直线偏振波其振动方向和 y 轴成 120°角.

(3) 右旋圆偏振波.

(4) 右旋椭圆偏振波,其长轴在 y 轴.

5.3 一沿 z 方向传播的电磁波,其性质可用下式表示:

$$E=(E_0 i+2E_0 j)\sin(\omega t-kz),$$

求:(1) 用 E_0 表示此波的强度.

(2) 波的振动方向.

(3) 分别通过透射轴方向各为 x 轴和 y 轴的理想偏振片的光强.

5.4 一波的分布可用下式表示:

$$E(z,t)=\left[i\cos\omega t+j\cos\left(\omega t-\frac{\pi}{2}\right)\right]E_0\sin kz,$$

求此波的类型,并作图表示其主要性质.

5.5 一理想偏振片以 ω 角速度在两个理想的正交偏振片中旋转,证明最后的光强 I 和经过第一偏振片的光强 I_1 间的关系为

$$I=\frac{I_1}{8}(1-\cos 4\omega t).$$

5.6 光源的有效强度由于用了起偏器和检偏器而减小,证明:当起偏器和检偏器透射轴方向成 θ 角,由 θ 测量的误差 $\Delta\theta$ 而引起强度的百分误差为 $-(200\tan\theta)\Delta\theta$.

5.7 一振动方向为 x(见题 5.7 图)的单位强度电磁波沿 z 方向传播,遇到两个偏振片,第一偏振片的透射轴方

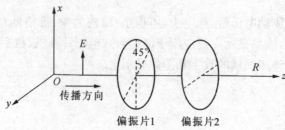

题 **5.7** 图

向和 x 轴构成 45°,第二偏振片的透射轴方向平行于 y 轴,求(1) 在第二偏振片后的光强(图中 R 区域);(2) 第二偏振片移去时 R 处的强度;(3) 偏振片 2 放回原处,移去偏振片 1 时,在 R 处的强度.

5.8 部分偏振光可以用两个不同强度的偏振光来表示.设 x 轴方向强度为 I,y 轴方向强度为 i,其间相位差是随机的,此时偏振度定义为 $P=(I-i)/(I+i)$.

(1) 假定有一部分偏振光通过一偏振片,此偏振片的透射轴方向和 x 轴成 θ 角,试证明透射光的强度 I_t 为

$$I_t = I(1+P\cos 2\theta)/(1+P).$$

(2) 什么时候 $P=1$ 和 $P=0$?

5.9 已知光在一定物质内的临界角为 45°,求起偏角的大小.

5.10 一束平行的自然光以 58°角入射到平面玻璃的表面上,其反射光束为完全直线偏振光,问(1) 透射光的折射角为多少?(2) 玻璃的折射系数为多少?

5.11 太阳照在水面上,在何时水面上反射出来的光偏振最强? 水的折射系数为 1.33,假定太阳早晨 6 时在地平线上出现,下午 6 时落山.

5.12 证明当光束射在平行平面玻璃板上时,如果在上表面反射时发生全偏振,则折射光在下表面反射时亦将发生全偏振.

5.13 光轴位于入射面内,并与折射表面成一斜角的情况下,作图求出在正晶体石英中折射的寻常光线和非常光线.

5.14 一束光以最小偏向角射入一方解石的三棱镜,试用图表示在光轴各为 x,y 和 z 方向时的出射光,并注明振动方向.

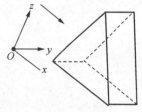

5.15 一平面偏振光垂直入射在一方解石晶体上,光的振动方向与主截面成 30°的角,试计算两折射光束的振幅比值及光强度的比值.

5.16 光束经过一方解石晶体后,由于双折射分解为寻常光和非常光,若再经过一方解石晶体则可得到四条光.设两晶体的主截面的夹角为 20°,求每一对光强度的比值.

题 5.14 图

5.17 在尼科尔棱镜中,沿直角边用加拿大胶黏合起来,问对于寻常光,入射角应大于何值时才能全反射? $n_o=1.6584$,加拿大胶的 $n=1.55$.

5.18 确定自然光经过图中的棱镜后,双折射光线的传播方向和振动方向.设晶体为负的.

5.19 有两个光源,用两个尼科耳棱镜,一为起偏镜,一作为检偏镜来观察透射光的强度.当两镜的主截面夹角分别为 30°及 60°时,依次可观察到两光源的强度相等.问两光源的相对强度如何?

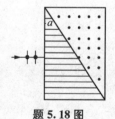

题 5.18 图

5.20 用方解石做成对钠光的 $\frac{1}{4}$ 波片,求其厚度值 d.设波片光轴沿水平方向,振幅为 A 的直线偏振钠光射到此波片上,振动方向与光轴成 60°角,问此光射出时的振动性质如何? 钠光的波长为 589.3nm,$|n_o-n_e|=0.172$.

5.21 直线偏振的单色光垂直地入射到 $\frac{1}{4}$ 波片上,其振动方向和 y 轴(光轴)构成 φ 角.假定波片 $n_y<n_z$,决定从 $\frac{1}{4}$ 波片出射光的偏振状态和光矢量的转动方向.(1) $\varphi=\pi/4$;(2) $\varphi=\pi/2$;(3) $\varphi=3\pi/4$.

5.22 试确定一圆偏振光的旋向.当 $\frac{1}{4}$ 波片放在检偏器之前,偏振器在消光位置,$\frac{1}{4}$ 波片的快轴顺时针转了 45°以后,正好能和检偏器的透射轴方向一致,试作图确定是左旋还是右旋.

5.23 试根据题 5.22 考虑一下,如何确定 $\frac{1}{4}$ 波片的快、慢轴方向.

5.24　(1) 若偏振片透射轴方向没有标明或标记不清楚,请找一个确定其透射轴方向的方法.

(2) 若两偏振片透射轴方向已知,你如何利用它们来确定 $\frac{1}{4}$ 波片或 $\frac{1}{2}$ 波片的光轴.

(3) 两偏振片透射轴方向未知,你如何利用一光轴方向已知的波片来确定另一波片的光轴;如果两波片都是 $\frac{1}{4}$ 波片,问如何使它们的快轴与快轴重合或快轴与慢轴重合?

5.25　一平面偏振光($\lambda=589.3\text{nm}$)垂直地射到 1 毫米厚的石英片上,它的光轴平行于薄片表面,它的主截面与光的振动方向成 $30°$ 角,然后此光再通过一方解石,当此方解石的主截面与光的原振动方向成 $90°$ 时,试计算寻常光与非常光的相对强度(石英 $n_o=1.54425, n_e=1.55336$).

5.26　两相干圆偏振光的振幅各为 $A, 2A$,沿同一方向传播,描述合成光波的性质.(1) 设两圆偏振光都是右旋的;(2) 振幅为 A 的圆偏振光是右旋的,振幅为 $2A$ 的圆偏振光是左旋的(提示:用解析法).

5.27　证明沿同一方向传播的两相干的椭圆偏振光的合成光波,一般情况下仍为一椭圆偏振光.

5.28　一圆偏振光垂直地入射到一晶片上,而此晶片的光轴平行于晶面,设用检偏器观察透射光,问(1) 若检偏器的透射轴方向与晶片的光轴成 α 角,则光强度为若干?(2) 若要得到最大和最小强度,则检偏器的透射轴应放在何种角度?

6

光的量子现象

在前几章中,我们讨论了光的干涉、衍射和偏振现象,这些都能用光的波动理论给以满意的解释,然而还有许多与光有关的实验现象是无法用波动理论得到解释的.本章将讨论其中几个著名的实验现象:热辐射、光电效应和康普顿散射,这些现象揭示了光的另一个方面——光的量子性,从而使人们对光有了进一步的认识,即光具有波粒二象性.

6.1　热辐射　普朗克公式

6.1.1　热辐射　基尔霍夫定律

1. 热辐射

电磁波辐射是由辐射体中的所含电荷(电子、离子)的振动所产生的,电磁波的辐射能量称为辐射能.显然,辐射体的辐射要消耗能量,此能量可来源于两方面:一是辐射体的内能变化使物质成分改变,如磷在空气中氧化而发光称为化学发光;一是辐射体从外界吸收能量而转换为辐射能,根据吸收能量的方式不同,有电致发光和光致发光等.本节主要讨论通过热传导方式供给辐射体能量,使之产生电磁辐射,这称为**热辐射**.

从经典理论看,物体中的带电粒子做热运动将有不同的振荡频率,因而发射出不同波长的电磁波.这些电磁波的能量是由热运动转化而来的,如果物体得到外界的热量与物体的因辐射而减少的能量相同,这时辐射过程达到平衡.物体的状态可以用温度 T 来表示,所以这种辐射亦称为平衡辐射或温度辐射.

物体在不同的温度下,所辐射的能量和波长成分是不同的.如大多数物体在室温下辐射不可见的红外光,当加热到 500℃时,物体开始辐射暗红色的可见光;随着温度的进一步提高,辐射光中波长较短的辐射成分逐渐增多,大约升到 1 500℃时,物体开始发白光.另外,不同的物体热辐射性质也不一样,如 800℃的钢发红色光,而同一温度下,熔石英则不辐射可见光.所以物体的辐射性质与温度有关,也与具体物质有关.

为了描述各种物体的热辐射性质,我们把单位时间内从物体表面单位面积上所辐射的波长在 λ 到 $\lambda+d\lambda$ 区间的辐射能 $dW(\lambda, T)$ 与波长间隔 $d\lambda$ 之比叫做物体的单色辐出度,用 $M(\lambda, T)$ 表示:

$$M(\lambda, T) = \frac{dW(\lambda, T)}{d\lambda} \quad (单位为 \ Wm^{-3}). \tag{6.1}$$

实验表明,$M(\lambda, T)$ 是物体的温度 T 和波长 λ 的函数,当温度一定时它反映辐射能按波长的分布情况.

在单位时间内从物体表面单位面积上所辐射的各种波长的总辐射能量称为辐出度$M_e(T)$,

$$M_e(T) = \int_0^\infty M(\lambda, T)\,\mathrm{d}\lambda. \tag{6.2}$$

物体除辐射能量外,它还吸收周围其他物体的辐射能. 当辐射能入射到某一物体上时,一部分能量被物体吸收,一部分能量被表面反射,还有一部分将透射出去. 通常把这三部分能量与入射能量之比分别称为吸收率、反射率和透射率,用α,R和τ表示,它们也与辐射体本身的温度和入射光的波长有关. 对于不同的辐射体这些系数是不同的. 根据能量守恒定律它们之和等于1,即

$$\alpha(\lambda, T) + R(\lambda, T) + \tau(\lambda, T) = 1. \tag{6.3}$$

2. 基尔霍夫定律

图 6.1　基尔霍夫
定律推导

实验表明,物体表面的辐出度与物体的吸收系数之间有着一定的关系. 我们将温度不同的几种物体放入一个密闭的真空容器内,如图 6.1所示,容器外壁是绝热的,那么物体只能通过辐射来交换能量. 根据热力学第二定律,它们最终将达到同一温度,这是不可逆过程. 在热平衡状态下,每一物体仍将不断地辐射能量和吸收能量,但因系统温度保持不变,所以每个物体的温度也不变,它吸收的总能量必须等于它辐射的总能量. 即吸收大的物体辐射也大,吸收小的物体辐射也小,只有这样才能达到平衡. 1859 年基尔霍夫(G. R. Kirchhoff)根据热平衡原理推得:在同一温度下,各个不同的物体在 λ 到 $\lambda + \mathrm{d}\lambda$ 的区间内的单色辐出度 $M_1(\lambda, T), M_2(\lambda, T), \cdots, M_n(\lambda, T)$ 和相应的吸收系数 $\alpha_1(\lambda, T), \alpha_2(\lambda, T), \cdots,$ $\alpha_n(\lambda, T)$,有如下关系

$$\frac{M_1(\lambda, T)}{\alpha_1(\lambda, T)} = \frac{M_2(\lambda, T)}{\alpha_2(\lambda, T)} = \cdots = \frac{M_n(\lambda, T)}{\alpha_n(\lambda, T)}. \tag{6.4}$$

(6.4)式表明,在同一温度下,各种不同的物体对于某一波长的单色辐出度 $M(\lambda, T)$ 与吸收数系 $\alpha(\lambda, T)$ 的比值都相等. 这个比值只取决于物体的温度和辐射的波长,而与物体的性质无关,是一个普适函数 $f(\lambda, T)$,这就是**基尔霍夫定律**. 它可写成

$$\frac{M(\lambda, T)}{\alpha(\lambda, T)} = f(\lambda, T). \tag{6.5}$$

从基尔霍夫定律可知,一个好的吸收体一定是一个好的辐射体. 这可以用一个简单的实验来说明:当用可见光照射时,磨光的金属球体表面上有一黑斑(表明吸收比较强),将此金属球加热到使它发出可见光时,则黑斑部分辐射的光将比其他部分要明亮得多就是这个道理.

6.1.2　黑体辐射以及经典理论

1. 绝对黑体

所谓绝对黑体,是指物体在任何温度下对任何波长的吸收系数均为1,即 $\alpha = 1$. 在自然界中没有绝对黑体,如涂有一层煤烟或黑色珐琅质的物体,其吸收系数仅在有限的波长间隔内接

近于1,而在较远的红外区域吸收系数显著小于1.但是人们可以在实验室中用一个壁上有一小孔的空心闭合容器来模拟绝对黑体,如图6.2所示.由于进入小孔的光线极少有机会再反射出来,即使反射出来也因在腔内多次反射能量基本减小到零,所以小孔对所有波长的吸收系数都接近于1,小孔部分可以看作是一个绝对黑体.

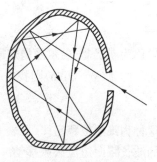

图 6.2　空腔上小孔的吸收

2. 绝对黑体的辐射

由基尔霍夫定律可知,要了解一般物体的辐射性质,必须知道普适函数 $f(\lambda, T)$,而这普适函数就是黑体的单色辐出度函数

$$f(\lambda, T) = \frac{M(\lambda, T)}{\alpha(\lambda, T)} = M(\lambda, T),$$

所以确定黑体的单色辐出度是研究热辐射问题的关键.

用黑体模型通过如图6.3所示的实验装置可测得绝对黑体的单色辐出度曲线.图中 A 为绝对黑体(开有小孔的空腔,腔内保持恒定温度 T).从 A 的小孔上发出的辐射经过平行光管

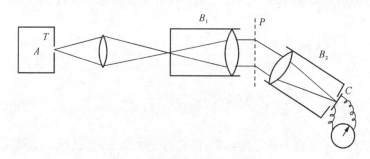

图 6.3　黑体辐射的实验装置

B_1 成为平行光,入射到光栅 P 上.不同波长的光,将在光栅上发生衍射而取不同的方向.如望远镜 B_2 对准某个方向,这个方向所对应波长的辐射将聚焦到热电偶 C 上,测出其功率.改变望远镜的方向,即可相应地测出不同波长的辐射功率,从而得到一条对应该温度的单色辐出度曲线.改变黑体的温度,可测得与之相应的曲线,如图6.4所示.从图上可以看到,对某一温度,

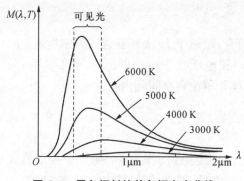

图 6.4　黑色辐射的单色辐出度曲线

单色辐出度大小先随波长增加而增加,到某一波长 λ_{max} 时达到最大,然后又随波长增加而减小.当黑体温度升高时,整个单色辐出度增加,表现为整个曲线上移,最大辐出度所对应的波长 λ_{max} 也将向短波长移动.

1879 年,斯忒藩(J. Stefan)根据他自己的测量结果,同时也分析了其他研究工作者的测量数据,得出黑体辐射对所有波长的总功率与黑体的绝对温度的四次方成正比.它表明随着温度的增高,辐射总功率很快增加.几年后,玻尔兹曼(L. Boltzmann)应用热力学知识从理论上证明了这一关系

$$M_e(T) = \int_0^\infty M(\lambda, T)\,\mathrm{d}\lambda = \sigma T^4, \tag{6.6}$$

它称为**斯忒藩-玻尔兹曼定律**,$\sigma = 5.67 \times 10^{-8}\,\mathrm{Wm^{-2}K^{-4}}$,称为斯忒藩-玻尔兹曼常数.

维恩(W. Wien)则找出了最大单色辐出度所对应的波长 λ_{max} 与辐射体的温度 T 之间满足

$$T\lambda_{max} = b, \tag{6.7}$$

这称为**维恩位移定律**(见表 6.1),$b = 2.90 \times 10^{-3}\,\mathrm{mK}$. 它表明,当温度升高时辐射极大所对应的波长将向短波区域移动.

表 6.1　黑体辐射的温度与 λ_{max} 之间的关系

T/K	300	1 000	3 000	4 000	5 000	6 000
$\lambda_{max}/\mathrm{nm}$	9 600	2 880	960	720	580	480

3. 经典理论的困难

斯忒藩-玻尔兹曼定律和维恩位移定律仅给出了黑体辐射曲线的一些性质,而没有得到单色辐出度的具体的函数关系. 如何从理论上给出符合实验结果的函数关系是热辐射理论的基本问题.

1893 年,维恩研究了辐射压缩的热力学过程,得出黑体辐射的单色辐出度应具有如下形式:

$$M(\lambda, T) = \frac{c^5}{\lambda^5} f'\left(\frac{c}{\lambda T}\right), \tag{6.8}$$

这里 c 为光速,$f'(\ )$是一个没有确定的函数,但它的变量为 $\dfrac{c}{\lambda T}$,这已预示了函数的某些性质.

1896 年,维恩进一步对黑体的发射和吸收作了一些特殊假设,认为频率为 ν 或波长为 λ 的辐射只与速度为 v 的分子有关(此假设没有什么道理),从而得到 $f'(\ )$类似于麦克斯韦速率分布,具有 $\beta\mathrm{e}^{-\frac{\alpha c}{\lambda T}}$ 的形式,即

$$M(\lambda, T) = \frac{\beta c^5}{\lambda^5} \mathrm{e}^{-\frac{\alpha c}{\lambda T}}, \tag{6.9}$$

式中 β, α 是常数.

维恩公式在短波区域与黑体辐射实验曲线相符合,维恩于 1911 年获得诺贝尔物理奖.

另一个有代表性的工作是由瑞利(L. Rayleigh)和琼斯(J. Jeans)做出的,他们认为,处于热平衡时的空腔内的辐射场是一个驻波场,在单位体积单位频率间隔内有

$$\rho(\nu) = \frac{8\pi\nu^2}{c^3}$$

个振动模式(见 6.1.3). 然后,将热力学中能量均分定理应用到该辐射场,每一个振动模式平均具有 $kT(k = 1.38 \times 10^{-23}\,\mathrm{J \cdot K^{-1}}$,玻尔兹曼常数)的能量. 因此,辐射场中的能量密度为

$$u'(\nu, T) = \rho(\nu)kT,$$

那么在频率间隔 $\mathrm{d}\nu$ 内能量密度为

$$u'(\nu, T)\mathrm{d}\nu = \frac{8\pi\nu^2}{c^3}kT\mathrm{d}\nu. \tag{6.10a}$$

由 $\nu = c/\lambda$, $\mathrm{d}\nu = (-c/\lambda^2)\mathrm{d}\lambda$ 和

$$|u'(\nu, T)\mathrm{d}\nu| = |u(\lambda, T)\mathrm{d}\lambda|,$$

可得到在波长间隔 $\mathrm{d}\lambda$ 内的能量密度为

$$u(\lambda, T)\mathrm{d}\lambda = \frac{8\pi kT}{\lambda^4}\mathrm{d}\lambda. \tag{6.10b}$$

考虑到单色辐出度与能量密度有如下关系[①]

$$M(\lambda, T) = \frac{c}{4}u(\lambda, T), \tag{6.11}$$

可得到

$$M(\lambda, T) = \frac{2\pi ckT}{\lambda^4}, \tag{6.12a}$$

或

$$M'(\nu, T) = \frac{2\pi\nu^2 kT}{c^2}, \tag{6.12b}$$

这就是**瑞利-琼斯定律**.

瑞利-琼斯定律在长波区与实验结果相符合. 但当 $\lambda \to 0$ 时, $M(\lambda, T) \to \infty$, 这显然是错误的, 它被认为是经典理论的"紫外灾难".

维恩公式和瑞利-琼斯定律都只在有限波长区域内成立.

6.1.3 腔内电磁辐射的模式推导

先考虑一维情况, 设腔长为 L, 在腔内形成的模式与波长 λ 的关系为

$$n = \frac{L}{\frac{\lambda}{2}}, \quad n = 1, 2, \cdots \tag{6.13}$$

用波矢表示为

$$k = \frac{2\pi}{\lambda} = \frac{n\pi}{L}, \quad n = 1, 2, \cdots$$

---

① 热辐射是以光速 c 向各个方向辐射的, 因而在任一方向上的立体角 $\mathrm{d}\Omega$ 内波长为 λ 的辐出度 (在单位时间单位面积小孔上流出的能量) 为

$$\mathrm{d}M(\lambda, T) = \frac{c}{4\pi}u(\lambda, T)\cos\theta\mathrm{d}\Omega,$$

θ 为辐射方向与小孔平面法线之间的夹角, 如图 6.5 所示. 现在计算辐射到小孔外部 2π 立体角内的总辐射能量, $\mathrm{d}\Omega = \sin\theta\mathrm{d}\theta\mathrm{d}\varphi$,

$$M(\lambda, T) = \frac{1}{4\pi}\int_0^{2\pi}\int_0^{\frac{\pi}{2}}cu(\lambda, T)\cos\theta\sin\theta\mathrm{d}\theta\mathrm{d}\varphi = \frac{c}{4}u(\lambda, T).$$

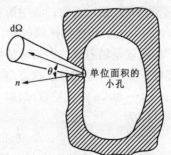

图 6.5　通过小孔的辐射能流

每一个波矢对应于一个振动模式.

对三维矩阵空腔有

$$k_x = \frac{n_x \pi}{L_x}, k_y = \frac{n_y \pi}{L_y}, k_z = \frac{n_z \pi}{L_z},$$

n_x, n_y, n_z 为整数,每一组 (n_x, n_y, n_z) 相应于腔内辐射的一种可能振动模式. 又

$$k^2 = k_x^2 + k_y^2 + k_z^2,$$
$$k^2 = \frac{\omega^2}{c^2}, \tag{6.14}$$
$$\frac{4\nu^2}{c^2} = \frac{n_x^2}{L_x^2} + \frac{n_y^2}{L_y^2} + \frac{n_z^2}{L_z^2}.$$

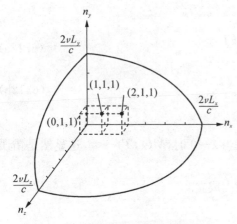

图 6.6　1/8 椭球内的振动模式分布

让我们考察图 6.6,它是方程(6.14)以 $n_x, n_y,$ n_z 为坐标而画出的,其中列出了某些模式,椭球的半轴长分别为 $2\nu L_x/c, 2\nu L_y/c$ 和 $2\nu L_z/c$,考虑到单位立方体同一个模式相对应,且 n 的同一个值的正负表示同一个模式,又在腔内沿给定的传播方向存在两个正交的偏振方向,所以椭球体内总的模式数为

$$N = 2 \times \frac{1}{8} \times \frac{4\pi}{3} \times \frac{2\nu L_x}{c} \times \frac{2\nu L_y}{c} \times \frac{2\nu L_z}{c}$$
$$= \frac{8\pi\nu^3}{3c^3} L_x L_y L_z. \tag{6.15}$$

在频率 $\nu \rightarrow \nu + \Delta\nu$ 中的模式为

$$dN = \frac{8\pi\nu^2}{c^3} L_x L_y L_z d\nu, \tag{6.16}$$

单位体积单位频率内的振动模式为

$$\rho(\nu) = \frac{8\pi\nu^2}{c^3}.$$

该公式虽是从矩形空腔得到的,但如果腔的尺度比辐射波长大很多,结果与腔的形状是无关的.

6.1.4　普朗克的量子假说　普朗克公式

经典理论的失败,预示着物理学中历史转折点的到来.

普朗克(M. Planck)研究黑体辐射时,为了从理论上能模拟出黑体辐射的实验曲线,提出了一个新假设. 这就是辐射物体中带电的线性谐振子(相当于空腔中的谐振模式)与经典振子不同,它只能处于某些特定的分立状态. 在这些状态中,相应的能量只能是某一能量 ε 的整数倍,即 $0, \varepsilon, 2\varepsilon, 3\varepsilon, \cdots, n\varepsilon, n$ 为正整数. 对频率为 ν 的谐振子来说,$\varepsilon = h\nu, h$ 是一个普适常数,称为普朗克常数,其值为

$$h = 6.626\ 2 \times 10^{-34}\ \text{J} \cdot \text{s}.$$

在辐射或吸收时,振子从一个状态跃迁到另一个状态,其辐射或吸收的能量为 $h\nu$ 的整

数倍.

根据统计物理中的玻尔兹曼分布,一个振子在温度 T 时,处于能量为 $E_n = n\varepsilon$ 的状态的概率正比于 $e^{-\frac{E_n}{kT}}$,每个振子的平均能量为

$$\langle \varepsilon_\nu \rangle = \frac{\sum\limits_{n=0}^{\infty} E_n e^{-\frac{E_n}{kT}}}{\sum\limits_{n=0}^{\infty} e^{-\frac{E_n}{kT}}}$$

$$= \frac{\sum n\varepsilon e^{-\frac{n\varepsilon}{kT}}}{\sum e^{-\frac{n\varepsilon}{kT}}} = \frac{\frac{d}{d\frac{1}{kT}} \sum e^{-\frac{n\varepsilon}{kT}}}{\sum e^{-\frac{n\varepsilon}{kT}}} = \frac{\frac{d}{d\frac{1}{kT}}(1-e^{-\frac{\varepsilon}{kT}})^{-1}}{(1-e^{-\frac{\varepsilon}{kT}})^{-1}}$$

$$= \frac{\varepsilon e^{-\frac{\varepsilon}{kT}}}{1-e^{-\frac{\varepsilon}{kT}}} = \frac{h\nu}{e^{\frac{h\nu}{kT}}-1}. \tag{6.17}$$

可见,每一个振子所具有的平均能量不是 kT,而是 $\dfrac{h\nu}{e^{\frac{h\nu}{kT}}-1}$,它是与 ν 有关的量,在(6.12b)和(6.12a)式中用 $\langle \varepsilon_\nu \rangle$ 替代 kT 就得到

$$M'(\nu,T) = \frac{2\pi h\nu^3}{c^2 (e^{\frac{h\nu}{kT}}-1)}, \tag{6.18a}$$

或

$$M(\lambda,T) = \frac{2\pi hc^2}{\lambda^5 (e^{\frac{hc}{\lambda kT}}-1)}, \tag{6.18b}$$

这就是**普朗克黑体辐射公式**.

普朗克公式与黑体辐射的实验曲线符合得很好,如图 6.7 所示.

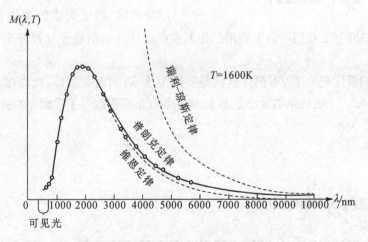

图 6.7 黑体辐射公式与实验结果的比较

当辐射波长很短时,$e^{\frac{hc}{\lambda kT}} \gg 1$,(6.18b)中分母的 1 可以略去,得到维恩公式(6.9),其中 $\beta = 2\pi hc^{-3}$,$\alpha = h/k$.

当辐射波长很长时(或温度很高时),(6.18b)分母中的 $e^{\frac{hc}{\lambda kT}}$ 可级数展开

$$e^{\frac{hc}{\lambda kT}}=1+\frac{hc}{\lambda kT}+\cdots$$

取前两项代入,就得到瑞利-琼斯公式(6.12).

此外,由普朗克公式还可以导出斯忒藩-玻尔兹曼公式(6.6)和维恩位移定律(6.7).普朗克的能量子的假说在黑体辐射中取得了巨大成功.当时许多物理学家包括普朗克本人都想从经典物理学中得到解释,但都无法实现.因而,能量子的概念被局限在振子辐射能量的过程,而未能进入量子理论的大门.

普朗克由于在黑体辐射上的贡献获得 1918 年诺贝尔物理奖.

6.1.5   光测高温法

由上面讨论可以看到,热辐射与温度有着密切的关系,因此可以通过它来测量物体的温度,尤其是高温.下面介绍几种测量高温的方法.

1. 辐射温度法

辐射温度法是根据黑体辐射的总辐射功率的测量来决定温度的.由斯忒藩-玻尔兹曼定律知道,如果测量到物体单位面积上总的辐射功率,就可以由(6.6)式得到

$$T=\sqrt[4]{\frac{M_e(T)}{\sigma}}.$$

测量 $M_e(T)$ 的仪器称为辐射高温计,如图 6.8 所示,L 为透镜,C 是热电偶接受器,G 是灵

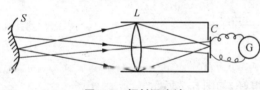

图 6.8   辐射温度计

敏电流计.在测量时,将仪器对准辐射源的表面 S,调节 L 与 C 之间的距离,使 S 成像于 C 上.用 C 测出像的亮度,它与辐射体的亮度(单位立体角的辐射功率)成止比,而与辐射源的距离无关.参见 2.6 节,这和照相机照相原理相同,物近则成的像大,物远则成的像小,像的亮度是相同的.我们可以事先用已知温度的黑体将辐射高温计校好定标,然后就可以用于测量温度.

把测量到的温度记为 T_r,对黑体这就是实际温度 T,而对非黑体,此温度不是实际温度,称为辐射温度.对一个吸收系数 α 小于 1,且对各个波长都近似等于常数 η 的灰体,辐射温度与实际温度有如下关系

$$T=\frac{T_r}{\sqrt{\eta}},$$

$\eta<1$,所以实际温度大于辐射温度.

2. 色温度法

色温度法是通过测量出单色辐出度曲线中最大辐射所对应的波长 λ_{max},然后利用维恩位移定律(6.7)得到

$$T=b/\lambda_{max}.$$

例如,对于太阳,可测得 $\lambda_{max}\approx 470\text{nm}$,如果把太阳看成黑体,得温度 $T\approx 6\,150\text{K}$,这是太阳的外层温度.

当物体不是黑体,维恩位移定律就不能用,但可以通过测量出它的整个辐射曲线,然后与黑体辐射曲线比较,找到曲线分布类似的那条黑体辐射曲线,它所对应的温度就是待测物体的色温度 T_c.因为在这种温度下,辐射物体的颜色和温度为 T_c 的黑体颜色相同,色温度通常比较接近于实际温度.

色温度法对波长或频率有选择性辐射的物体不适用.

3. 亮温度法

亮温度法是通过比较待测物体和黑体在一定波长下的亮度,测量到的温度称为亮温度 T_s,常见的仪器是消丝高温计,结构如图 6.9 所示.物镜 O 的焦平面上装有均匀透明灯泡 S,灯丝为圆形,目镜 L 可以用来同时观察灯丝和被测物体的像,F 为滤光片,用来滤出狭窄的光谱,通常滤光片透过的中心波长为 660nm(红色),灯丝的亮度变化可通过改变电阻 R 调节电流来实现.若灯丝的亮度比物体表面像的亮度大,则灯丝在像的背景上呈现亮线;若灯丝的亮度比物体表面像的亮度小,则灯丝在像的背

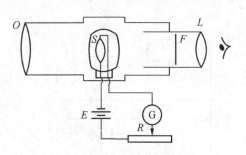

图 6.9　消丝高温计示意图

景上呈现暗线;若灯丝的亮度与物体表面像的亮度相等,则灯丝在像的背景上消失.事先给消丝温度计定标(即用黑体温度确定灯丝消失时的电流强度 I),就可以通过灵敏电流计的读数来测出温度.

测量到的温度是通过一定波长的滤光片后与辐射体比较得到的,它称为亮温度 T_s.亮温度对黑体就是实际温度,对非黑体,此温度小于实际温度.

根据以上所述,我们知道,对黑体来说,辐射温度、色温度和亮温度等于实际温度,即

$$T_r = T_c = T_s = T.$$

对非黑体来说,这四种温度都不相同,即

$$T_r \neq T_c \neq T_s \neq T.$$

一般说来,辐射温度离实际温度最远,如钨的实际温度 $T=2500\text{K}$ 时,它的 $T_r=1868\text{K}$,$T_c=2557\text{K}$,$T_s=2274\text{K}$.但若知道了辐射体的性质,可以由 T_r,T_c,T_s 计算出实际温度.

6.2　光电效应　爱因斯坦方程

1887 年,赫兹(H. R. Hertz)在验证电磁波的存在和光的麦克斯韦电磁理论的实验过程中,发现用紫外光照射两个金属电极(锌球)中的一个时,两电极中的放电现象更容易发生.这种由光照射引起电子逸出金属表面的现象叫做**光电效应**,逸出的电子称光电子.

6.2.1　光电效应的实验规律

图 6.10 是观察光电效应的实验装置示意图. 在真空的玻璃容器中,装有待研究的金属材料制成的阴极 K,A 为阳极. 为了让紫外光通过,装有石英窗口 T. 两电极之间加一可变电压,用于加速或阻挡阴极释放出来的光电子. 用电压表 V 测量其电压,用灵敏电流计 G 测量回路中光电流 i.

当光通过 T 照射到阴极 K 时,K 将释放出光电子,若在两极板加上电压,随着电压 U 的变化,电流计上电流 i 也发生相应的变化,其关系如图 6.11 所示.

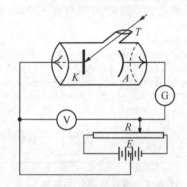

图 6.10　光电效应的实验装置

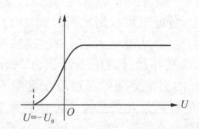

图 6.11　光电效应的伏-安特性曲线

从图中可以看到,随着正向电压不断增大,光电流将增大达到饱和,这反映出从 K 发出的光电子随着 $K\sim A$ 间的电场加强,将全部到达 A 极. 如在单位时间内 K 释放的光电子数为 n,饱和电流 $i=ne$. 此外,当所加电压减少为零时,即两板间不加电场,回路中仍然有电流通过,这表明发射的光电子有一部分靠本身的动能就能到达 A 极,在回路中形成电流. 只有当反向电压加到 U_0,使 K 极发射的最大动能的光电子也无法克服电场的作用到达 A,这时回路中电流才为零,显然 U_0 应满足

$$eU_0 = \frac{1}{2}mv_{\max}^2, \tag{6.19}$$

U_0 称为遏止电压.

当改变入射光的强度 I 和频率 ν 时,可得到如下有关光电效应的现象和规律:

(i) 当入射光频率 ν 一定而改变光强时,测得光电流 i 与电压 U 关系如图 6.12(a) 所示. 饱

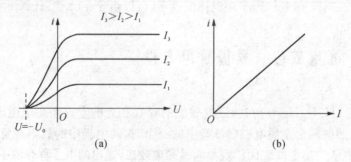

图 6.12　I 改变时,饱和光电流的变化

和电流随着光强增加而增加. 精确测量表明,光电流 i 与入射到 K 极上的光强 I 成正比,如图6.12(b)所示. 而遏止电压 U_0 与光强无关,即 K 发射的光电子的最大动能与入射光强无关.

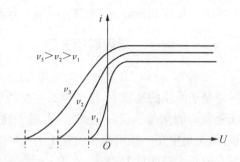

(ii) 当改变入射光的频率时,遏止电压发生变化,它们有线性关系,频率 ν 越高,遏止电压 U_0 也越大,如图 6.13 所示. 这说明光电子的动能与光频率有关. 当入射光频率低于某个频率 ν_0 时,无论其光强多大,作用时间多长,都没有光电子击出,此频率

图 6.13　入射光频率与遏止电压关系

ν_0 称为截止频率,所对应的波长 λ_0 称为红限波长. 不同的光电材料,表面清洁度不同,红限波长是不同的. 几种纯净的金属材料红限波长见表 6.2 所示.

表 6.2　几种金属材料的红限波长

金属	Cs(铯)	K(钾)	Na(钠)	Ti(钛)	Hg(汞)	Au(金)	Pd(钯)
红限波长 λ_0/nm	652	550	540	303	275	258	248

(iii) 光电子的释放和光的照射几乎是同时发生的,即使入射光很弱也是这样,在测量精度范围内(10^{-9}s),观察不到这两者的滞后现象.

6.2.2　经典波动理论的困难

上述的实验现象用经典的波动理论无法得到圆满的解释. 诚然,从金属中击出电子必须给电子一定的能量,即对电子做功使之克服金属对它的束缚. 按照电磁波的经典理论,无论入射光波长的长短如何,只要强度足够高,它的光波振幅就大,能流密度也就大. 因此,光越强则光电子获得的能量就越大,遏止电压应该是光强的函数,而与光的频率无关,更不会有红限波长的限制.

其次,光波能量传递给电子需要时间. 不妨我们用经典波动理论来计算一下,电子在光的照射下积累足够能量以摆脱金属的束缚(这个能量的数值称为脱出功)大约需要多少时间. 假定光源的功率 $P_0 = 1$W,照射距光源 $L = 1$m 处的金属板,金属板中的电子与原子一样大(这放大了许多倍),半径 $R = 10^{-8}$cm,金属的脱出功 $W = 5$eV. 由 R 算出电子的拦光面积为

$$S = \pi R^2 = \pi \times 10^{-16}\,\text{cm}^2,$$

又因半径为 1m 的球面积为

$$A = 4\pi \times 10^4\,\text{cm}^2,$$

所以电子截获的光功率为

$$P = P_0 S/A = 2.5 \times 10^{-21}\,\text{W},$$

而 1eV $= 1.6 \times 10^{-19}$J. 所以,电子截获 5eV 需要的时间为

$$t = W/P = 5 \times 1.6 \times 10^{-19}/2.5 \times 10^{-21} = 320(\text{s}),$$

即 5 分多钟. 按照经典理论,当入射光(无论什么波长)照射到金属板时,起初完全没有电流,所

有的电子都在积累能量,待到了时间 t 后,大量电子一起飞出,但这与实验是完全不符的.

6.2.3　光量子　爱因斯坦方程

1905 年,年仅 26 岁的爱因斯坦(A. Einstein)仔细分析了光电效应之后,在普朗克黑体辐射能量子假说的基础上,作了至关重要的发展. 他指出:光不仅像普朗克所假定的那样在辐射和吸收时能量是一份一份的,具有量子性,在空间传播时也不像波动理论所认为的是连续分布,而是集中在一些叫光子的粒子上,每个光子有确定的能量. 对波动理论中频率为 ν 的光波,对应的光子的能量为 $\varepsilon=h\nu$, h 就是普朗克常数,在与物质相互作用时,光子只能作为一个整体吸收或产生.

在此理论下,光电效应的机制变得很清楚了. 当光电材料内的电子吸收了一个光子,这个光子的能量一部分用于电子脱离金属表面所需要的脱出功 W 或功函数,余下的能量变为光电子的动能. 这个关系可表示为

$$h\nu=\frac{1}{2}mv^2+W, \tag{6.20}$$

这个关系称为**爱因斯坦光电方程**. 用它可以圆满地解释光电效应的实验事实.

注意到,爱因斯坦光电方程中,

$$W=\nu_0 h,$$

ν_0 为红限波长所对应的频率,那么(6.20)式可改写成

$$\frac{1}{2}mv^2=h(\nu-\nu_0). \tag{6.21}$$

它表明,对于任何一种给定的材料,其动能对频率 ν 的关系是一条直线,斜率为普朗克常数 h,截距为脱出功 W,与频率 ν 轴的交点即为截止频率 ν_0.

表 6.3　一些物质的脱出功

物　质	脱出功 W/eV	物　质	脱出功 W/eV
Cs(铯)	1.81	Ga(镓)	3.96
K(钾)	2.22	Zn(锌)	4.24
Na(钠)	2.35	Fe(铁)	4.31
Ca(钙)	2.80	Sn(锡)	4.38
La(镧)	3.3	W(钨)	4.5
Mg(镁)	3.64		

(1) 饱和电流

在红限波长内,光强越强,其光子越多,金属中的电子获得光子的几率就越大,发射的光电子就越多,饱和电流就越大,这应成正比关系.

(2) 遏止电压

光电效应的光电子动能只取决于入射光的频率,而与光强无关,即遏止电压仅与频率有关. 当一个光子的能量 $h\nu$ 比脱出功 W 小时,即使该光子碰到电子,也不能把电子击出,只是在金属中,电子的速度变大些. 对一个电子来说,它与光子相碰的机会很小,所以该电子在下一次吸收光

子之前,已与金属中原子碰撞将能量消耗掉,很难有机会积累,所以没有光电子击出. 显然入射光频率越高,波长越短,光子的能量就越大,跑出来的光电子动能就越大,遏止电压也就越大.

(3) 滞后时间

这也很容易理解. 不管入射光怎么弱,光子的能量都是 $h\nu$,电子只要俘获光子就立即离开金属表面,不需要能量积累过程,所以时间是很短的.

爱因斯坦光电方程发表后,美国物理学家密立根(R. A. Milikan)用了 10 年时间通过实验证明了它. 其结果如图 6.14 所示,图中 $1\text{THz}=10^{12}\,\text{Hz}$. 它给出了铯、铍、钛、镍几种金属最大的动能(遏止电压)与入射光频率 ν 之间的关系.密立根的实验结果与爱因斯坦理论完全吻合,且 h 就是普朗克常数.

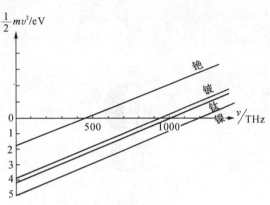

图 6.14　密立根的某些实验结果

爱因斯坦由于光电效应方面的工作,于 1921 年获得诺贝尔物理奖. 两年后,密立根也由于在这方面的实验工作而获得诺贝尔物理奖.

值得一提的是,处于频率 ν 状态下的光子有能量 $E=h\nu$,它是一种物质,有没有质量呢?爱因斯坦相对论回答了这个问题. 按照相对论,一个物体的质量为 m,它含有能量为

$$E=mc^2,$$

对光子

$$m=\frac{E}{c^2}=\frac{h\nu}{c^2}=\frac{h}{c\lambda}, \tag{6.22}$$

动质量与静质量关系为

$$m=\frac{m_0}{\sqrt{1-(v/c)^2}}. \tag{6.23}$$

光子以 c 运动,它的静质量 m_0 等于 0.

光子的动量为

$$p=mc=\frac{E}{c}=\frac{h\nu}{c}=\frac{h}{\lambda}. \tag{6.24}$$

6.2.4　光电效应的应用

光电效应在日常生活中有着重要的应用,由于它可以把光能量直接转换成电能量,并且这种转换关系很简单,所以在测光、计数、自动控制等方面有很多用途. 下面介绍两种常用的器件.

真空光电管:这是光电效应最简单的应用器件,如图 6.15 所示. 这是一个抽真空的玻璃泡,内表面涂有金属材料(如银、钾、锌等)感光层形成阴极 K,金属材料的选择与真空光电管测量的光谱范围有关. 阳极 A 用金属做成圆环形,用电池保持两者的电位差. 当用光照射阴极 K

时,电路中就有电流,此电流就是光电流,它与照射的光强成严格的线性关系.

光电倍增管:有时光电效应直接产生的电流很小,需要将其放大,光电倍增管由此而诞生,其结构如图 6.16 所示.当光照射到阴极时,产生的光电子经阴极和第一阴极之间的电场加速后,以更大的能量轰击第一阴极,从而在第一阴极产生更多的次级电子,如此一级一级下去,通常经过 10~12 个电极,可放大 10^5~10^6 倍,这种光电管可测量很微弱的光强.

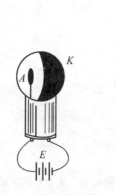

图 6.15　真空光电管

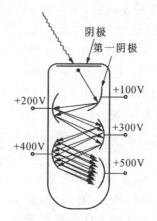

图 6.16　光电倍增管原理图

6.3 　康普顿效应

6.3.1　康普顿效应的实验定律

康普顿(A. H. Compton)在 1932 年研究 X 射线被物质散射时,发现了一个很重要的现象,它大大地加深了我们对光子的认识.

图 6.17 是 X 射线散射实验装置的简图,图中 R 为 X 射线管,发出的 X 射线通过狭缝 D_0 打在石墨散射体 S 上,由光阑 D_1,D_2 射出 φ 角方向的散射光照射到晶体 C 上,利用晶体衍射的布拉格定律 $2d\sin\theta=k\lambda$ 来测量该散射光的波长.

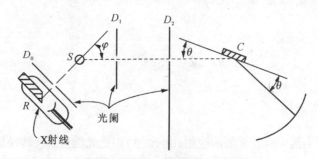

图 6.17　康普顿效应的实验装置

实验结果发现,当入射的 X 射线波长为 λ_0 时,散射光中的光谱分布如图 6.18 所示.除了入射波长 λ_0 外,还出现了另一个较长的波长 λ,前者称为经典散射,后者称为康普顿散射.实验测得,波长的改变量 $\Delta\lambda = \lambda - \lambda_0$ 与入射的 X 光波长 λ_0 无关,与散射物质无关,而与散射方向成 $1 - \cos\varphi$ 的关系,如图 6.19 所示.这种波长改变的散射现象称为**康普顿效应**.

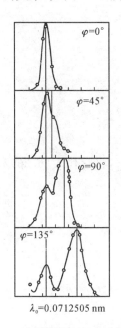

图 6.18　康普顿散射与角度的关系
（铂谱线）
散射物质——石墨

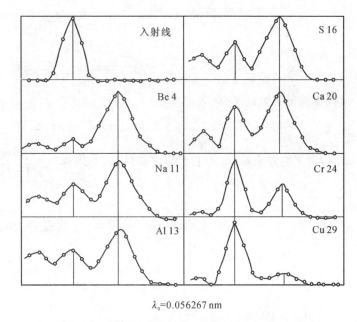

图 6.19　康普顿散射与原子序数的关系（银谱线）

康普顿效应是经典波动理论又一难以理解的事情.因为从波动理论看,入射的电磁波作用于物质中的电荷使之产生受迫振动,电荷振荡发出的电磁波即散射光.所以散射光的频率应与电荷振荡频率相同,也就是与入射光的频率相同.但是,实验结果却是散射光的频率发生了变化.

6.3.2　康普顿效应的理论解释

如果把 X 射线对物质的照射看作光子与物质中电子的碰撞,则康普顿效应就可以得到圆满的解释.

以轻原子为例,在轻原子里,电子和原子核的联系是比较弱的,一般电离能为几个电子伏特,故在 X 射线的作用下（X 射线光子能量有上万电子伏特）,电子很容易离开原子,因此作为一级近似,可以看作自由电子的散射.图 6.20 是光子与电子的散射图.假设电子原来是静止的,入射的光子 $h\nu_0$ 与电子发生碰撞,碰撞是完全弹性的,结果电子获得能量以一定的速度飞去,光子损失了能量（频率减小波长增加）,改变了方向,成为散射光.

根据动量守恒定律有

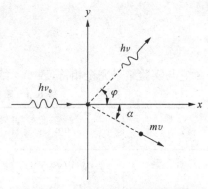

图 6.20　光子与电子的康普顿散射

$$\frac{h\nu_0}{c}\boldsymbol{n}_0 = m\boldsymbol{v} + \frac{h\nu}{c}\boldsymbol{n}, \qquad (6.25)$$

n_0 为原光子运动方向的单位矢量，n 为光子散射后运动方向的单位矢量，选取如图 6.20 所示的坐标，上式在 x,y 方向的分量式为

$$\frac{h\nu_0}{c}=m\upsilon\cos\alpha+\frac{h\nu}{c}\cos\varphi, \tag{6.26}$$

$$0=-m\upsilon\sin\alpha+\frac{h\nu}{c}\sin\varphi, \tag{6.27}$$

又根据能量守恒定律有

$$m_0c^2+h\nu_0=h\nu+mc^2, \tag{6.28}$$

m_0 为电子的静质量，m 为电子的动质量，关系为 $m=\dfrac{m_0}{\sqrt{1-(\upsilon/c)^2}}$，将它代入 (6.26) 和 (6.27) 式得

$$\frac{h\nu_0}{c}-\frac{h\nu\cos\varphi}{c}=\frac{m_0\upsilon}{\sqrt{1-(\upsilon/c)^2}}\cos\alpha, \tag{6.29}$$

$$\frac{-h\nu\sin\varphi}{c}=\frac{m_0\upsilon}{\sqrt{1-(\upsilon/c)^2}}\sin\alpha, \tag{6.30}$$

上两式平方相加得

$$h^2\nu_0^2+h^2\nu^2-2h^2\nu_0\nu\cos\varphi=\frac{m_0^2c^2\upsilon^2}{1-(\upsilon/c)^2}. \tag{6.31}$$

将 (6.28) 式改写为

$$h(\nu_0-\nu)+m_0c^2=\frac{m_0c^2}{\sqrt{1-(\upsilon/c)^2}}, \tag{6.32}$$

将 (6.32) 式的平方减去 (6.31) 式得

$$m_0^2c^4-2h^2\nu_0\nu(1-\cos\varphi)+2m_0c^2h(\nu_0-\nu)=m_0^2c^4, \tag{6.33}$$

即得

$$\frac{c}{\nu}-\frac{c}{\nu_0}=\frac{h}{m_0c}(1-\cos\varphi), \tag{6.34}$$

故

$$\lambda-\lambda_0=\frac{h}{m_0c}(1-\cos\varphi). \tag{6.35}$$

它与实验结果完全相符，表 6.4 给出了几个不同的散射角理论与实验的结果．

表 6.4　康普顿散射理论与实验结果的比较

物　　质	λ/nm	φ	$\Delta\lambda/nm$ （计算值）	$\Delta\lambda/nm$ （实验值）
石　墨	0.0708	72°	0.00138	0.00170
		90°	0.00243	0.00241
		110°	0.00345	0.00350
		160°	0.00469	0.00470

　　纵观 X 射线的散射,可分为两部分,一部分为光子被自由电子散射,得到康普顿散射;另一部分是光子对原子的散射,由于光子的质量远小于原子的质量,所以在完全弹性碰撞过程中,能量 $h\nu$ 保持不变,这就是 X 射线散射中的经典散射.

　　康普顿因此获得 1927 年诺贝尔物理奖.

6.4 光的波粒二象性

　　光的干涉、衍射和偏振表明光具有波动性,光的黑体辐射、光电效应和康普顿效应又表明光是光子,具有量子性即微粒性.那么,光究竟是波还是粒子呢? 事实上,这个问题已经不能用经典的波和粒子来描述它了,现在正确的回答是光具有波粒二象性,这里的波粒已不是经典理论中的那种概念,严格的表述将由量子电动力学给出.不过在一些条件下,如光的传播过程中,它可以过渡到用波动理论来描述;在另一些条件下,则显示出它的粒子性质,这种粒子性主要指在与物质相互作用时交换能量和动量的那种整体性.下面就讨论关于波粒二象性的问题.

6.4.1 德布罗意波

　　前面讨论知道,光作为波有两个重要的参数——波长 λ 和频率 ν,而作为粒子将用能量 E 和动量 p 来描述,这两者之间的特征参数有如下关系:

$$E=h\nu, \quad p=\frac{h}{\lambda}. \tag{6.36}$$

　　在光具有波粒二象性的启发下,1924 年,德布罗意(L. V. de Broglie)在他的博士学位论文中指出,既然过去认为是波动的光具有粒子性,那么作为实物粒子(指有静质量的粒子)也应该与光子一样,也具有波动性.因为自然界常常是对称的,对一个能量为 E 和动量为 $p=mv$ 的实物粒子,对应的波的频率 ν 和波长 λ 为

$$\nu=\frac{E}{h}, \quad \lambda=\frac{h}{p}=\frac{h}{mv}, \tag{6.37}$$

实物粒子的波称为**德布罗意波**.

　　由于 h 很小,所以对宏观物体来说,其波动性很微弱,如一块 1g 质量的石子以 1m/s 的速度运动,波长仅 6.6×10^{-31}m,这根本测不出.而对微观粒子,情况就不一样了,如一个由开始处于静止状态的电子越过 150V 的电位差后,其动能为

$$eU=\frac{1}{2}mv^{2},$$

$$v=\sqrt{2eU/m},$$

$$\lambda=\frac{h}{\sqrt{2eU}}=0.1\text{nm},$$

此波长与 X 射线的波长相当了.

　　1928 年,德布罗意的假说得到了证实,这是戴维孙(Davisson)和革末(Germer)以及汤姆生(Thomson)努力的结果.戴维孙、革末用镍单晶(面心立方结构)作为对电子衍射的三维光

栅,当一束 54eV 的电子垂直于晶体的切割面入射时,在与法线成 50°的方向上出现一个很强的峰值,如图 6.21 所示.利用光栅的衍射公式 $d\sin\theta=k\lambda$,镍单晶间隔 $d=0.215\text{nm}$,$k=1$,得 $\lambda=0.165\text{nm}$,这与用式(6.37)的计算结果 $\lambda=0.167\text{nm}$ 符合得很好.

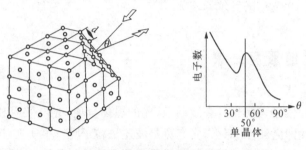

图 6.21 戴维孙-革末实验

汤姆生使用高速电子通过一张极薄的金属箔片,得到的衍射图样如图 6.22(a)所示,这与用 X 射线所得到的图样图 6.22(b)完全类似.这样德布罗意预言的德布罗意波被实验所证实:实物粒子也具有波粒二象性.

德布罗意因此获得 1929 年诺贝尔物理奖.

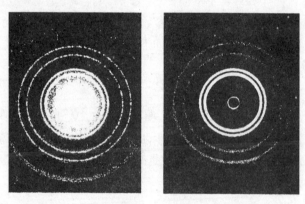

(a) 电子束通过多晶铝箔的衍射图像　(b) X光通过多晶铝箔的衍射图像

图 6.22 汤姆生实验结果

6.4.2 几率波

光与电子都具有波粒二象性,如何理解波粒两者的关系呢.我们来看一个实验,分别用电子流和光照射一个狭缝.当电子流的密度很小,以至于电子一个一个地通过狭缝,接收平面上开始时出现的是一些位置并不重合而且是无规则分布着的点,随着时间延长,点的数目增多,最终形成衍射图样.模拟结果如图 6.23 所示.用光照射,当光强很弱时,照相底片上记录的也是无规则的光点,随着曝光时间增加,所得到的分布则显示衍射图样.如加大电子密度或光的强度,在短时间内也得到同样的衍射图样.这揭示了粒子性和波动性之间的关系,即单个光子或电子的行径是无规则的,而大量的光子和电子的分布与波动理论一致.此外,从统计的观点来看,大量的光子和电子同时通过与让它们一个一个地通过之间的差别,只在于前一种是光子或电子下落到某一区域稠密些,后一情况就是光子或电子落到这一区域频繁些,一个是对空间

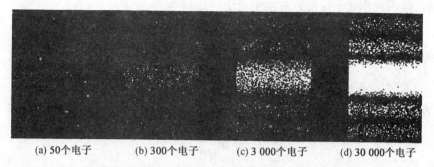

(a) 50个电子　　　(b) 300个电子　　　(c) 3 000个电子　　　(d) 30 000个电子

图 6.23　电子的单缝衍射图像的形成（计算机模拟）

的统计平均,一个是对时间的统计平均. 无论是哪种情况,从统计的角度可形成这样的概念:波在某时刻在空间某点的强度是与该时刻在该点单位体积中出现光子或电子的几率成正比,强度大的地方出现光子或电子几率就大,强度小的地方出现光子或电子几率就小,此单位体积中的几率用 ω 表示,它可表示成一个复函数 Φ 的绝对值的平方,即:

$$\omega = |\Phi|^2,$$

Φ 称为**波函数**. 对光子,波函数满足量子化的麦克斯韦方程;对实物微粒,它满足薛定谔方程. 此波函数就是我们对光子和微观粒子波粒二象性的统一描述.

当光子和微观粒子处于不同的运动状态,其波函数是不同的,由于几率波只给出波粒子在某处出现的几率,它并不要求将波粒子分割,波粒子一旦出现在某处,总是整个粒子,这体现了它的粒子性. 波粒子在某处出现的几率密度由波函数的振幅平方来决定,它给出了波粒子的干涉、衍射等波动特征.

6.4.3　不确定关系式

在经典力学中,为了确定宏观物体的运动状态,必须同时知道这个物体的位置(坐标)和动量(速度). 对于微观粒子,前面已知道它具有波粒二象性,那么,还能用经典力学的位置(坐标)和动量来准确描述微观粒子的运动状态吗?

1927 年海森伯(W. K. Heisenberg)提出了不确定关系式(曾称测不准关系式),对这个问题作了否定的回答. 为了说明这个问题,我们再次讨论狭缝的夫琅和费衍射,如图 6.24 所示.

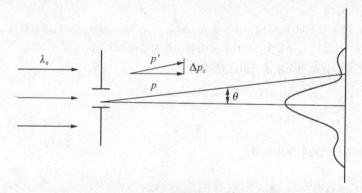

图 6.24　单缝的夫琅和费衍射

一束平行光入射到狭缝上,缝宽为 d,光子通过狭缝的位置不确定量为 $\Delta x = d$,通过狭缝

将产生衍射,这可视作光子速度方向发生变化,引起动量的变化为

$$p_x = p\sin\theta,$$

p 为光子的动量,它等于 $\dfrac{h}{\lambda}$. 所以动量的不确定量为

$$\Delta p_x = p_x,$$

考虑光子主要出现在主级大之内,有

$$\sin\theta \approx \frac{\lambda}{d},$$

$$\Delta p_x \approx \left(\frac{h}{\lambda}\right)\left(\frac{\lambda}{d}\right) = \frac{h}{d} = -\frac{h}{\Delta x},$$

有
$$\Delta p_x \Delta x \approx h,$$

如考虑到光子还可能出现在主级大之外,就有

$$\Delta p_x \Delta x > h,$$

将此式推广到三维状态有

$$\Delta p_x \Delta x > h, \tag{6.38}$$

$$\Delta p_y \Delta y > h,$$

$$\Delta p_z \Delta z > h,$$

这个关系式就是**海森伯不确定关系式**,它表明在同一方向上微观粒子的动量和位置不能同时准确确定,如果我们绝对准确地知道光子的动量,那么就不能知道它的位置,反之亦然. 所以这里粒子性与经典的概念是不同的,它的运动是不能用轨道来描述. 也就是说,不能知道这粒子究竟出现在哪一点,能知道的是粒子在某一点出现的几率.

海森伯获得 1932 年诺贝尔物理奖.

习　题

6.1　测得某炉壁小孔的辐射功率为 $2.0 \times 10^5 \text{W} \cdot \text{m}^{-2}$,求(1) 炉内的温度 T;(2) 单色辐射能量密度的极大值所对应的波长 λ_m.

6.2　某黑体的温度 $T_1 = 6000\text{K}$,问 $\lambda_1 = 0.35\mu\text{m}$ 和 $\lambda_2 = 0.70\mu\text{m}$ 的单色辐射能量密度之比为多少? 当黑体的温度上升到 $T_2 = 7000\text{K}$,$\lambda_1 = 0.35\mu\text{m}$ 的单色辐射能量密度增加几倍.

6.3　利用普朗克公式证明斯忒藩-玻耳兹曼常数

$$\sigma = 2\pi^5 k^4 / 15c^2 h^3.$$

$\left(\text{提示}: \displaystyle\int_0^\infty x^3 \mathrm{d}x/(\mathrm{e}^x - 1) = \pi^4/15\right)$

6.4　利用普朗克公式证明维恩常数

$$b = 0.201\,4hc/k.$$

(提示:$\mathrm{e}^{-x} + x/5 = 1$,其解为 $x = 4.965$)

6.5　在天文学中常用斯忒藩-玻耳兹曼定律来确定恒星的半径,已知某恒星到达地球上每单位面积上的辐射功率为 $1.2 \times 10^{-8} \text{W} \cdot \text{m}^{-2}$,恒星离地球 $4.3 \times 10^{17}\text{m}$,表面温度为 5200K. 若恒星的辐射与黑体相似,求该

恒星的半径.

6.6 有一台工作波长为 632.8nm,输出线宽为 10^3 Hz,输出功率为 1mW 的氦-氖激光器.问:(1) 每秒钟所发射的光子数是多少?(2) 如果输出光束的直径是 1mm,那么,对一个黑体来说,要求它从相等的面积上以及在相同的频率间隔内辐射出和激光器所发出的相同数量的光子,相应的温度是多少.

6.7 单位时间内自太阳射到地球单位表面的能量为 1.0×10^5 W·m^{-2}.试计算每秒钟内落在地球单位表面积上的光子数,设光子的平均波长为 500nm.

6.8 以 $\lambda = 200$nm 的紫外光照射一种清洁的金属表面时,测得光子的遏止电压是 2.6V,问这种金属的功函数是多少.当改用 300nm 的紫外光照射时,遏止电压是多少?当用可见光照射时,情况如何?

6.9 一单色点光源辐射功率为 1μW,波长 λ 为 550nm,(1) 问在距离光源 2m 处直径为 1cm 的金属靶上单位时间内有多少光子击中?(2) 若金属靶材的脱出功为 1.96eV,光电子的最大动能是多少?(3) 金属靶的红限波长是多少?

6.10 钨的脱出功是 4.52eV,钡的脱出功是 2.50eV,哪一种金属可以作为可见光范围的光电管的阴极材料.

6.11 分别用波长为 500nm 和 0.01nm 的光照射到某金属上,求 $\varphi = 90°$ 方向上康普顿散射波的波长.

6.12 设 λ, λ' 分别为康普顿散射的入射与散射光子的波长,E 为反冲电子的动能,α 为反冲电子与入射光子方向的夹角,φ 为散射光子与入射光子方向的夹角,证明

$$E = hc(\lambda' - \lambda)/\lambda\lambda',$$

当 $\varphi = \pi/2$ 时

$$\alpha = \arccos \frac{1}{\sqrt{1 + (\lambda/\lambda')^2}}.$$

6.13 证明在康普顿散射中,反冲电子的动能为

$$\frac{mv^2}{2} = \frac{2(h/mc)\sin^2(\varphi/2)h\nu}{c/\nu + 2(h/mc)\sin^2(\varphi/2)}.$$

6.14 波长 $\lambda = 0.1$nm 的 X 射线在碳靶上散射,从入射方向成 60° 的方向去观察散射光线,试求

(1) 散射光的波长的改变量.

(2) 转移给电子的反冲动能和它在入射光子能量中所占的百分比.

(3) 如果光子与整个碳原子交换能量、动量,则在这一方向观察到的散射波长位移为多少?

6.15 试证明从动量守恒、能量守恒考虑,单独一个静止的电子吸收一个光子而不发射散射光子是不可能的,对运动的电子,结论也成立.这与光电效应中的现象是否矛盾.

6.16 以速度 $v = 6000$m·s^{-1} 运动的电子入射到场强 $E = 5$V·cm^{-1} 的均匀电场中加速,为使电子的波长 $\lambda = 0.1$nm,电子应该在电场中飞行多长的距离?

6.17 在一个测量电子 e/m 值的实验中,以 10^4V 的电压加速电子,使电子束通过一宽度为 0.4mm 的狭缝,然后进入交叉电磁场中,问在这一实验中,是否会因为电子的衍射而不能再把它们看成沿确定轨道运动的经典粒子?

7

近代光学的一些课题

自 1960 年第一台激光器出现后,激光(Light Amplification by Stimulated Emission of Radiation,简称 laser)技术的迅速发展,促进和开拓了一些光学新的研究领域,如全息照相(holography)、光信息处理、非线性光学等等,本章将简要地介绍这方面的内容.

7.1   激   光

20 世纪 50 年代初,科学家研制出一种新的器件,称为微波激射器,它可通过辐射过程中的受激发射进行微波放大. 1958 年,肖洛(A. L. Schawlow)和汤斯(C. H. Townes)分析了微波激射器的原理推广到光频($\approx 10^{14}$ Hz)波段的可能性和先决条件,为激光器奠定了理论基础. 1960 年,休斯(Hughes)研究实验室制成并运转了第一台人造红宝石晶体激光器. 几个月后,贝尔(Bell)电话实验室制成了第一台氦-氖气体激光器. 从此,激光器的研制和各种激光技术的应用得到了突飞猛进的发展. 激光器已包括固体、气体、半导体和染料激光器等种类. 激光的波段从短至 $0.24\mu m$ 的紫外,到长至 $774\mu m$ 的远红外,其中包括可见光、近红外等各个波段. 输出功率 $10^{-6} \sim 10^{12}$ W,出光方式也有连续和脉冲两种形式.

激光与普通的光源相比,有四大特点:

(1) 单色性好:如单模氦-氖激光器发出波长为 632.8nm 的激光,其谱线宽度 $\Delta\lambda <$ 10^{-8} nm.

(2) 方向性好:从激光器发出的激光是相当好的平行光,其发散角在毫弧度的数量级.

(3) 亮度高:大孔径微秒宽度的脉冲激光其亮度可达 10^{18} Wcm^{-2},而太阳表面的亮度为 2×10^3 Wcm^{-2}.

(4) 相干性好:激光的相干长度长的可达数万米,而最好的普通光源氪灯的相干长度也只有数十厘米.

激光器的出现是光学史上的重大里程碑,对科学技术的影响是巨大的. 美国的 C. H. 汤斯和苏联的 H. Γ. 巴索夫、A. M. 普罗霍罗夫均因在该领域的杰出工作分享了 1964 年诺贝尔物理奖.

下面我们将讨论激光产生的机理.

7.1.1   光的自发辐射、受激吸收和受激辐射

物质能发射光或吸收光,这种现象可以用量子力学来严格求解,在这里我们仅用简单模型来进行描述.

众所周知,原子是由带正电荷的原子核和带负电的电子组成. 由于原子核所带的正电荷和电子所带的负电荷恰好相等,就形成中性原子. 原子的能量由在周围轨道上运动的电子的动能

和势能所决定. 由于电子的运动只能在一些特定的轨道上运动,所以原子的能量只能处于一系列定态,其相应的能量为 $E_1, E_2, \cdots$. 这些定态的能量构成**能级**,能量最低的称为**基态**,其他称为**激发态**.

对一定数目的原子所组成的体系,当处于温度为 T 的热平衡状态时,根据热力学统计物理中的玻尔兹曼分布,处于 E_n 能级上的原子数

$$N_n \propto \mathrm{e}^{-\frac{E_n}{kT}}, \tag{7.1}$$

$k = 1.3807 \times 10^{-23} \mathrm{JK}^{-1}$,为玻尔兹曼常数.

从上式可以看出,当温度一定时,能级越高,原子数越少,如图 7.1 所示. 例如在室温 300K 时,氢原子基态和第一激发态能量分别为 $-13.6\mathrm{eV}$ 和 $-3.4\mathrm{eV}$,处于基态的原子数是第一激发态的 10^{170} 倍,所以原子几乎全部处于基态. 当温度升高时,处于高能级的原子数比例将会增加.

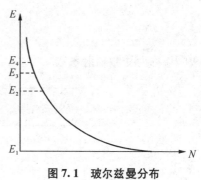

图 7.1 玻尔兹曼分布

另外,原子在两能级间可以发生跃迁,同时伴随着吸收或发射光子. 该光子的频率与两能级 E_1, E_2(E_1 为低能级,E_2 为高能级)有如下关系:

$$h\nu = E_2 - E_1, \tag{7.2}$$

其中 h 是普朗克常数. 它表明当原子从 E_2 能级跃迁到 E_1 能级放出一个频率为 ν 的光子 $h\nu$. 当原子吸收一个光子 $h\nu$ 可以从 E_1 能级跃迁到 E_2 能级.

1. 原子跃迁的三种形式

(1) 自发辐射

在不受外界条件的影响下,处于高能级 E_2 的原子向低能级 E_1 跃迁,每次跃迁便发出一个频率由(7.2)式决定的光子,这称为**自发辐射**,如图 7.2(a)所示. 显然在 $\mathrm{d}t$ 时间内,单位体积中跃迁原子的数目与处于 E_2 状态的原子数 N_2 成正比,表示为

$$-\frac{\mathrm{d}N_2}{\mathrm{d}t} = A_{21}N_2, \tag{7.3}$$

比例系数 A_{21} 称为自发辐射系数,"$-$"表示 E_2 能级上原子数的减少. 自发辐射对各个原子来说是独立的,虽然同样两个能级之间跃迁,它们发出光子频率相同,但光波的相位、偏振方向、传播方向都是杂乱无章的.

(2) 受激吸收

当用外来光照射系统时,处于低能级 E_1 的原子从中吸收一个频率满足(7.2)式的外来光子 $h\nu$ 跃迁到 E_2 能级,这个过程称为**受激吸收**,如图 7.2(b)所示. 在 $\mathrm{d}t$ 时间内,单位体积中从 E_1 状态跃迁到 E_2 状态的原子数目与处于 E_1 状态的原子数 N_1 成正比,与频率为 ν 的外来光的能量密度 $u(\nu)$ 成正比,表示为

$$-\frac{\mathrm{d}N_1}{\mathrm{d}t} = B_{12}u(\nu)N_1, \tag{7.4}$$

系数 B_{12} 称为受激吸收系数.

（3）受激辐射

同样,处于高能级 E_2 的原子在频率满足(7.2)式 ν 的外来光的激励下,也会向低能级 E_1 跃迁,发射出一个完全相同的光子,即与外来光同相位、同频率、同偏振方向和同传播方向的四同光子,这个过程称为**受激辐射**,如图 7.2(c)所示. 在 dt 时间内,单位体积中跃迁原子的数目与处于 E_2 状态的原子数 N_2 成正比,与频率为 ν 的外来光的能量密度 $u(\nu)$ 成正比,即

$$-\frac{dN_2}{dt}=B_{21}u(\nu)N_2, \tag{7.5}$$

系数 B_{21} 称为受激辐射系数.

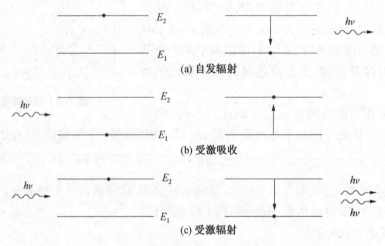

图 7.2 原子吸收和辐射的三种形式

上述系数 A_{21},B_{12},B_{21} 统称为**爱因斯坦系数**.

2. 爱因斯坦系数之间的关系

设想在温度为 T 的空腔内存在着能量密度为 $u(\nu)$ 的辐射场和大量的原子,这种辐射对腔内的原子来说,就是外来辐射场. 因此,腔内原子除有自发辐射外,还将在辐射场的作用下,发生受激吸收和受激辐射.

在 dt 时间内,空腔的单位体积中,从 E_2 跃迁到 E_1 的自发辐射原子数,也就是辐射频率 ν 满足 $h\nu=E_2-E_1$ 的自发辐射光子数目为 $A_{21}N_2dt$. 从 E_2 跃迁到 E_1 的受激辐射原子数为 $B_{21}u(\nu)N_2dt$,而从 E_1 跃迁到 E_2 的受激吸收原子数为 $B_{12}u(\nu)N_1dt$. 由于空腔处于热平衡状态,腔内辐射场是一个不随时间变化的稳定场,腔内原子系统吸收的光子数应等于辐射的光子数,即有

$$[A_{21}+B_{21}u(\nu)]N_2=B_{12}u(\nu)N_1. \tag{7.6}$$

又因空腔处于热平衡状态,E_1 和 E_2 能级上原子数 N_1,N_2 满足玻尔兹曼分布(7.1),于是两能级上的原子数之比为

$$\frac{N_2}{N_1}=e^{\frac{E_1-E_2}{kT}}=e^{-\frac{h\nu}{kT}}, \tag{7.7}$$

由式(7.6)和(7.7)可得到

$$u(\nu) = \frac{A_{21}}{B_{21}\left[B_{12}/B_{21}\,\mathrm{e}^{\frac{h\nu}{kT}} - 1\right]}, \tag{7.8}$$

根据黑体辐射理论的普朗克公式(6.18a)和(6.11),有

$$u(\nu) = \frac{8\pi h\nu^3}{c^3\left[\mathrm{e}^{\frac{h\nu}{kT}} - 1\right]},$$

比较两式得

$$\frac{A_{21}}{B_{21}} = 8\pi h\,\frac{\nu^3}{c^3}, \tag{7.9}$$

和

$$B_{12}/B_{21} = 1, \quad B_{12} = B_{21} = B. \tag{7.10}$$

上面两式表示出三种跃迁过程之间的联系,亦为爱因斯坦系数之间的关系. 它表明在热平衡时,受激辐射与受激吸收的系数是相同的,它们和自发辐射之间的关系均与频率 ν 有关.

根据上述关系,可以导出系统的自发辐射强度 $I_{自}$ 和受激辐射强度 $I_{受}$ 之比为

$$\frac{I_{自}}{I_{受}} = \frac{N_2 A_{21} h\nu}{N_2 B_{21} u(\nu) h\nu} = \mathrm{e}^{\frac{h\nu}{kT}} - 1.$$

对一个普通光源,$T \sim 10^3\,\mathrm{K}, \nu \sim 5\times10^{14}\,\mathrm{Hz}, I_{自}/I_{受} \sim 10^{10}$,可见自发辐射的光强远大于受激辐射光强,所以产生的光是不相干的. 而对 $\nu = 10^9\,\mathrm{Hz}$ 以上的微波和无线电波来说,计算可知,受激辐射远大于自发辐射,辐射是相干的.

虽然关系(7.9)和(7.10)是在热平衡条件下导出,但在非热平衡情况下也适用. 爱因斯坦在 1917 年首先提出受激辐射的概念,只有在此基础上才有上述的结果. 下面讨论自发辐射系数的物理意义.

3. 能级寿命

原子的能级寿命是指原子在某一能级上的平均停留时间.

在热平衡下,设 $t = 0$ 时刻处于高能级 E_2 的原子数为 N_{20}. 当没有外来光使低能级原子跃迁到高能级时,处于高能级上的原子数将随着自发辐射而减少. 将(7.3)式改写为

$$\frac{\mathrm{d}N_2}{N_2} = -A_{21}\,\mathrm{d}t,$$

两边积分

$$\int_{N_{20}}^{N} \frac{\mathrm{d}N_2}{N_2} = -\int_0^t A_{21}\,\mathrm{d}t,$$

可得处于高能级上的原子数与时间 t 的变化关系为

$$N_2(t) = N_{20}\,\mathrm{e}^{-A_{21}t}. \tag{7.11}$$

为了计算原子在高能级上的平均停留时间,先考虑在 t 到 $t+\mathrm{d}t$ 间隔内由高能级跃迁到低能级原子数为 $A_{21}N_2(t)\mathrm{d}t$,这些原子每一个在 E_2 能级上的停留时间为 t,总的停留时间为 $tA_{21}N_2(t)\mathrm{d}t$. 那么,随着时间推移,能级 E_2 上的全部原子都将跃迁到 E_1 能级. 这些原子在能级 E_2 的平均停留时间 τ 为

$$\tau = \frac{1}{N_{20}} \int_0^\infty t A_{21} N_2(t) \mathrm{d}t = \int_0^\infty t A_{21} \mathrm{e}^{-A_{21}t} \mathrm{d}t$$

$$= \left[-t\mathrm{e}^{-A_{21}t} \right]_0^\infty + \int_0^\infty \mathrm{e}^{-A_{21}t} \mathrm{d}t = \frac{1}{A_{21}},$$

即
$$\tau = \frac{1}{A_{21}},$$

　　这也就是原子在 E_2 能级上的平均寿命,简称**能级寿命**. 它是自发辐射系数的倒数,而原子的能级寿命长短与原子跃迁几率有关,跃迁几率越大寿命就越短,因此自发辐射系数又称自发辐射几率. 一般原子的激发态寿命为 10^{-8}s,也有一些激发态的能级寿命可达 10^{-3}s 以上,这种激发态称为亚稳态,它对激光的产生有重要的意义.

　　上面仅考虑了原子的自发辐射对能级寿命的影响,还有其他因素,如原子间的碰撞和外界干扰都会使高能级上的原子更快地跃迁到低能级上去,所以实际原子的寿命要比它小得多.

7.1.2　光在介质中的增益

1. 介质的增益系数

　　设有一工作介质,当强度为 I_0 的光自左端入射,它传播到 z 处,光强为 $I(z)$. 它传到 $z+$ $\mathrm{d}z$ 处,光强增大为 $I(z+\mathrm{d}z)=I(z)+\mathrm{d}I(z)$,如图 7.3 所示. 该介质的增益系数定义为

$$G = \frac{\mathrm{d}I(z)}{I(z)\mathrm{d}z},$$

对上式积分,利用 $I(0)=I_0$ 的边界条件可得

$$I(z) = I_0 \mathrm{e}^{Gz}, \tag{7.12}$$

显然要使光增益,$I(z)>I_0$,G 必须大于 0. 因此我们把 G 大于 0 的介质称为增益介质.

　　从微观上看,光通过增益介质时,将会引起介质中的原子受激辐射和受激吸收. 当光强足够大时,受激辐射将会远大于自发辐射. 在这种情况下,后者可以忽略,这样在单位体积中,$\mathrm{d}t$ 时间内净增光能量为

$$\frac{\mathrm{d}u(\nu)}{\mathrm{d}t} = \left[B_{21} u(\nu) N_2 - B_{12} u(\nu) N_1 \right] h\nu,$$

由(7.10)式,上式可变为

$$\frac{\mathrm{d}u}{\mathrm{d}t} = Bu h\nu (N_2 - N_1). \tag{7.13}$$

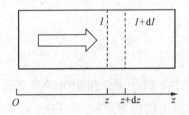

图 7.3　光强 I 在介质中的变化

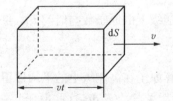

图 7.4　能量密度与波强度之间的关系

如图 7.4 所示,考虑到波的能量密度 u 与波强度 I(单位时间通过单位面积的能量)之间

满足关系

$$I = vu = \frac{c}{n}u,$$

v 为光在介质中速度，n 为介质折射率，c 为真空中的光速，有

$$dI = \frac{c}{n}du,$$

以及

$$dt = \frac{n}{c}dz,$$

可得

$$dI = \frac{n}{c}BIh\nu(N_2 - N_1)dz,$$

$$\int_{I_0}^{I}\frac{dI}{I} = \frac{n}{c}Bh\nu(N_2 - N_1)\int_0^z dz,$$

$$I(z) = I_0 e^{\frac{n}{c}Bh\nu(N_2 - N_1)z}, \tag{7.14}$$

与(7.12)比较可得增益系数

$$G = \frac{n}{c}Bh\nu(N_2 - N_1). \tag{7.15}$$

在热平衡状态时，$N_1 > N_2$，$G < 0$，即受激辐射小于受激吸收，光强随 z 而衰减，不可能成为增益介质.

如采用某种激励手段破坏原子数的热平衡分布，使得 $N_2 > N_1$，这时 $G > 0$. 高能级粒子数大于低能级粒子数，光强才能产生增益即光放大，我们把这种原子数的非平衡分布称为粒子数的反转分布.

2. 粒子数反转系统

从上面看到，要实现光放大，关键在于实现介质中的高低能级上的粒子数反转分布. 但并非所有的物质都能实现粒子数反转，能实现粒子数反转的物质称为激活介质. 作为光放大的激活介质还必须具备有合适的能级和促使粒子数反转所需的能量输入系统(激励源). 能量的输入方法可以是光激励、电激励、原子间碰撞或化学反应等，这种用外界能量把低能级粒子搬到高能级的过程称为泵浦或抽运.

抽运不能使双能级原子系统实现粒子数反转，这是因为发生受激辐射与受激吸收的几率是相同的，当高能级和低能级上的粒子数相同时，受激辐射发出的光子数与受激吸收的光子数相同，系统趋向稳定，因此抽运最多使两个能级粒子数相等而不能使粒子数反转. 三能级、四能级系统才有可能实现粒子数反转.

三能级系统：以红宝石(在蓝宝石 Al_2O_3 中掺入 0.05% 的三氧化二铬 Cr_2O_3 制成)激光器中三能级系统运转机理为例给

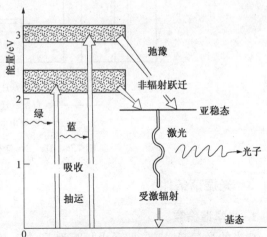

图 7.5 红宝石激光器的能级图

予简要说明.红宝石中铬离子的能级如图 7.5 所示.氙弧光灯的强闪光把铬离子从基态 E_1 抽运到高能态(事实上,高能态含有大量相差很小的能级,已构成能带),由于离子在高能级上寿命较短(10^{-8} s),离子经碰撞很快以无辐射跃迁方式转移到中间能级亚稳态 E_2,离子在该能级寿命较长(10^{-3} s),在这段时间内由高能级上转移下来的粒子数在 E_2 上不断积累,而基态 E_1 粒子数由于抽运不断减少,从而形成 E_2,E_1 上粒子数反转.此种粒子数反转发生在激发态和基态之间.由于在热平衡时粒子几乎全部集中在基态,所以激励源必须很强,并能进行快速高效的抽运才行.目前除红宝石激光器外,一般不采用三能级系统而采用四能级系统.

　　四能级系统:现以氦氖激光器中四能级系统运转机理为例给予简要说明.图 7.6 为氦氖激光系统的能级图.给放电管加上高压,使自由电子加速,这些加速电子通过碰撞把能量转移给气体媒质,使之电离和激发,许多 He 原子从高能级掉下来聚集在长寿命的亚稳态 2^1s 态和 2^3s 态上,这两个态向低能级是禁戒跃迁,因而只能在这两个能级上积累原子.从图 7.6 可以看到,Ne 的 $2s_2$ 和 $3s_2$ 能级与 He 的 2^1s 和 2^3s 能级接近,这两种原子通过碰撞传递能量,把 Ne 原子激发到 $3s_2$ 和 $2s_2$ 态上,$3s_2$ 和 $2s_2$ 是系统的高能级,Ne 的 $3p_4$ 和 $2p_4$ 是系统的低能级,由于它们比基态 E_0 高很多,因而开始时它们几乎是空的,而且寿命很短,从高能级跃迁下来的粒子很快由自发辐射跃迁到 1s 态,再通过与放电管壁碰撞把激发能量传给管壁,然后回到基态,所以系统很容易在 $3s_2$,$2s_2$ 和 $2p_4$ 之间实现粒子数的反转.

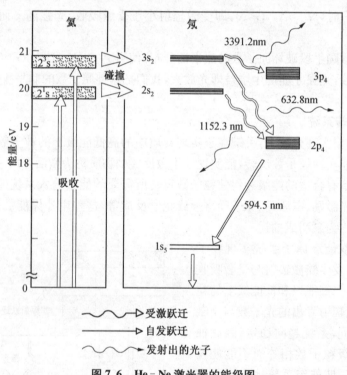

图 7.6　He－Ne 激光器的能级图

7.1.3　光振荡条件

1. 光学谐振腔

激光的光学谐振腔一般是由相距为 L 的一对共轴平面反射镜(或一对球面反射镜,或一个平面反射镜和一个球面反射镜)组成,其中一个反射镜的反射率近似为 1,另一个反射镜反射率略小于 1,相当于一个法布里-珀罗标准具,工作物质(激活介质)放在中间.

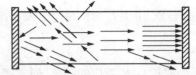

图 7.7 谐振腔对光束的方向选择

在激光器工作过程的起始阶段,自发辐射的光子是向各个方向发射的,引起的受激辐射也是各个方向的. 如图 7.7 所示,受激辐射中只有那些基本上沿着轴向并在谐振腔的两反射镜之间能多次来回反射的光,才能不断得到增强,并有一部分从反射镜的一端射出,那些离轴光很快从侧面射出去而消失掉. 激光的方向性好就来源于此.

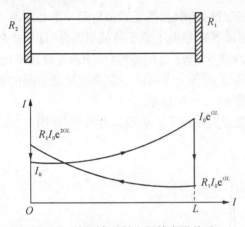

图 7.8 在两次反射之间的光强关系

2. 阈值条件

为了能产生激光,光在工作物质中来回一次所产生的增益,必须能足以补偿在一次来回中光的损耗(输出的激光也是一种损耗). 如图 7.8 所示,令两反射镜的反射率分别为 R_1 和 R_2,工作物质长为 L,增益系数为 G,假定光波从工作物质左端 $z=0$ 处出发,其光强为 $I(0)=I_0$,光波通过工作物质到达右端 $z=L$,由(7.12)式可得

$$I(L)=I_0 e^{GL},$$

经右端反射镜 R_1 反射,光强降到

$$I'(L)=R_1 I_0 e^{GL},$$

再经过工作物质回到左端,经左端反射镜反射后光强为

$$I(2L)=R_1 R_2 I_0 e^{2GL},$$

要使 $I(2L) \geqslant I(0)$,则

$$R_1 R_2 e^{2GL} \geqslant 1,$$

所以工作物质的增益系数必须满足

$$G \geqslant \frac{1}{2L} \ln \frac{1}{R_1 R_2}. \tag{7.16}$$

由(7.16)式中等号决定的 G 为阈值增益. 当实际增益大于它时,光强会增加,但也不会无限增长下去,因为随着光强增加,向下跃迁的粒子增多,又会导致粒子数反转减弱,使增益下降,最终光强趋向稳定.

7.1.4 纵模和横模

所谓模(modes)就是指在谐振腔内能获得振荡的波型. 根据获得振荡的原因不同,分为纵模和横模两种.

1. 纵模

从光的干涉理论可以知道,对于谐振腔来讲,只有满足一定条件的波长的光,才能发生振荡形成驻波,出射光满足干涉加强的条件.若 L 为腔长,n 为介质折射率,波长必需满足

$$\frac{2nL}{\lambda_k} = k, \tag{7.17}$$

k 为整数. 由于 L 与 λ 相比很大, 所以有很多波长满足这一条件. 由于 $\nu = c/\lambda$, (7.17)式可写为

$$2nL\frac{\nu_k}{c} = k, \tag{7.18}$$

ν_k 为波长 λ_k 相对应的频率. 通常把这些频率所对应的轴向模式称为纵模. 相邻两波长所对应的频率差为

$$\Delta\nu = \nu_{k+1} - \nu_k = \frac{c}{2nL}, \tag{7.19}$$

如图 7.9(a)所示.

　　另一方面, 粒子从两个特定的能级 E_2 和 E_1 上跃迁时所引起的受激辐射是一中心频率为 $\nu_0 = (E_2 - E_1)/h$, 并有一定频谱展宽的谱线. 这种频谱展宽是由于原子的能级寿命(即原子的发光时间决定发出的波列有一定的长度)引起的自然展宽, 原子之间碰撞(使能级寿命减短)引起的碰撞展宽以及原子的运动引起的多普勒展宽(原子向各个方向以一定速度运动引起的频率变化). 对气体激光器主要是多普勒展宽, 其谱线如图 7.9(b)所示.

　　由于受激辐射的光谱谱线有一定宽度, 所以激光器实际产生的纵模只有几种, 如图 7.9(c)所示.

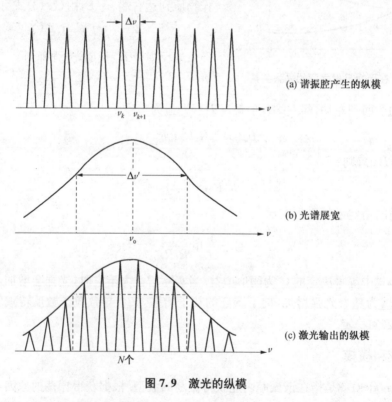

图 7.9　激光的纵模

　　对一个 1m 长的氦-氖激光器来说

纵模间隔　　　　　　　　　　　　$\Delta\nu = \frac{c}{2nL} = 1.5\times10^8$,

多普勒频谱展宽　　　　　　　　　$\Delta\nu' \approx 10^9$,

所以纵模个数
$$N = \frac{\Delta\nu'}{\Delta\nu} \approx 6,$$

即有 6 个纵模. 所以通常的激光器产生的激光, 严格来说并不是单色的, 它包括了许多频率略有差别的波长. 要获得更好的单色性, 从 (7.19) 式可以得出, 谐振腔腔长 L 越短, 相邻两个纵模之间 $\Delta\nu$ 越大, 能产生的纵模就越少. 当光谱宽度内只有一个纵模时, 这时产生的激光单色性很好. 对氦-氖激光器来讲, 如腔长为 15cm, 纵模数就为 1. 但由于谐振腔变短, 工作物质长度变少, 激光的输出功率也就变得很小. 另一方法是仍采用长谐振腔, 然后从它输出的众多的纵模中选出一个纵模, 如可以在激光器的外部加上一个法布里-珀罗干涉仪 (短的谐振腔), 使从激光器出来的多纵模中只有一个模能在该谐振腔中产生谐振产生输出, 如图 7.10 所示.

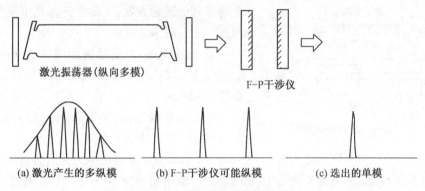

图 7.10 F-P 标准具的选模作用

(a) 激光产生的多纵模　　(b) F-P 干涉仪可能纵模　　(c) 选出的单模

2. 横模

把氦-氖激光器输出的激光垂直照射到屏幕上, 当调节谐振腔的反射镜的距离和角度, 可以在屏上观察到如图 7.11 所示的光斑图形, 这就是激光的横模. 箭头表示横模的相位, 箭头相同表示同相位, 箭头相反表示相位相差 π.

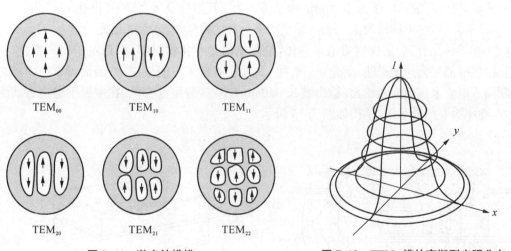

图 7.11 激光的横模

图 7.12 TEM$_{00}$ 模的高斯型光强分布

产生横模的原因较复杂, 这里仅作简单描述. 在谐振腔内, 除了与腔轴平行的光外, 还有一些稍微偏离轴的光线, 它也能在腔内经多次反射而不偏出腔外, 也形成干涉加强, 从而形成振荡模式. 若 xy 平面垂直于腔轴的平面, 这些横模记为 TEM$_{mn}$, TEM 为电磁横波英文的缩写,

m 为 x 方向上的波节数,n 为 y 方向上的波节数,其中 TEM$_{00}$ 模称为基模,它的强度呈高斯分布,如图 7.12 所示,是最有用的,也是许多激光器所追求的目标.

7.1.5　激光器的种类

激光器根据工作物质的不同,可分为气体激光器、固体激光器、半导体激光器和染料激光器四种.

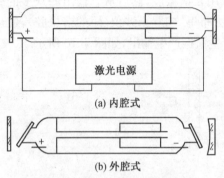

(a) 内腔式

(b) 外腔式

图 7.13　He-Ne 激光器的结构

(i) 气体激光器. 是以气体作为工作物质,常见的有氦氖、氦镉离子、氩离子和二氧化碳气体,这种激光器通常用气体放电激励,特殊情况下才采用光激励等其他激励方式,气体激光器光束质量比较好,出光方式一般为连续式.

氦-氖激光器:常见结构如图 7.13 所示,主要输出波长为 $0.6328\mu m$,$1.1523\mu m$ 和 $3.3913\mu m$,输出功率 $1\sim100$mW.

氦镉离子激光器:主要输出波长为 $0.3250\mu m$,$0.4416\mu m$,输出功率几十毫瓦.

氩离子激光器:主要输出波长为 $0.4880\mu m$,$0.5145\mu m$,输出功率为瓦的数量级.

二氧化碳激光器:输出波长为 $10.6\mu m$ 红外光,输出功率为 $10^2\sim10^5$W 数量级.

(ii) 固体激光器. 是以掺杂离子型绝缘晶体和玻璃体作为工作物质,常见的有红宝石、掺钕钇铝石榴石(YAG)、钕玻璃三种材料,这种激光器通常用光激励,出光方式一般有脉冲式和连续式,这种激光器工作物质小、机械强度高且容易得到大功率输出.

红宝石激光器:结构如图 7.14 所示,输出波长为 $0.6943\mu m$,输出功率脉冲式可达 $10^4\sim10^{11}$W,连续式为 100W 以上.

钕玻璃激光器:输出波长为 $1.06\mu m$,输出功率为万瓦的数量级,脉冲式出光.

YAG 激光器:输出波长为 $1.06\mu m$,输出功率为瓦的数量级,连续式出光.

(iii) 半导体激光器. 工作物质是半导体,最常见的是砷化镓材料,采用电子注入激励,它可以直接将电能变为相干光能,激光一旦产生,其强度对输入电流极灵敏,因而可以简单地通过调制输入电流来调制激光输出. 输出波长 $0.85\mu m$ 左右,与温度有关. 在室温下输出方式为脉冲式,功率为瓦的数量级,结构如图 7.15 所示.

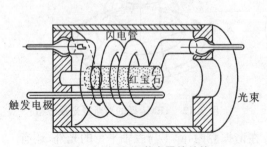

图 7.14　红宝石激光器的结构

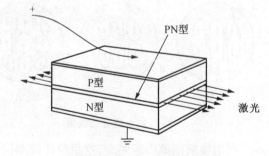

图 7.15　GaAs PN 结激光器结构

这种激光器体积很小,仅针头大小(电源除外),容易调试,在激光通讯、激光测距以及光计算机中都有重要应用,但它产生的激光单色性、方向性和光束质量较差.

（iv）染料激光器. 是以有机染料为工作物质,目前这种染料有 300 多种,染料激光器输出形式有脉冲式和连续式,它们分别用闪光灯、脉冲激光器和连续激光器作为激励源,常见的结构如图 7.16 所示.

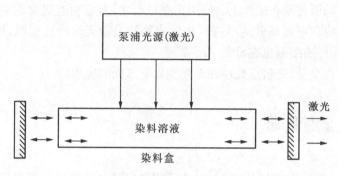

图 7.16　染料激光器的结构

这种激光器增益高、体积小、光束质量好,尤其是可以通过改变染料的种类和染料溶液的浓度使产生的激光发出的波长在一定范围内连续可调.

7.1.6　激光的应用

激光由于其良好的单色性、方向性、相干性和能量高度集中的特点,在国防、科研和国民经济各部门都有着广泛的应用.

1. 计量方面的应用

激光准直:当激光工作于单横模时,在一定范围内输出的光就可以认为是粗细几乎恒定的直线,因此可以用来准直. 这对建筑很有用,如开隧道、铺设管道、建造桥梁中用来定直线,并可以鉴定垂直度、平行度之类的质量问题.

激光测距:激光测距有相当高的精度,通常的方法有干涉、束调制法和脉冲法. 干涉法是利用干涉仪原理测量距离,测量范围在 10m 以内. 束调制是利用对连续出光的激光束进行调幅后,照射到被测标志,接受其反射光,测出这两者的相位差,由此计算出距离. 脉冲法是测量激光脉冲发出到被测标志反射回来两者的时间换算出距离. 用这种方法测量地球到月亮之间的距离准确度由普通天文技术的 $\pm 3.2\mathrm{km}$ 下降到 $\pm 1.5\mathrm{m}$.

激光测速:主要利用多普勒效应. 当激光束照射到运动物体或流体时,由于多普勒效应,被目标散射的光频率发生变化,如果将散射光与原来的激光束混频,用光电法测量其拍频,就可以测得散射光的频率,从而求出目标的速度.

2. 激光加工

激光加工是利用激光束优良的方向性和高输出功率的特点,如二氧化碳激光器,光束直径为 $(1\sim 2)\mathrm{cm}$,可会聚成 $50\mu\mathrm{m}$ 的点,得到 $\mathrm{MW}\cdot\mathrm{cm}^{-2}$ 量级的输出功率,因此可用来对金属材料进行打孔、切割、焊接等,对半导体材料进行局部淬火以改变材料性质,在器件表面打标志等.

另外,激光能在很短的时间内供给巨大的能量,这对等离子研究也极为重要,利用它产生等离子并加热达到热核反应的工作也正在大力展开.

3. 激光在通讯中的应用

光波是电磁波,可以像无线电波一样进行时间调制、携带信息,因此可以用来进行光通讯.

虽然,光通讯并不是非要激光才行,但激光有一系列优点,如单横模激光束在传播相当长的距离后与其他辐射源相比,发散要小得多(如比微波要小 10^5 倍),激光的窄带宽便于进行窄带滤波以提高信噪比等.

4. 激光在医学上的应用

激光在医学上的研究及在医疗上的应用正在进行之中,它对有机物的主要作用分为光效应、热效应、压力效应和电磁场效应.目前,比较成熟的是激光治疗近视眼、视网膜脱落、溃疡等.用激光破坏恶性肿瘤细胞也在研究中.

下面介绍激光在全息、光信息处理和非线性光学方面的应用.

7.2　　全息照相

1948 年,英国伦敦大学伽柏(D. Gabor)为了提高电子显微镜的分辨率提出了全息照相的方法.由于需要高度相干的光源,直到 1960 年激光出现以及在 1962 年利思(E. N. Leith)和乌帕特尼克斯(J. Upatnieks)提出了离轴全息以后,全息照相理论和技术才得到迅速发展,并推广到许多应用领域.如全息显示、全息光学元件、全息干涉计量等.伽柏因此而获得 1971 年诺贝尔物理奖.

7.2.1　全息照相的特点

众所周知光是电磁波,决定波动特性的参数是振幅和相位,因此,光所携带的全部信息包含在振幅和相位两部分中.普通照相技术是把物体表面的反射(或漫射)光或者物体本身发出的光通过透镜成像于感光底片,它只记录了光的强度(振幅的平方).光的相位信息则完全丢掉,所以只能得到物体的平面像而得不到带有深度信息的立体像.

全息照相则不同,它必须用相干光源照明物体,同时加入参考光,利用光的干涉原理,将物光波中的相位信息转化为强度,和物波的振幅信息一起记录在底片上,此底片称为全息图.全息图看起来是一片灰雾状,与物没有什么影像关系,如用高倍显微镜观察,看到的是一些干涉条纹,条纹密度通常在每毫米 1 000 条以上,干涉条纹的形状与原物也没有任何几何上的相似性,但它却包含了物光波的全部信息.用适当的光照明全息图时,能再现出物体的立体像.当人们移动眼睛从不同的角度观察时,就好像面对原物,可以看到它的不同侧面的形象,它具备了真实物体通常所具有的深度和视差的特性.下面讨论它的原理和方法.

7.2.2　全息照相的基本原理

全息照相的理论实质上是一种广义的双光束干涉和衍射理论的应用.就过程来说,它可分为记录和再现两步.下面分别描述.

1. 波前记录

物光的信息包括在光波的振幅和相位中,然而现在所有的记录介质仅对光强产生响应,即只能记录振幅信息.因此,必需设法把相位信息转换为相应的强度才能记录下来.干涉法为这种转换提供了手段.

波前记录的过程如图 7.17 所示.设在记录介质上物光的波前用(7.20)式表示

$$O(x,y)=o(x,y)\mathrm{e}^{-\mathrm{i}\psi(x,y)}, \tag{7.20}$$

$o(x,y)$ 为记录平面上的物波的振幅, $\psi(x,y)$ 为记录平面上的物波的相位.

参考光用 (7.21) 式表示

$$R(x,y)=r(x,y)\mathrm{e}^{-\mathrm{i}\varphi(x,y)}. \tag{7.21}$$

为了简便起见, 用与全息底片的法线成 θ 角的平面波作为参考光, 表示为

$$R(x,y)=R_0\mathrm{e}^{-\mathrm{i}2\pi\nu y}, \tag{7.22}$$

这里 R_0 为常数, $\nu=\dfrac{\sin\theta}{\lambda}$, 相位 $2\pi\nu y$ 参看图 7.17 中的左下角图.

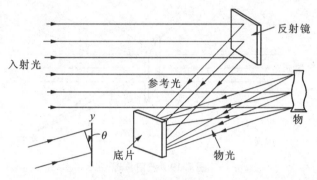

图 7.17　波前记录

若物光与参考光是相干的, 于是, 在记录介质平面记录到的总光强为

$$\begin{aligned}I(x,y)&=|R(x,y)+O(x,y)|^2\\&=R_0^2+O^2(x,y)+R_0O(x,y)\mathrm{e}^{\mathrm{i}2\pi\nu y}+R_0O(x,y)\mathrm{e}^{-\mathrm{i}2\pi\nu y},\end{aligned} \tag{7.23}$$

把第三项和第四项合并, 上式可得

$$I(x,y)=R_0^2+O^2(x,y)+2R_0O(x,y)\cos[2\pi\nu y-\psi(x,y)]. \tag{7.24}$$

上式中第一项和第二项分别为物光和参考光的光强, 第三项是干涉项, 它包含了物光波前的振幅和相位信息, 并被参考光所调制.

作为全息记录介质的感光材料很多, 最常用的是由细微粒卤化银乳胶涂敷的超微粒干板, 简称全息干板. 这种全息干板的特性曲线如图 7.18 所示. t 为底片的透过率, E 为底片的曝光量, AB 段为底片的线性区域. 将曝光量的变化控制在该区域, 经适当的显影和定影处理就可以较好地将光强信息转化为底片上透射率的变化而被记录下来. 表示为

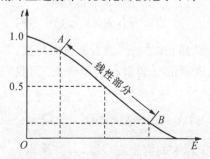

图 7.18　全息干板 (负片) 的 t-E 曲线

$$t(x,y)=t_0+k\{R_0^2+O^2(x,y)+2R_0O(x,y)\cos[2\pi\nu y-\psi(x,y)]\},\qquad(7.25)$$

k 为记录底片特性曲线中线性部分的斜率，t_0 为未曝光（显影后）底片的透过率. 处理后的底片称为全息图. 全息图是由干涉条纹所组成，干涉条纹的形状取决于 $2\pi\nu y-\psi(x,y)$，它和物光的相位有密切的关系.

如全息图的曝光量不满足底片线性记录条件，将影响到再现物光波的效率.

2. 波前再现

波前再现过程实际是光波通过全息图的衍射复现物光波的过程，如图 7.19 所示.

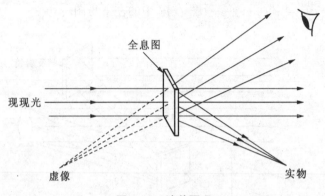

图 7.19 波前再现

当用相干光波照射全息图时，假定它在全息图平面上的波前为 $B(x,y)$，则透过全息图的光场为

$$\begin{aligned}T(x,y)&=B(x,y)t(x,y)\\&=B(x,y)t_0+kB(x,y)\{R_0^2+O^2(x,y)+2R_0O(x,y)\cos[2\pi\nu y-\psi(x,y)]\}\\&=B(x,y)t_0+kB(x,y)[R_0^2+O^2(x,y)+R_0O(x,y)e^{i2\pi\nu y}+R_0O(x,y)e^{-i2\pi\nu y}],\end{aligned}$$

如果 $B(x,y)$ 是平行于全息图法线的平面波作为再现光波，即 $B(x,y)=B_0$，那么上式变为

$$\begin{aligned}T(x,y)&=[B_0t_0+kB_0R_0^2]+[kB_0O^2(x,y)]\\&\quad+[kB_0R_0O(x,y)e^{i2\pi\nu y}]+[kB_0R_0O(x,y)e^{-i2\pi\nu y}],\end{aligned}$$

令

$$\begin{aligned}T_1&=B_0t_0+kB_0R_0^2,\\T_2&=kB_0O^2(x,y),\\T_3&=kB_0R_0O(x,y)e^{i2\pi\nu y},\\T_4&=kB_0R_0O(x,y)e^{-i2\pi\nu y},\end{aligned}\qquad(7.26)$$

T_1 为常数，表明它是与入射光性质相同的光，沿着原方向传播；T_2 是实数，所以它产生的衍射光基本上也沿着入射光方向，这两部分通常称为零级光. 而我们有兴趣的是 T_3 和 T_4. 其中 T_3 为

$$T_3(x,y)=kB_0R_0O(x,y)e^{i2\pi\nu y},\qquad(7.27)$$

kB_0R_0 是常数，所以该项正比于原来的物光波 $O(x,y)$ 并乘以一个指数因子，此指数因子 $e^{i2\pi\nu y}$

起着载波作用,它使物光波偏离入射光方向 θ 角[①]. 由于原物是发散的,所以观察者看到的是虚像,这就是全息图的再现像,它具有与原物相同的视觉效果. 同理,透射光的第四项 $T_4(x,y)$ 正比于 O 的共轭波 O^*,这意味着这是会聚的波阵面,形成一个实像. 线性指数因子 $e^{-i2\pi\nu y}$ 表明这个实像与入射光方向成一 θ 角. 另外,$O^*(x,y)$ 波与原来的物光波共轭,相位差一个"一"号,即原物光相位超前的变为落后,落后的变为超前,所以实像的凸凹与原物体正好相反,给人以某种特别的感觉,这种像称为膺像.

需要指出的是,为了使(7.26)式中 $T_3(x,y)$ 和 $T_4(x,y)$ 不与 T_1 和 T_2 产生混淆,对记录全息图时的参考光与物光夹角 θ 有一定的要求,θ 角的大小与物体有关. 另外对再现光的要求并不严格,可以是平面波,也可以是会聚的或发散的球面波,所不同的是再现像的位置和大小将不同. 当然选取不当,可能看不到所要求的结果.

7.2.3　全息图的几种类型

由于拍摄全息图光路安排不同,全息图可分为多种类型,这里简单介绍几种常见的全息图的记录光路和特点.

1. 菲涅耳全息图

菲涅耳全息图的特点是记录平面位于物体衍射光场的菲涅耳衍射区,即物光直接照在记录底片上,如图 7.21 所示.

这种全息图必须用相干光再现. 当全息图部分损伤时,不会影响再现物体的整体,仅影响其分辨率.

2. 傅里叶变换全息图

傅里叶变换全息图不是记录物体光波本身,而是记录物体光波的傅里叶变换(夫琅和费衍射图样)即频谱. 记录光路如图 7.22 所示. 这种全息图常用来进行信息存储和制作光信息处理的滤波器.

傅里叶全息图再现时,也必须用相干光源,通常用图 7.23 的光路来实现.

3. 像面全息

物体靠近记录介质平面或利用成像系统使物体成像在记录介质平面附近所得到的全息图称为像面全息,通常采用的光路如图 7.24 所示.

---

①　为了说明线性指数因子的物理意义,我们来考察物光波经过尖楔形棱镜后的情况,如图 7.20 所示. 设物波在棱镜第一面上为 $O(x,y)$,棱镜的棱角为 α,由于楔形棱镜是透明的,对物波振幅没有影响,而在 y 方向上厚度成线性变化,所以物波在另一个面出射时在不同的 y 处走过的光程不同,因而加上了不同的相位,其值为

$$\psi=-k(n-1)y\sin\alpha=-2\pi(n-1)\frac{\sin\alpha}{\lambda}y=-2\pi(n-1)\nu y,$$

这就是线性相位因子,这时物光为

$$O(x,y)e^{-2\pi(n-1)\nu y}.$$

由几何学知道,这种棱镜能使光线改变方向,而基本不改变其他性质. 所以线性相位因子在 T_3 里的作用就相当于物光经过一棱镜使原物光波改变方向.

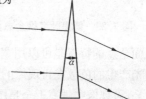

图 7.20　棱镜引起光波方向的改变

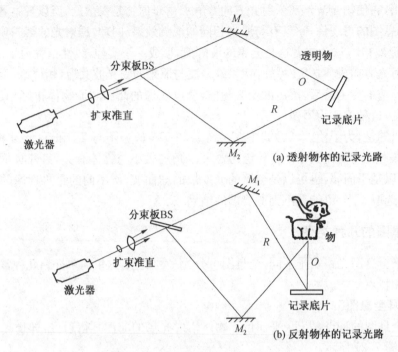

(a) 透射物体的记录光路

(b) 反射物体的记录光路

图 7.21　菲涅耳全息图的记录光路

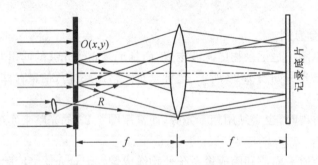

图 7.22　傅里叶变换全息记录光路

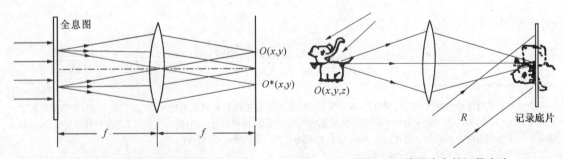

图 7.23　傅里叶变换全息再现光路　　　　　图 7.24　像面全息的记录光路

　　像面全息的特点是可以用宽带光源或白光光源来获得再现像. 其原理主要是全息图对不同波长的光产生的色散在再现像的区域内尚未明显表现出来,或者说各种波长的光产生的再现像基本重叠,再现像中越靠近全息图的部分越清楚,远离的部分将会出现色散现象.

4. 彩虹全息

彩虹全息和像面全息一样,也可以用白光光源来再现,不同的是像面全息的记录要求像面与记录介质平面的距离要小,而彩虹全息没有这种限制,它是在记录光路的适当位置加一狭缝,如图 7.25 所示.

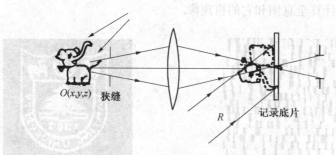

图 7.25 一步彩虹全息的记录光路

再现时,观察的像将受到狭缝像的限制.当用白光再现时,对不同颜色的光,再现的像和狭缝的位置都不同,在不同的位置上通过不同颜色的狭缝将看到不同颜色的像.转动全息图,看到的像的颜色变化犹如彩虹,故称为彩虹全息.实际拍彩虹全息的方法有多种,这仅是原理性的.彩虹全息可以大量模压复制,在全息显示、商品防伪中有重要的价值.

5. 体全息

前面介绍的全息图把记录介质作为一平面来处理,所以它们称为平面全息图.当记录介质较厚,物光和参考光在介质内干涉形成三维结构,就称为体全息.当物光与参考光来自记录介质的同一侧,得到的全息图称为透射式体全息;当物光与参考光来自记录介质的两侧,得到的全息图称为反射式体全息.

透射式体全息结构类似于晶体中的晶格,如图 7.26 所示,再现的波长和入射角存在着相互依赖的关系,这就是布喇格条件 $2d\sin\theta=\lambda$,d 是两层面之间的距离,θ 是入射角,只有当入射角满足 $\sin\theta=\lambda/2d$ 时才能得到一个再现像.这种体全息对角度有很高的选择性,所以可在同一张底片上记录许多幅全息图.

物光和参考光从相反的方向投射到记录底片所形成的全息图称为反射式全息图,图 7.27 是它的拍摄光路.反射式全息图的层面基本平行于介质平面,间距为 $\lambda/2$,相当于一个干涉滤波器,对波长有很高的选择性,当用白光再现时,仅波长为 λ 的光可以得到一个加强的再现像.

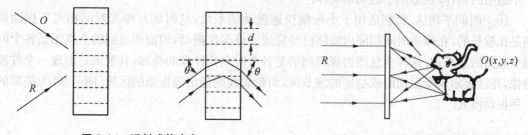

图 7.26 透射式体全息   **图 7.27 反射式全息的记录光路**

6. 计算全息图

计算全息图与上述的光学全息图不同,它是利用计算机控制绘图设备绘制的全息图,它不需要物体的真实存在,只要知道物波函数的数学表达式,取离散值后即可以输入到计算机,待处理后由绘图设备绘出各种类型的全息图,它也能再现物波的全部信息.图 7.28 是罗曼(Lohmann)型计算全息图和它的再现像.

(a) 计算全息图局部　　　　　　　　　　　　(b) 再现像

图 7.28　计算全息图的再现像

计算全息图特点是十分灵活,可以做许多光学全息难以做到的事情,如光信息处理中的滤波器、干涉计量中特殊的波面、三维虚构物体的显示等.

7.2.4　全息干涉计量

全息照相的原理在许多领域都有其重要的应用,全息的干涉计量是最早有实际应用的领域,它把两个不同时刻的波前同时再现形成干涉,如我们想研究应变、振动、加热等因素对物体产生的微小形变,可以用这种方法进行无损检测.

(i) 双曝光法.先在底片上记录一次未受扰动的物体的全息图,然后在同一张底片上再对已经形变后的物体记录全息图,两组全息图将再现原来两个不同时刻的物波(未形变的和形变后的),并干涉形成干涉条纹,此条纹表示出物体的变化情况.图 7.29 是一个白炽灯未通电和通电后的干涉图,它反映出气体受热引起的折射率变化的情况.

(ii) 实时法.原理和双曝光法相同,物体在整个检测过程中都留在它原来的位置,先制作好一张全息图,全息图的再现像精确地与物体重合;在随后的检验期间,物体形变所产生的物光波与全息图产生的物光波发生干涉,可实时地观察干涉条纹,并能看到它的变化.这既适用于不透明的物体,也适用于透明的物体.

(iii) 时间平均法.特别适用于小振幅快速振动的系统,这时底片曝光时间相对于振动周期是比较长的,在曝光时间间隔内物体已经完成了许多次振动,因而所得到的全息图是各个时刻全息图的总叠加.这种全息图再现得到的是各个时刻物体像的叠加,其效果是出现一个驻波图像,亮区表示未受振动的或稳定的波节区,而轮廓线则描出等振幅的区域.图 7.30 为提琴的一种振动模式.

图 7.29 白炽灯的干涉图

图 7.30 提琴的振动模式

7.3 光信息处理初步

光信息处理是以傅里叶变换为基础的光学分支,19 世纪末,阿贝成像理论和阿贝-波特实验开创了光信息处理的先河. 现在它包含了非常广泛的内容,如空间滤波、相干光学处理和非相干光学处理等.

7.3.1 预备知识

1. 傅里叶变换

在光学中,图像通常可用二维空间函数 $f(x,y)$ 来表示. 数学分析已经证明,在满足一定条件下(在实际应用中经常能满足),它可以展开为一系列基元函数 $e^{i2\pi(\nu_x x+\nu_y y)}$ 的线性叠加.

$$f(x,y) = \iint_{-\infty}^{+\infty} F(\nu_x,\nu_y) e^{i2\pi(\nu_x x+\nu_y y)} \, \mathrm{d}\nu_x \mathrm{d}\nu_y, \qquad (7.28)$$

式中 $F(\nu_x,\nu_y)$ 为基元函数 $e^{i2\pi(\nu_x x+\nu_y y)}$ 的权重因子,它等于

$$F(\nu_x,\nu_y) = \iint_{-\infty}^{\infty} f(x,y) e^{-i2\pi(\nu_x x+\nu_y y)} \, \mathrm{d}x\mathrm{d}y. \qquad (7.29)$$

我们把 $F(\nu_x,\nu_y)$ 称为 $f(x,y)$ 的**傅里叶变换**,亦称为 $f(x,y)$ 的**频谱**,把 $f(x,y)$ 称为 $F(\nu_x,\nu_y)$ 的**逆傅里叶变换**. 为了简便起见记为

$$F(\nu_x,\nu_y) = \mathscr{F}\{f(x,y)\},$$
$$f(x,y) = \mathscr{F}^{-1}\{F(\nu_x,\nu_y)\}.$$

2. 傅里叶变换的性质

为了简化起见考虑一维情况,设 $f(x)$ 和 $h(x)$ 的傅里叶变换为 $F(\nu)$ 和 $H(\nu)$,由傅里叶变换的定义可得到如下一些性质:

(1) 线性性质

$$\mathcal{F}\{af(x)+bh(x)\}=a\mathcal{F}\{f(x)\}+b\mathcal{F}\{h(x)\}=aF(\nu)+bH(\nu), \tag{7.30}$$

a,b 为常数. 该性质表明：傅里叶变换是线性变换.

(2) 位移性质

$$\mathcal{F}\{f(x\pm a)\}=\mathrm{e}^{\pm i2\pi\nu a}F(\nu), \tag{7.31}$$

$$\mathcal{F}\{\mathrm{e}^{\pm i2\pi\nu_0 x}f(x)\}=F(\nu\mp\nu_0), \tag{7.32}$$

这表明，当原函数平移时，仅在原频谱上加上一个与平移有关的线性相位因子；若在原函数上乘上一个线性相位因子，其频谱相对原频谱产生一平移.

(3) 伸缩性质

$$\mathcal{F}\{f(ax)\}=\frac{1}{|a|}F\left(\frac{\nu}{a}\right), \tag{7.33}$$

这表明，如原函数伸展(变胖)，其频谱则压缩(变瘦)；如原函数压缩，则频谱将伸展.

(4) 巴塞伐(Parseval)定理

$$\int_{-\infty}^{+\infty}|f(x)|^2\mathrm{d}x=\int_{-\infty}^{+\infty}|F(\nu)|^2\mathrm{d}\nu, \tag{7.34}$$

它反映了变换前后能量守恒的性质.

(5) 卷积定理

我们定义如下的积分关系为 $f(x)$ 和 $h(x)$ 两个函数的卷积

$$g(x)=f(x)*h(x)=\int_{-\infty}^{+\infty}f(a)h(x-a)da. \tag{7.35}$$

"＊"表示卷积，此卷积与通常的两函数乘积积分不同，必须先把函数 $h(a)$ 曲线反转 $180°$ 得到 $h(-a)$ 曲线，然后平移 x. 卷积的几何意义就是计算 $f(a)h(x-a)$ 与 a 轴所围的面积，如图 7.31 所示，该面积是 x 的函数. 傅里叶变换可证明

$$\mathcal{F}\{f(x)*h(x)\}=F(\nu)H(\nu), \tag{7.36}$$

$$\mathcal{F}\{f(x)h(x)\}=F(\nu)*H(\nu), \tag{7.37}$$

这就是傅里叶变换的卷积性质. 它表明两个函数卷积的频谱等于两个函数各自频谱的乘积，两个函数乘积的频谱等于两个函数各自频谱的卷积.

(6) 两次傅里叶变换性质

$$\mathcal{F}\{\mathcal{F}\{f(x)\}\}=f(-x), \tag{7.38}$$

它表明两次傅里叶变换使函数还原，但方向反转，在光学中则出现物像倒置.

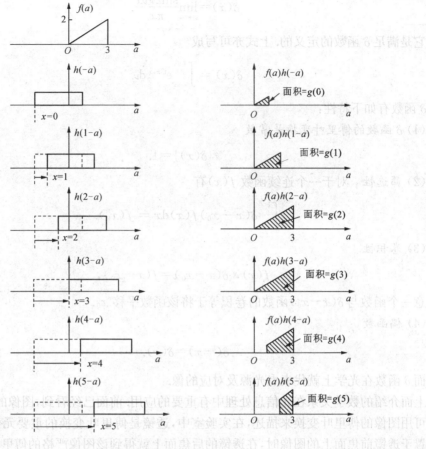

图 7.31　两个函数的卷积的几何表示图形

3. δ 函数

δ 函数通常用来表示某种极限状态,如物理量中的点电荷、点光源、电脉冲等. 它在光信息处理中也经常用到.

δ 函数定义为

$$\delta(x) = \begin{cases} \infty, & x=0; \\ 0, & x\neq 0, \end{cases} \tag{7.39}$$

且

$$\int_{-\infty}^{+\infty} \delta(x)\mathrm{d}x = 1. \tag{7.40}$$

具备上述性质的函数称为 δ 函数. 这里引进一种具体的 δ(x) 函数形式:

$$\delta(x) = \lim_{\nu \to \infty} \frac{\sin 2\pi\nu x}{\pi x}. \tag{7.41}$$

显然它是满足 δ 函数的定义的. 上式亦可写成

$$\delta(x) = \int_{-\infty}^{+\infty} e^{i2\pi\nu x} d\nu.$$

δ 函数有如下特性:

(1) δ 函数的傅里叶变换是常数

$$\mathscr{F}\{\delta(x)\} = 1. \tag{7.42}$$

(2) 筛选性　对于一个连续函数 $f(x)$ 有

$$\int_{-\infty}^{+\infty} \delta(x - x_0) f(x) dx = f(x_0). \tag{7.43}$$

(3) 卷积性

$$f(x) * \delta(x - x_0) = f(x - x_0), \tag{7.44}$$

即任意一个函数与 $\delta(x - x_0)$ 函数的卷积等于将该函数平移 x_0.

(4) 偶函数

$$\delta(-x) = \delta(x). \tag{7.45}$$

而 δ 函数在光学上就代表点光源及对应的像.

上面介绍的数学关系在光信息处理中有重要的应用. 前面已经看到,图像的夫琅和费衍射分布可用图像的傅里叶变换来描述,在实验室中,透镜是傅里叶变换的重要元件. 当用平行光照明置于透镜前焦面上的图像时,在透镜的后焦面上就得到该图像严格的傅里叶变换.

7.3.2 阿贝成像理论

1873 年,阿贝(E. Abbe)在研究显微镜成像问题时,提出了一种不同于几何光学的新观点,这就是两次衍射成像的观点,在这里首次提出了频谱的概念,启发人们可以用改变频谱的手段来进行图像处理.

图 7.32 为原理图,当物体 AB 被一平面相干光照明时,物体上每一点可看作是同心光束的顶点,这些顶点所发出的光束进入显微镜的物镜,按照几何光学成像规律在相应的像平面处成像. 但从物理光学的观点看,该过程可分为两步:第一步,平行光被物衍射,在物镜的焦平面上形成夫琅和费衍射图像;第二步,将夫琅和费衍射图像上各点看作新的子波源,它们发出的波在像平面上的叠加,就是物体 AB 的像 $A'B'$,这就是两步成像原理,又称**阿贝成像理论**.

在上述成像过程中,我们把焦平面称为频谱面,把焦平面上的夫琅和费衍射图像(傅里叶变换分布)称为物的频谱. 下面通过正弦型的光栅来讨论频谱面上频谱的物理意义.

正弦型的光栅如图 7.33 所示,它的透过率分布为

$$f(x) = A[1 + \sin(2\pi\nu_0 x)], \tag{7.46}$$

$\nu_0 = \frac{1}{T_0}$, T_0 为光栅周期,ν_0 为空间频率,即单位长度中的光栅周期数. 它在频谱面(焦平面)上

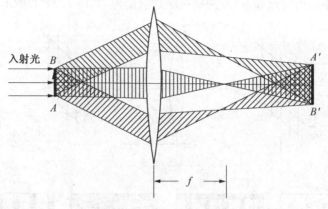

图 7.32　阿贝成像原理

的夫琅和费衍射图像可以由傅里叶变换得到

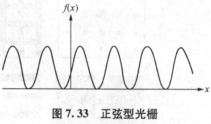

图 7.33　正弦型光栅

$$\mathscr{F}\{f(x)\} = \int_{-\infty}^{+\infty} A[1 + \sin(2\pi\nu_0 x)]e^{-i2\pi\nu x}\,dx$$

$$= \int_{-\infty}^{+\infty} A\left\{1 + \frac{1}{2i}[e^{i2\pi\nu_0 x} - e^{-i2\pi\nu_0 x}]\right\}e^{-i2\pi\nu x}\,dx$$

$$= A\left[\delta(\nu) + \frac{1}{2i}\delta(\nu - \nu_0) - \frac{1}{2i}\delta(\nu + \nu_0)\right], \tag{7.47}$$

ν 为频谱面上的坐标. 上式代表了在频谱面上不同位置的三个亮点, 分别称为 0 级和 ±1 级.

当物平面上光栅的空间频率 ν_0 变化时, 频谱面上的 ±1 级亮点的位置也将发生变化, ν_0 变大(光栅变密), ±1 级与 0 级间距变大, ν_0 变小(光栅变疏), ±1 级与 0 级间距变小; 当光栅方向变化时, 频谱面上 ±1 级点的方向也跟着变化. 从这些现象可以看到, 频谱面上点的位置与正弦光栅的频率 ν_0 有关, 与正弦光栅的取向有关. 换句话说, 频谱面上的点的位置代表着物平面上正弦光栅的空间频率和方向. 我们把这些点的集合称为正弦光栅的频谱. 对一个空间分布为周期型的物体, 由傅里叶变换理论知, 它可以分解成一系列频率为基频和倍频的正弦光栅的叠加. 空间分布为非周期型的物体, 它可以由一系列频率连续变化的正弦光栅的叠加得到. 它们在频谱面上的分布为各个相应正弦光栅的频谱叠加而得. 前者为离散谱, 后者为连续谱. 不同的物体, 分解出的正弦光栅的频率和振幅是不同的, 相应的频谱也就不同. 所以频谱图像和空间图像是同一事物的两个不同的方面.

7.3.3　阿贝-波特实验与空间滤波

空间滤波实验是对阿贝成像原理的最好证明, 所谓空间滤波是指在频谱面上放置一些被称为滤波器的掩膜(如圆孔、圆屏、狭缝、相位板等), 它可以改变频谱, 从而使像发生变化.

最典型的实验就是阿贝-波特(Abbe-Porter)实验, 实验装置如图 7.34(a)所示. 用平行相干光束照明一细丝网格, 在透镜的后焦面上就出现网格的频谱, 在像平面得到网格的像. 若在频谱面上加入滤波器, 以改变物的频谱, 就能在像平面上得到频谱改变后的像. 图 7.34(b)为未加滤波器所对应的频谱和像, 图 7.34(c), (d), (e)分别为在频谱面上加三个不同方向的狭缝的频谱和相应的像. 从上述结果可以看出对像中某一方向结构有贡献的是与该方向垂直的频谱.如用屏遮住中心衍射点,就得到网格边缘加强的像,如图 7.34(f)所示.

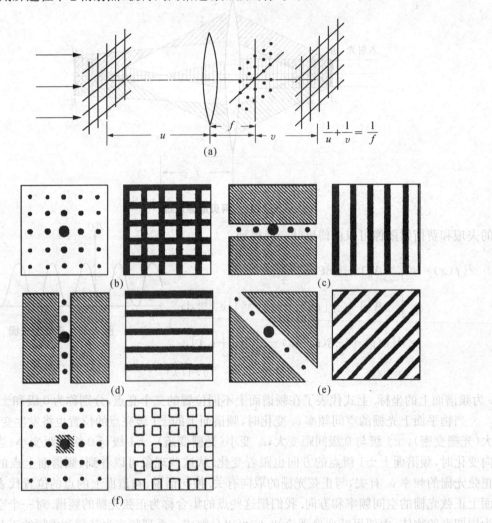

图 7.34　阿贝-波特实验
(a) 阿贝-波特实验装置　(b) 网格的频谱和像
(c),(d),(e),(f)为几种滤波后的频谱和像

阿贝-波特实验成功地证明了阿贝成像原理,也使我们看到滤波器在光信息处理中的作用.

7.3.4　光信息处理的应用

光信息处理是一个相当宽的领域,在这里仅打算介绍一种典型的光信息处理系统和几种常见的应用.

图 7.35 为典型的 $4f$ 光信息处理系统的原理图.L 为准直透镜,L_1 的前焦面为物平面或称为输入平面,L_1 的后焦面(L_2 的前焦面)为频谱面,L_2 的后焦面为成像面或输出平面.当输入的图像为 $f(x,y)$,则在频谱面上的频谱为 $F(\nu_x,\nu_y)$,它满足傅里叶变换关系

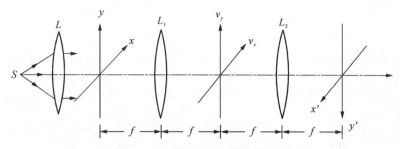

图 7.35　典型的光信息处理系统

$$F(\nu_x, \nu_y) = \iint\limits_{-\infty}^{+\infty} f(x, y) e^{-i2\pi(\nu_x + \nu_n)} dx dy. \tag{7.48}$$

若在频谱面上加入空间滤波器,其滤波函数为 $H(\nu_x, \nu_y)$,它可以是上述的缝、孔、屏,也可以是有某种振幅和相位分布的函数,这取决于要达到的目的,这时在频谱面上滤波后的函数分布为 $F(\nu_x, \nu_y) H(\nu_x, \nu_y)$. 在输出平面上的输出函数 $f'(x', y')$ 为

$$f'(x', y') = \iint\limits_{-\infty}^{+\infty} F(\nu_x, \nu_y) H(\nu_x, \nu_y) e^{-i2\pi(\nu_x x' + \nu_y y')} d\nu_x d\nu_y, \tag{7.49}$$

x', y' 为输出平面上的坐标,这是经滤波后的频谱的傅里叶变换. 当 $H(\nu_x, \nu_y) = 1$,即未加滤波器时,若 L_1 和 L_2 两透镜焦距相同,可得到 $f'(x', y') = f(-x, -y)$,这就是几何光学中成像系统的物像倒立关系. 光信息处理的主要内容就是对输入图像进行编码和在频谱面上选用适当的 $H(\nu_x, \nu_y)$ 滤波改变频谱信息,以达到图像处理的目的.

下面介绍几种应用.

1. 泽尔尼克相衬显微镜

泽尔尼克相衬显微镜是空间滤波的成功应用. 我们知道,在一般情况下,用显微镜只能观察物体的强度变化而不能看到相位的变化. 1935 年,泽尔尼克(F. Zernike)利用空间滤波的概念,提出了相衬显微镜,把物体相位的变化转化为可观察的强度变化,从而可以看到相位物体.

设相位物体的透过率函数为

$$t(x, y) = e^{i\psi(x, y)}, \tag{7.50}$$

强度为 $I(x, y) = |t(x, y)|^2 = 1$,所以观察不到其变化.

对弱相位物体(实际上用显微镜观察的生物切片等往往都是弱相位物体),$\psi(x, y) \ll 1$,(7.50)式可近似写为

$$t(x, y) = 1 + i\psi(x, y), \tag{7.51}$$

它在频谱面的频谱为

$$T(\nu_x, \nu_y) = \mathscr{F}\{t(x, y)\} = \delta(\nu_x, \nu_y) + i\mathscr{F}\{\psi(x, y)\}.$$

对上式中实部 δ(在中心点)加上能产生 $\pi/2$ 相位的滤波器,其滤波函数为

$$H(\nu_x, \nu_y) = \begin{cases} e^{i\frac{\pi}{2}} = i, & \nu_x = \nu_y = 0; \\ 1, & \text{其他.} \end{cases}$$

滤波后频谱为

$$H(\nu_x,\nu_y)T(\nu_x,\nu_y)=\mathrm{i}\delta(x,y)+\mathrm{i}\mathscr{F}\{\psi(x,y)\},$$

在像面上得到的振幅分布为：

$$t'(x',y')=\mathscr{F}\{H(\nu_x,\nu_y)T(\nu_x,\nu_y)\}=\mathrm{i}+\mathrm{i}\psi(x',y'),$$

强度为

$$I'(x',y')=|\mathrm{i}(1+\psi(x',y'))|^2\approx1+2\psi(x',y'), \tag{7.52}$$

于是相位变化转变为强度的变化. 必须指出,上面用到的 $\pi/2$ 相位的滤波器实际并不严格,只要加上一个适合的相位板,都可以实现相位向强度的转化. 另外,相衬法观察相位物体也并不局限于弱相位物体.

泽尼克由于相衬显微镜的贡献获得 1953 年诺贝尔物理奖.

2. 图像识别

图像识别指在给定的图像中提取所需要的信息或检测某一特定的信息. 如从许多人的指纹检查是否有某人的指纹,从侦察所得的照片中检查是否有特定的目标,从文章中检测文字等等. 靠人工识别图形,工作量大且慢.

假设所要识别的图像为 $f(x,y)$,其频谱为 $F(\nu_x,\nu_y)$,我们可以用全息的办法做成 $H(\nu_x,\nu_y)=F^*(\nu_x,\nu_y)$ 的滤波器放在频谱面上,若输入的图片有该图像信息并处于图片中 (x_0,y_0) 位置,即 $f(x-x_0,y-y_0)$. 此图像所产生的频谱为

$$\mathscr{F}\{f(x-x_0,y-y_0)\}=F(\nu_x,\nu_y)\mathrm{e}^{-\mathrm{i}2\pi(\nu_x x+\nu_y y)},$$

它是 $f(x,y)$ 的频谱乘上一线性指数因子,在频谱面上与 $H(\nu_x,\nu_y)$ 相乘得

$$实数\times\mathrm{e}^{-\mathrm{i}2\pi(\nu_x x_0+\nu_y y_0)}.$$

这是沿着方向与 x_0 和 y_0 有关的一个较小衍射的平面光波,经透镜 L_2 在输出平面上形成一亮点,对输入图片上的其他部分没有这个特点,将形成弥散的图形,所以可达到识别图像 $f(x,y)$ 的目的,如图 7.36 所示.

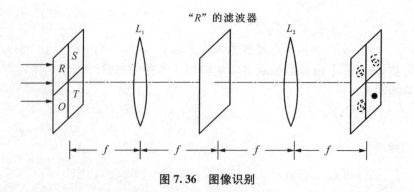

图 7.36 图像识别

3. θ 调制技术

θ 调制技术是阿贝成像原理的一种巧妙应用,它是用取向(θ)不同的光栅对输入图像的不同区域或图像的不同灰度进行编码. 图 7.37(a)为三个区域图像和经编码后的图像,将它放在

光信息处理系统的输入平面,在频谱面上的频谱如图 7.37(b)所示,水平方向的衍射点为竖直光栅所在区域的频谱,其他类似.当用不同的滤波器,如图 7.37(c)所示,就能在输出平面上得到相应区域或灰度的信息,如图 7.37(d)所示.当用白光照射时,频谱将出现色散,在频谱面上用不同颜色的滤光片组成的如图 7.37(e)所示的滤波器滤波时,在输出面上可以得到一幅假彩色的图像,如图 7.37(f)所示.

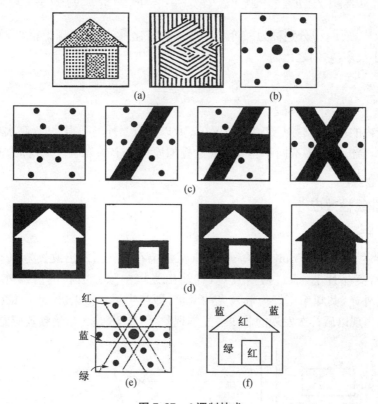

图 7.37 θ 调制技术

这种 θ 调制技术的应用已推广到彩色胶片的存储、黑白胶片拍彩色图像和光逻辑运算等方面.

用光信息处理方法还可以进行两幅图像的加减、图像的微分、产生多重像、图像的消模糊、图像的假彩色编码、图像的非线性处理、模数转换等.

7.4 非线性光学

7.4.1 非线性光学概述

按照经典电磁理论,当频率为 ν 的光波入射到介质上,介质原子中外层的束缚电子在电场的作用下产生相对位移,形成电偶极子.电偶极子的振荡频率随着入射光波频率变化而变化并发出相应的子波.在普通的光源照明情况下,电场较弱,介质的极化强度 P 与入射光的电场强度 E 成线性关系.考虑一维情况,有

$$P = \varepsilon_0 \chi^{(1)} E, \tag{7.53}$$

式中 ε_0 是真空中介电常数,$\chi^{(1)}$ 称为线性极化系数.

随着激光的出现,由于它具有亮度高,方向性、单色性、相干性好的特点,提供了电场强度很大的光波,在处理电场与介质作用时,必须考虑到 E 的高次项的影响.

$$P = \varepsilon_0 [\chi^{(1)} E + \chi^{(2)} E^2 + \chi^{(3)} E^3 + \cdots] = P^{(1)} + P^{(2)} + P^{(3)} + \cdots \tag{7.54}$$

式中系数 $\chi^{(1)}$,$\chi^{(2)}$,$\chi^{(3)}$,$\cdots$ 分别称为一阶、二阶、三阶极化系数. 量子理论指出,相继后一项的系数比前一项小很多,它们之比为

$$\frac{\chi^{(2)}}{\chi^{(1)}} = \frac{\chi^{(3)}}{\chi^{(2)}} = \frac{1}{E_a}, \tag{7.55}$$

式中 E_a 为原子内的场强,其数量级为 $10^{10}\,\text{V/m}$. 所以只有当外场强很强时,高次项的贡献才能表现出来. 这时,会出现许多不同于建立在线性叠加原理之上的光学现象,称为非线性光学现象.下面简要介绍几种.

7.4.2 几种非线性效应

1. 二次谐波产生

1961 年,弗兰肯(P. A. Franken)等人将 3kW 红宝石激光器发出波长为 694.3nm 的激光束聚焦输入到石英晶片上,通过摄谱发现,在输出光束中除原波长的谱线外,还有微弱的 347.15nm 的紫外光,其频率正好为输入光的两倍,即产生了二次谐波,此现象称为**光学倍频效应**. 这是激光出现以后首次发现的非线性光学现象,图 7.38 是光学倍频效应的实验装置.

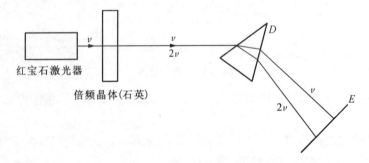

图 7.38　光学倍频效应的实验

这一现象从非线性理论很容易得到解释:当入射到介质中的光波 $E = E_0 \cos \omega t$ 很强时,在介质中将引起非线性极化,其中二阶非线性效应可表示为

$$\begin{aligned}
P^{(2)} &= \varepsilon_0 \chi^{(2)} E^2 \\
&= \varepsilon_0 \chi^{(2)} E_0^2 \cos^2 \omega t \\
&= \frac{\varepsilon_0}{2} \chi^{(2)} E_0^2 (1 + \cos 2\omega t) \\
&= \frac{\varepsilon_0}{2} \chi(2) E_0^2 + \frac{\varepsilon_0}{2} \chi^{(2)} E_0^2 \cos 2\omega t, \tag{7.56}
\end{aligned}$$

上式第一项为直流项,在晶片两表面形成正比于 E_0^2 的电位差,这种效应称为光学整流.第二项为二次谐波项,其频率为输入光的一倍,由此产生的子波其相应的波长为输入光的一半.

一般说来,入射光能量转换为二次谐波的部分是很少很少的.要提高这种转换效率,还必须考虑晶体的相位匹配条件.即入射光在晶体中沿途各点所激发的倍频光,当它们传播到出射面时应有相同的相位,因而产生相长干涉得到最大光强.这称为相位匹配条件,在其他的非线性效应中,相位匹配都是很重要的.

2. 光学混频

当两种或两种以上不同频率的光波同时入射到非线性介质中时,将产生混频现象.

如有圆频率为 ω_1 和 ω_2 的两种光波,其叠加表示为 $E = E_{01}\cos\omega_1 t + E_{02}\cos\omega_2 t$,在介质中产生的二阶非线性效应为

$$
\begin{aligned}
P^{(2)} &= \varepsilon_0\chi^{(2)}(E_{01}\cos\omega_1 t + E_{02}\cos\omega_2 t)^2 \\
&= \frac{1}{2}\varepsilon_0\chi^{(2)}E_{01}^2(1+\cos2\omega_1 t) + \frac{1}{2}\varepsilon_0\chi^{(2)}E_{02}^2(1+\cos2\omega_2 t) \\
&\quad + \varepsilon_0\chi^{(2)}E_{01}E_{02}\cos(\omega_1+\omega_2)t + \varepsilon_0\chi^{(2)}E_{01}E_{02}\cos(\omega_1-\omega_2)t,
\end{aligned}
\tag{7.57}
$$

前两项为光学倍频,后两项为光学混频,其中第三项称为光学和频,第四项称为光学差频.

利用和频和差频效应可以在多种晶体中实现频率的上转换和下转换.例如将红宝石激光器输出的 694.3nm 的激光和 He-Ne 激光器输出的 3 391.2nm 的激光同时输入到碘酸锂 $(LiIO_3)$ 晶体中可产生 576.0nm 的和频绿光.

3. 光束自聚焦(beam self-focusing)

外加电场可以有效地改变介质的折射率(电光效应),光场也可以有效地改变介质的折射率.当强激光光束通过介质传播时,可以引起介质折射率发生明显的变化.

设介质为各向同性,强光场产生的介质极化为(各向同性介质二次非线性极化为零)

$$P = P^{(1)} + P^{(3)} = \varepsilon_0\chi^{(1)}E + \varepsilon_0\chi^{(3)}E^3 = (\varepsilon_0\chi^{(1)} + \varepsilon_0\chi^{(3)}E^2)E,$$

又

$$D = \varepsilon_0 E + P = \varepsilon_0(1+\chi^{(1)}+\chi^{(3)}E^2)E = \varepsilon_0\varepsilon_r E,$$

这里

$$\varepsilon_r = (1+\chi^{(1)}) + \chi^{(3)}E^2 = \varepsilon_{0r} + \chi^{(3)}E^2,$$

ε_r 为介质的相对介电常数,ε_{0r} 为介质的相对线性介电常数.

由折射率定义

$$n = \sqrt{\varepsilon_r\mu}, = \sqrt{\varepsilon_r} = \sqrt{\varepsilon_{0r}+\chi^{(3)}E^2},$$

式中 μ 为磁导率,在非磁性介质中,$\mu=1$.当 $\chi^{(3)}E^2 \ll \varepsilon_{0r}$ 时,

$$
\begin{aligned}
n &\approx \sqrt{\varepsilon_{0r}}\left(1+\frac{\chi^{(3)}E^2}{2\varepsilon_{0r}}\right) \\
&\approx \sqrt{\varepsilon_{0r}} + \frac{\chi^{(3)}}{2\sqrt{\varepsilon_{0r}}}E^2 = n_0 + n_2 E^2,
\end{aligned}
\tag{7.58}
$$

$$n_0 = \sqrt{\varepsilon_{0r}}, \quad n_2 = \frac{\chi^{(3)}}{2\sqrt{\varepsilon_{0r}}}.$$

可见当光强很大时,介质的折射率不再是一个常数,而是一个随光强 E^2 变化的量.

当强度为高斯分布的强激光光束照射到介质时,由于中间部分强度高于边缘,致使中间部分的折射率比周围高,引起光束向中心会聚,介质的这种作用相当于一个正透镜,这种现象称为自聚焦.当光束的自聚焦产生的会聚与衍射引起的发散作用相平衡时,光束在介质中形成极细(几微米)的光丝,这称为光束自陷(self-trapping)现象.这种光丝有极高的能量密度,可以进一步激发其他的非线性光学效应,甚至引起介质损伤.

4. 相位共轭(phase conjugation)

若有一圆频率为 ω,沿着 z 方向传播的光束,表示为

$$E = \psi(x, y, z) e^{i\omega t}, \tag{7.59}$$

这里

$$\psi(x, y, z) = A(x, y) e^{-ikz + i\psi(x, y)},$$

A 为实函数. E 的相位共轭波指

$$E = \psi(x, y, z) \cdot e^{i\omega t} = A(x, y) e^{ikz - i\psi(x, y)} e^{i\omega t}. \tag{7.60}$$

能产生这种相位共轭波的反射元件称为相位共轭反射镜.图 7.39 表示了共轭反射镜与一般反射镜的不同.

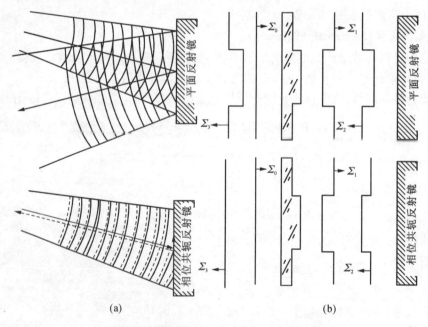

图 7.39 平面反射镜和相位共轭反射镜的差别

图 7.39(a)表明,对一般的平面反射镜,一个发散的球面波经反射后仍是发散的,方向满足反射定律.而对相位共轭反射镜,发散的球面波经反射后变成会聚的球面波,其方向发生反转.图 7.39(b)显示了有畸变波形的两种反射的情况,$\Sigma_0, \Sigma_1, \Sigma_2, \Sigma_3$ 分别为随着时间的推移,在各个空间的波形情况.可以看出,相位共轭反射镜能消除在畸变介质中所产生的波形畸变,而平面反射镜则不能.

相位共轭波在全息图的再现过程中曾出现过,但那是非实时的,在非线性光学的三波混频和四波混频过程中,可实时地产生相位共轭波.下面介绍四波混频产生相位共轭(如图 7.40).

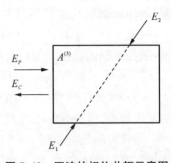

图 7.40　四波的相位共轭示意图

设有三个波(两个泵浦波和一个信号波)其表述如下:

泵浦波

$$E_1(r,t)=E_{10}\,e^{i(\omega_1 t-k_1 z)}, \tag{7.61}$$

$$E_2(r,t)=E_{20}\,e^{i(\omega_2 t-k_2 z)}. \tag{7.62}$$

信号波

$$E_P(r,t)=E_{P_0}\,e^{i(\omega_P t-k_P z)}. \tag{7.63}$$

当用这三个波同时照明晶体,在晶体中将产生三阶非线性极化,极化强度为

$$P^{(3)}=\chi^{(3)}E^3,$$
$$E=E_1+E_2+E_P,$$

展开后其中有一项为

$$\frac{1}{2}\chi^{(3)}E_{10}E_{20}E_{P_0}\,e^{i[\omega_1+\omega_2-\omega_P]t-(k_1+k_2-k_P)z}, \tag{7.64}$$

该项产生的子波 E_C,其圆频率和波矢为

$$\omega=\omega_1+\omega_2-\omega_P,$$
$$k=k_1+k_2-k_P, \tag{7.65}$$

当 $\omega_1=\omega_2=\omega_P$ 时,且 E_1 与 E_2 在相反方向传播时,$k_1=-k_2$,

$$E_C(r,t)=\frac{1}{2}\chi^{(3)}E_{10}E_{20}E_{P_0}\,e^{i(\omega_P t+k_P z)}, \tag{7.66}$$

就得到所需要的相位共轭波.

这种相位共轭反射镜可用于激光核聚变、光通讯等以消除输入波在传播过程中发生的相位畸变,也可用于无透镜成像、图像处理等方面.图 7.41 是无透镜成像系统,照明光束经过掩

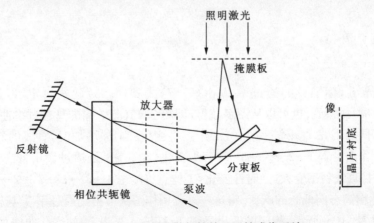

图 7.41　利用相位共轭镜的无透镜成像系统

膜后,由分束板反射到相位共轭镜,由共轭镜产生的相位共轭反射光再由分束板直接射到底片,使掩膜成像于其表面.这种系统成像质量高,需要时还可以在光路中加放大器以提高光强度,避免掩膜因强光照射而损坏.

5. 光学双稳态(optical bistability)

当一个光学装置,对于相同强度的入射光,根据原来历史情况的不同,可以呈现两种不同的输出状态,这种现象称为光学双稳态.

最常见的装置如图 7.42 所示,在法布里-珀罗标准具中充以非线性电光晶体,因非线性晶体折射率与光强有关,所以通过标准具的单色光透射率将与入射光有关.前面已经知道,法布里-珀罗标准具的透射率为

$$T=\frac{I_T}{I_0}=\frac{1}{1+F\sin^2\dfrac{\delta}{2}}. \tag{7.67}$$

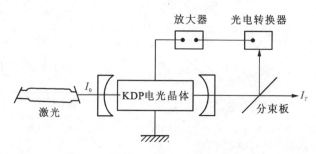

图 7.42　法布里-珀罗光学双稳态装置

由于折射率与光强有关,使得光往返一次的相位变化 δ 也与光强有关,则 δ 可写为

$$\delta=\frac{2\pi}{\lambda}d(n_0+\Delta n)=\delta_0+\delta',$$

δ' 为非线性效应引起的相位变化.若通过线性反馈系统(由分束板、光电转换器、放大器组成)将输出光强 I_T 转化为加在晶体上的电压,使得非线性晶体的折射率 Δn 正比于 I_T,

$$\delta'=\gamma I_T,$$

可得

$$I_T=\frac{\delta-\delta_0}{\gamma},$$

$$T=\frac{I_T}{I_0}=\frac{\delta-\delta_0}{\gamma I_0}. \tag{7.68}$$

对给定的入射光 I_0,标准具的透过率 T 由(7.67)式和(7.68)两式决定,即工作点将由解(7.67)式和(7.68)式得到;也可以从图解获得,即图 7.43(a)中标准具透过率曲线与相移 δ 直线的交点.对不同的 I_0,δ 直线斜率改变,工作点将变化.当 I_0 增加时,直线的斜率变小,直线顺时针变化,工作点沿着 1→2→A→3→3′→4 变化,在 3→3′ 处透过率由低态向高态发生跃变;当 I_0 减少时,直线斜率变大,逆时针变化,工作点将沿着 4→3′→C→2′→2→1 变化,在 2′→2 处透过率发生由高态向低态的跃变.将这一过程用作图法可得到透过率 T 与输入光强 I_0 的变化曲线,如图 7.43(b)所示.相应的输出光强 I_T 随输入光强 I_0 的变化曲线如图 7.43(c)所

示,这称为双稳态曲线.从图可以看到,在双稳曲线之间,同一个 I_0 有两个可能的输出光强 I_T,取何值由原来的状态决定.

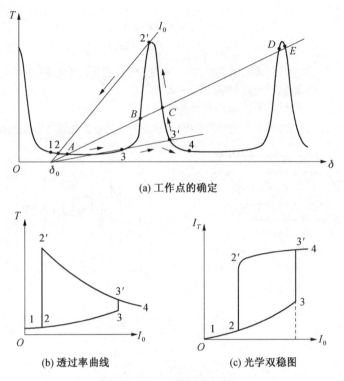

(a) 工作点的确定

(b) 透过率曲线　　　　　(c) 光学双稳图

图 7.43　光学双稳现象

光学双稳态可以用来实现光学放大、限幅、快速开关、逻辑运算,对光信息处理和光计算机有重要意义.

习　　题

7.1　设一个两能级系统的能级差 $E_1 - E_2 = -1.96\text{eV}$.

(1) 分别求 $T = 10^3\text{K}, T = 10^5\text{K}$ 时粒子数 N_2 与 N_1 之比.

(2) $N_2 = \dfrac{1}{e}N_1$ 的状态相当于多高的温度?

7.2　设氩离子激光器输出的基模 488nm 的频率范围 $\Delta\nu = 1000\text{MHz}$,求腔长 $l = 1\text{m}$ 时,光束中包含几个纵模? 两相邻波长间隔 $\Delta\lambda$?

7.3　设在轴线上有一点物,用平行于轴线的平行光作参考光,如图示.

(1) 写出距点物 l_0 处垂直于轴记录平面上的光强分布.

(2) 画出全息图上干涉条纹的图形.

(3) 若 $l_0 = 30\text{cm}, \lambda = 632.8\text{nm}$,全息底片尺寸为 $50 \times 50\text{mm}^2$,居中放,求全息图上最高空间频率(每毫米中条纹数)是多少.

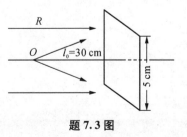

题 7.3 图

7.4　以记录波长 $\lambda_0 = 632.8\text{nm}$ 记录的反射式全息图,再现时像呈绿色,对应的波长为 $\lambda = 550\text{nm}$,查其原因为乳胶收缩,试计算乳胶的收缩量.

7.5　计算单缝(缝宽为 a)的傅里叶变换函数,并作出其图形.

7.6　证明卷积定理

$$\mathscr{F}\{f(x) * h(x)\} = F(\nu)H(\nu),$$
$$\mathscr{F}\{f(x)h(x)\} = F(\nu) * H(\nu).$$

7.7　设黑白光栅 50 条/mm,入射光波长 632.8nm,为了使频谱面上至少能获得 ±6 级衍射斑,并要求相邻衍射斑间隔不少于 2mm,求透镜的焦距和直径至少多大.

7.8　图是三个互成 60° 的交叉光栅,画出其频谱图.

7.9　在动物园中拍到一幅如图所示的照片,用什么样的光学滤波器能够去掉笼子的像.

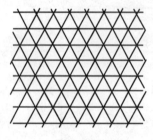

题 7.8 图　　　　　　　　　　题 7.9 图

习题参考答案

1 几何光学

1.7 $\dfrac{n}{n-1}$

1.8 一在球心,另一距球心 40mm

1.11 (1) $f=-40\text{cm}, f'=50\text{cm}, s'=150\text{cm}$

(2) $f=40\text{cm}, f'=-50\text{cm}, s'=-30\text{cm}$

1.14 $n=3/2$

1.15 $n=1.5, r=76.84\text{mm}$

1.16 $+20, -20, -60, +60$

1.19 $M_2-M_1=x \cdot D$

1.20 $d+4f$

1.21 主点重合于折射面,节点为折射面的曲率中心,焦点各离折射面 $-40\text{cm}, 60\text{cm}$.

1.22 $s'=9, \beta=-2$

1.23 $x_H=-2.4, x'_H=-4, f'=24, f=-24$

1.24 最后像距第二面 25cm,像高 -1.5mm

1.28 $f'=-f=36\text{mm}, x_H=48\text{mm}, x'_H=24\text{mm}$

1.30 出瞳距透镜 -2.62cm,大小为 5.25cm

1.31 (1) 入瞳大小 8.33cm,离第一透镜 -3.33cm

(2) 出瞳大小 4.17cm,离第二透镜 -1.67cm

(3) 像高 5.26cm,像离第二透镜 8.42cm

1.32 (1) 3cm,6cm (2) 透镜后的光阑 (3) -4cm,12cm

1.33 -800

1.34 (1) 物到物镜距离 7.26mm (2) 放大倍率为 1350 倍

1.35 3727mm

1.36 (1) -34 (2) 0.3676cm (3) 眼睛应处在目镜后 2.574cm 处

1.37 (1) $d=32$mm (2) 7mm

1.38 $f_o'=16\text{cm}, f_e'=-4\text{cm}$

1.39 $f'=29.45\text{mm}$

分划板应放在焦点 F 处,即场镜左方 6.55mm 处.

1.40 $d=\dfrac{10}{3}\text{cm}, r_{场}=2.5815\text{cm}, r_{目}=0.8605\text{cm}$

2 光度学的基本概念

2.1 $1.639\text{lm}, 52.1\times10^4\text{cd}$

2.2 $5230\text{lm/m}^2(\text{lx})$

2.3 906J

2.4 9s

2.5 4.73m

2.6　$\dfrac{1}{\sqrt{2}}$m,即 0.707m

2.7　$I_\theta=\dfrac{I_0}{\cos^3\theta}$,$\theta$ 为光线与法线间的夹角,I_0 为垂直方向的发光强度

2.8　πB

2.9　(1) 1　(2) 1　(3) 0.25

2.10　约 10 倍

3　光的干涉

3.8　$n=1.5$

3.9　$\Delta l=0.1625$cm

3.10　$a=0.6$mm,屏距透镜 25m 时条纹最多,为 60 条

3.11　7.5m,3m,1.16m

3.12　$\dfrac{1}{9}I_m\left[1+8\cos^2\left(\dfrac{\pi d\sin\theta}{\lambda}\right)\right]$

3.13　$2h\sin\theta+\dfrac{\lambda}{2}=k\lambda$,干涉最大

　　　$2h\sin\theta=k\lambda$,干涉最小

3.14　(1) 条纹数目为 2546 条　(2) 暗条纹最大角间距为 0.021 弧度　亮条纹最大角间距为 0.01 弧度

3.15　0.36mm

3.16　$r_k=\sqrt{\dfrac{k\lambda R_1 R_2}{R_2-R_1}}$

3.17　337.5nm

3.18　426.3nm

3.19　(1) 6.25×10^{-6}cm　(2) 12.5×10^{-6}cm

3.20　120nm

3.21　141 条

3.22　(1) 亮坏　(2) 取 $\lambda=480$nm 时,厚度为 600nm

3.23　(1) 532nm　(2) 665nm,443.3nm

3.25　15 条

3.26　0.145mm

3.27　981 级,两臂距离差　2.89×10^{-2}cm

3.28　$\lambda=500$nm

3.29　$\lambda=499.99995$nm

4　光的衍射

4.1　(1) 90cm　(2) $r_1=0.67$mm　(3) 焦距变为 nf

4.3　$\dfrac{3}{2}A$,$2.25I_0$.A 代表全部露出时的振幅,I_0 代表全部露出时的光强.

4.4　A,I_0

4.5　(a) $\dfrac{1}{4}$　(b) 8

4.6　$k=2$,$\lambda=600$nm;$k=4$,$\lambda=300$nm(不可见)

4.8　100 个

4.9　(1) 101mm　(2) 33.7mm

4.10　(1) 26.4mm　(2) $s=29.7$mm　(3) $s'=237.6$mm

4.11 (1) 38.7cm (2) 67.1cm (3) 86.6cm (4) $\dfrac{1250}{k}$, k 奇数时极大值, k 偶数时极小值

4.12 500nm;400nm

4.13 1.697×10^4Hz

4.14 $b\geqslant2112$m, $2\theta=0.00188$rad

4.15 293.4km;295m;122m

4.16 $D=\sqrt{\dfrac{s's\lambda}{s+s'}}$, s 为物距, s' 为像距

4.17 10.4km

4.18 51m;51km

4.19 不能分辨

4.20 O_1, O_2 单独打开时图样一样

4.21 (1) $I(\theta)=a^2\dfrac{\sin^2 u}{u^2}+b^2\dfrac{\sin^2 v}{v^2}+2ab\dfrac{\sin u}{u}\dfrac{\sin v}{v}\cos\omega$

其中 $u=\dfrac{\pi a\sin\theta}{\lambda}$, $v=\dfrac{\pi b\sin\theta}{\lambda}$, $\omega=\dfrac{2\pi c\sin\theta}{\lambda}$

(2) (i) $4a^2\dfrac{\sin^2 v}{v^2}\cos^2\dfrac{\omega}{2}$

(ii) $(a+b)^2\dfrac{\sin^2 x}{x^2}$, $x=\dfrac{\pi(a+b)\sin\theta}{\lambda}$

4.23 k 取 5,4,3 时波长分别为

400nm(紫)　500nm(绿)　667nm(红)

4.24 (1) $\dfrac{L}{d}$ (2) $\dfrac{1}{b}\times10^{-4}$rad/nm, b 以 cm 单位代入 (3) 61.7:1.07:1.07

4.25 $4a^2\dfrac{\sin^2 3Nr}{\sin^2 3r}\cos^2 r$

4.26 $r=\dfrac{\pi b}{\lambda}\sin\theta$, b 为光栅常数

$\begin{cases} r=k\pi \text{ 时}, I=4N^2A^2 \\ r=\dfrac{k'}{3}\pi \text{ 时}, I=N^2A^2, \text{其中 } k'\neq3k \end{cases}$

4.27 (1) 3.3nm/nm (2) 6.02mm

4.28 $d=5b$ 时, $\dfrac{I_0}{I_3}=3.928$

$d=2b$ 时, $\dfrac{I_0}{I_3}=22.21$

4.29 大于 105cm(一级)

4.30 987

5 光的偏振

5.3 (1) $I=5E_0^2$ (2) $\theta=63°26'$ (3) $I_x=0.2E_0^2$; $I_y=0.8E_0^2$

5.7 (1) $\dfrac{1}{4}$ (2) $\dfrac{1}{2}$ (3) 0

5.9 $54°44'$;$35°16'$

5.10 (1) $32°$ (2) 1.6003

5.11 8点 27 分 36 秒;15点 32 分 24 秒

5.15 $A_e/A_o=\sqrt{3}$; $\dfrac{I_e}{I_o}=3$

5.16 $\dfrac{I_{ee}}{I_{eo}}=7.549$; $\dfrac{I_{oe}}{I_{eo}}=0.1325$

5.17 $69°26'$

5.19 $\dfrac{1}{3}$

5.20 $d=\left(k+\dfrac{1}{4}\right)\times3.43\times10^{-4}$ cm；振动方向与光轴成 $60°(-60°)$ 角时，出射光为正的左（右）旋椭圆偏振光

5.21 （1）左旋圆偏振光 （2）沿 z 轴振动的直线偏振光 （3）右旋圆偏振光

5.22 右旋圆偏振光

5.25 $\dfrac{I_o}{I_e}=0.36$

5.28 $45°$ 或 $135°$

6 光的量子现象

6.1 （1）$T=1.37\times10^3$ K （2）$\lambda_m=2.11\times10^{-6}$ m

6.2 $1.005,2.67$

6.5 7.3×10^9 m

6.6 （1）3.2×10^{15} （2）4.7×10^9

6.7 2.5×10^{23} 个

6.8 3.6eV，0.5eV，$\lambda_0=340$nm

6.9 （1）4.33×10^6 （2）0.300eV （3）634nm

6.10 钡，$\lambda_0=500$nm

6.11 $\lambda'=5.0000243\times10^{-7}$m，$\lambda'=0.01243$nm

6.14 （1）0.00121nm （2）2.37% （3）5.5×10^{-8}nm

6.16 30.1cm

6.17 $\Delta p_x/p\sim10^{-6}$ 可略

7 近代光学的一些课题

7.1 （1）$10^{10},1.25$ （2）2.27×10^4 K

7.2 26 1.3×10^{-3}

7.3 （3）185/mm

7.4 0.87

7.7 64mm，26mm

参 考 书 目

［1］E. Hecht A. Zajac. Optics. Addison-Wesley Publishing Company,1976(有中译本).

［2］F. A. Jenkins H. E. White. Fundamentals of Optics. Mc Graw-Hill Kogakusha, Ltd. ,1976(有中译本).

［3］R. W. Ditchburn. Light. Academic Press Inc. (London) Ltd. ,1976(有中译本).

［4］Robert D. Guenther. Modern Optics. John Wiley & Sons, 1990.

［5］R. S. Longhurst. Geometrical and Physical Optics. Longman,1984.

［6］Jurgen R. Meyer-Arendt. Introduction to Classical and Modern Optics. Prentice Hall Inc. ,1984.

［7］Bruno Rossi. Optics. Addison-Wesley Publishing Co. Inc. ,1957.

［8］S. G. Lipson & H. Lipson. Optical Physics. Cambridge University Press,1981.

［9］〔俄〕C. Э福里斯 A. B. 季莫列娃. 普通物理学,中译本三卷一、二分册. 北京:高等教育出版社,1965.

［10］Jack D. Gaskill. Linear Systems, Fourier Transforms, and Optics. John Wiley & Sons,1978.

［11］赵凯华,钟锡华. 光学. 北京:北京大学出版社,1984.

［12］母国光,战元龄. 光学. 北京:人民教育出版社,1978.

［13］Miles V. Klein Thomas E. Furtak. Optics. Second Edition. John Wiley & Sons.

［14］Frank L. Pedrotti S. J. Leno S. Pedrotti. Introduction to Optics. Prentice-Hall, Inc.

［15］罗伯特·梯台肯. 光学设计教程(第一册). 北京:国防工业出版社,1962.

《光学(第三版)》读者信息反馈表

尊敬的读者:

感谢您购买和使用南京大学出版社的图书,我们希望通过这张小小的反馈卡来获得您更多的建议和意见,以改进我们的工作,加强双方的沟通和联系。我们期待着能为更多的读者提供更多的好书。

请您填妥下表后,寄回或传真给我们,对您的支持我们不胜感激!

1. 您是从何种途径得知本书的:

   □ 书店　　□ 网上　　□ 报纸杂志　　□ 朋友推荐

2. 您为什么购买本书:

   □ 工作需要　　□ 学习参考　　□ 对本书主题感兴趣　　□ 随便翻翻

3. 您对本书内容的评价是:

   □ 很好　　□ 好　　□ 一般　　□ 差　　□ 很差

4. 您在阅读本书的过程中有没有发现明显的专业及编校错误,如果有,它们是:＿＿＿＿＿＿＿

   ＿＿＿

   ＿＿＿

   ＿＿＿

5. 您对哪些专业的图书信息比较感兴趣:＿＿＿＿＿＿＿＿＿＿＿＿＿＿＿＿＿＿＿＿＿＿＿＿

   ＿＿＿

6. 如果方便,请提供您的个人信息,以便于我们和您联系(您的个人资料我们将严格保密):

   您供职的单位:　　　　　　　　　您教授或学习的课程:

   您的通信地址:　　　　　　　　　您的电子邮箱:

请联系我们:

电话:025 - 83596997

传真:025 - 83686347

通讯地址:南京市汉口路22号　210093

南京大学出版社高校教材中心